1+X职业技能等级证书（建筑工程施工工艺实施与管理）配套教材

建筑工程施工工艺实施与管理实践（高级）

主　编　任少强　徐锡权　张　巍
副主编　谢江胜　张永鸿　许崇华
　　　　白伟波　杨小春　田嘉禾
参　编　李小军　任双宏　令　剑　王　琦　徐志彪
　　　　刁庆东　李战雄　温兴宇　杨　豪　马方兴
　　　　陈剑锋　金　从　陈映海　王　鑫

机械工业出版社

本书是1+X职业技能等级证书（建筑工程施工工艺实施与管理）配套教材。本书内容立足于土建类学生和行业人员实际需求，以培养“创新型、复合型、综合型”人才需求为导向，以“立足实用，突出特色”为宗旨编写，职业定位匹配建设生产、施工技术、监理、建设管理等岗位。

本书共设计7个学习情境、28个工作任务，每一个工作任务均充分提炼行业职业能力点，学习内容和企业生产实践紧密结合，主要针对建筑工程施工工艺实施与管理职业技能等级证书考取学生及相关行业人员培训所需，工作任务力求达到以点盖面，内容力求通俗易懂、深入浅出、操作性强。

为便于学习，与本书配套使用的图纸、文本等资源，可扫描右侧二维码下载。

图书在版编目（CIP）数据

建筑工程施工工艺实施与管理实践：高级/任少强，徐锡权，张巍主编．—北京：机械工业出版社，2022.7

1+X职业技能等级证书（建筑工程施工工艺实施与管理）配套教材

ISBN 978-7-111-71093-6

Ⅰ.①建…　Ⅱ.①任…　②徐…　③张…　Ⅲ.①建筑工程－工程施工－职业技能－鉴定－教材　Ⅳ.①TU74

中国版本图书馆CIP数据核字（2022）第113432号

机械工业出版社（北京市百万庄大街22号　邮政编码100037）
策划编辑：常金锋　　责任编辑：常金锋　陈将浪
责任校对：肖　琳　刘雅娜　责任印制：郜　敏
中煤（北京）印务有限公司印刷
2022年9月第1版第1次印刷
184mm×260mm · 16.75印张 · 410千字
标准书号：ISBN 978-7-111-71093-6
定价：62.00元

电话服务	网络服务
客服电话：010－88361066	机　工　官　网：www.cmpbook.com
010－88379833	机　工　官　博：weibo.com/cmp1952
010－68326294	金　　书　　网：www.golden－book.com
封底无防伪标均为盗版	机工教育服务网：www.cmpedu.com

1+X 职业技能等级证书
（建筑工程施工工艺实施与管理）配套教材
联合建设单位（排名不分先后）

中铁二十局集团有限公司
中铁二十局集团第六工程有限公司
中铁四局集团第四工程有限公司
中铁隧道局集团有限公司
陕西土木建筑学会
西安建筑科技大学
中天西北建设投资集团有限公司
陕西煤业化工建设（集团）有限公司
四川建筑职业技术学院
陕西建工集团有限公司
河北工程大学
西南林业大学
大连民族大学
安阳师范学院
西北农林科技大学
贵州建设职业技术学院
江苏建筑职业技术学院
湖北城市建设职业技术学院
吉林省城市建设学校
山西徐特立高级职业中学
绍兴市中等专业学校
中铁建安工程设计院有限公司
中铁一局集团有限公司
中铁十七局集团有限公司
中铁二十一局集团有限公司
西安三好软件技术股份有限公司
长安大学
杨凌职业技术学院
广西建设职业技术学院
日照职业技术学院
陕西铁路工程职业技术学院
河北科技工程职业技术大学
沈阳建筑大学
中原工学院
宁夏大学
西安职业技术学院
浙江建设职业技术学院
宜宾职业技术学院
成都市建筑职业中专校
玉林市第一职业中等专业学校
广州市城市建设职业学校
石家庄城市建设学校

中铁二十局集团有限公司 1+X 项目办公室
2022 年 6 月

序

2019 年 2 月，国务院印发《国家职业教育改革实施方案》（以下简称《方案》）。这是对 2018 年全国教育大会精神的落实性文件，也是新时代职业教育深化改革和创新的集结令，具有重要的里程碑意义。依据方案，2019 年 4 月，教育部、国家发展改革委、财政部、市场监管总局联合印发了《关于在院校实施“学历证书 + 若干职业技能等级证书”制度试点方案》，部署启动“学历证书 + 若干职业技能等级证书”（简称 1 + X 证书）制度试点工作。1 + X 证书制度是国家职业教育制度设计的重大创新，是我国职业教育面向新时代、实现创新发展的重要举措，也是推动人才培养模式改革的重要制度设计。

2022 年 4 月 20 日通过修订的《中华人民共和国职业教育法》，2022 年 5 月 1 日起施行。新修订的职业教育法以习近平新时代中国特色社会主义思想为指导，贯彻落实党的十九大精神，积极进行制度创新，紧紧围绕职业教育是类型教育的定位，统筹设计法律制度体系；紧紧围绕职业教育领域热点难点问题，增强制度针对性；紧紧围绕职业教育改革发展实践，及时将实践成果转化为法律规范。

中铁二十局集团有限公司作为教育部第四批职业教育培训评价组织之一，以大型央企责任使命担当，履行社会责任义务，积极适应职业教育迅速发展的需要，服务建筑业发展，以 1 + X 建筑工程施工工艺实施与管理职业技能等级证书专业内涵为依据，通过机械工业出版社高标准、严要求出版 1 + X 建筑工程施工工艺实施与管理职业技能等级证书配套系列新型活页式教材，形成 4 + N 体系、专业覆盖广、多层次齐全、教学实训配套资源丰富的教材产品体系，服务于广大职业院校师生，为建设行业高素质人才培养做出贡献。

为进一步推动全国建设类院校信息化教学实践的发展，大力推进 1 + X 证书制度的实施，特别成立了由全国多所土建类重点院校组成的教材编委会，选聘了一批长期从事职业教育的“双师型”优秀教师，同时以中铁二十局集团土建施工专家为基础，并邀请来自全国多家大型施工企业实践经验丰富的专家、高校教学专家及教育科技企业专家，启动了建筑工程施工工艺实施与管理系列教材的编写工作。本系列教材把理论教学和实践教学两个体系相互结合，是专业建设成果的总结和升华，在内容和形式上均体现了示范性、创新性和适用性；同时配套了丰富的教学实训资源，采用中铁二十局集团实际项目案例，可以为教学及实训提供全面的服务。

此系列教材的出版是为促进我国职业教育内涵建设，进一步提升人才培养质量，促进土建类专业发展和课程建设所做的一次开拓性尝试。相信本系列教材将为职业教育土建类专业建设和课程教学的改革发展起到积极的推动作用。

编审委员会

2022 年 6 月

导　言

本套丛书为1+X职业技能等级证书（建筑工程施工工艺实施与管理）的配套教材，包括导论和实践的初级、中级、高级，适用院校及专业如下：

◆ 中等职业学校：建筑工程施工、建筑装饰技术、装配式建筑施工、古建筑修缮、城镇建设、建筑工程造价、市政工程施工、道路与桥梁工程施工、工程测量技术、建筑工程检测、建设项目材料管理、铁道桥梁隧道施工与维护等专业。

◆ 高等职业学校：建筑工程技术、建筑钢结构工程技术、建筑设备工程技术、建筑智能化工程技术、装配式建筑构件智能制造技术、装配式建筑工程技术、建设工程管理、工程造价、建筑经济信息化管理、建设工程监理、建筑材料工程技术、建筑材料检测技术、建筑装饰材料技术、新型建筑材料技术、建筑设计、建筑装饰工程技术、古建筑工程技术、建筑动画技术、地下与隧道工程技术、土木工程检测技术、市政工程技术、水利工程、水利水电工程技术、水利水电工程智能管理、水利水电建筑工程、铁道桥梁隧道工程技术、铁道工程技术、道路与桥梁工程技术等专业。

◆ 高等职业本科专业：建筑工程、智能建造工程、城市地下工程、建筑智能检测与修复、工程造价、建设工程管理、水利水电工程、农业水利工程、高速铁路工程、道路与桥梁工程等专业。

◆ 应用型本科学校：土木工程、工程管理、工程造价、建筑学、智慧建筑与建造、城市地下空间工程、道路桥梁与渡河工程、铁道工程、智能建造、测绘工程、历史建筑保护工程、房地产开发与管理、水利水电工程、港口航道与海岸工程、土木水利与海洋工程、土木水利与交通工程等专业。

一、关于对应课程的说明

1. 课程性质描述

与1+X职业技能等级证书（建筑工程施工工艺实施与管理）相对应的课程是一门综合性较强的专业学习领域课程，其主要介绍职业岗位培训、鉴定、考试的核心内容，课程立足于土建类学生和行业人员的实际需求，以培养“创新型、复合型、综合型”人才需求为导向，以“立足实用、突出特色”为宗旨。其职业定位匹配建设生产、施工技术、监理、建设管理等岗位，是基于工作过程开发的理论学习领域课程。

2. 课程学习目标

（1）能力目标

1）能够正确识读建筑施工图、结构施工图。

2）能够进行施工图绘制与模型创建，具备施工图审核及优化设计能力。

3）能够依据设计图纸，根据给定的施工任务进行施工前条件准备，做好施工现场的平面管理。

4）能够根据指定的施工方案组织施工过程，具备建筑工程施工管理能力。

5）能够根据给定的施工图进行建筑主要分部分项工程的定位放样测量，并监督施工工艺流程符合工艺标准。

6）能按照指定的施工任务编制建筑主要分部分项工程的施工技术交底，控制工程施工进度计划并进行质量检查，达到质量验收规范要求。

7）能根据给定的施工任务对建筑主要分部分项工程进行质量创优施工指导，编制工程施工方案，组织相关责任单位进行工程项目验收工作并对施工组织方案进行审核评定。

（2）知识目标

1）熟悉建筑构造原理，掌握专业基础识图、BIM 课程知识，学会图纸识读，并能结合专业拓展知识应用工程图集、平法图集识读图纸。

2）掌握专业基础识图课程知识，学会 CAD 制图技能，可进行创优、协同、设计工作。

3）熟悉建筑工程施工组织过程，了解 BIM 信息化管理，掌握建筑工程施工信息资料管理方法，可对项目建设中的成本、进度、质量、安全、环境等项目进行综合组织、管理、应用。

4）熟悉《建筑施工手册》，掌握建筑主要分部分项工程的工艺流程并在项目实施中应用、指导和监督。

5）掌握建筑主要分部分项工程有关施工技术交底、施工进度、施工方案的编制方法。

6）熟悉建筑主要分部分项工程施工方案的审核评定标准，掌握施工验收程序，可对项目建设中的施工工艺进行综合管理、技术创新、质量验收、评审评价等。

（3）素质目标

1）培养较好的职业道德、社会公德。

2）培养现代的文化模式——主体意识、超越意识、契约意识。

3）培养较强的学习能力、动手能力、合作能力、创业能力。

4）养成科学的工作模式，工作有思想性、建设性、整体性。

二、关于本套丛书的内容设置

1. 典型工作任务描述

每一个工作任务均充分提炼了行业职业能力点，课程学习内容和企业生产实践紧密结合，主要针对建筑工程施工工艺实施与管理职业技能等级证书考试人员及相关行业人员，工作任务力求达到以点盖面，人才培养针对性强，内容力求通俗易懂、深入浅出、操作性强。本书在培养专业能力的同时，还注重培养方法能力、社会能力、创新能力、职业精神和职业素养，特别是培养行业人员自主分析问题、解决问题的能力以及团队协作的能力，不断提升行业人员的职业素养和综合就业能力。

2. 学习情境设计

序号	学习任务	载体	学习任务简介
1	施工图识读与制图	某建筑工程施工图	依据施工图及工程资料，对建筑施工图、结构施工图进行识读绘制；进行施工图绘制与模型创建；进行施工图审核及优化设计
2	工程施工组织与管理	某工程施工组织与管理	依据建筑工程施工组织过程，利用 BIM 信息化管理，进行项目建设中成本、进度、质量、安全、环境的综合组织、管理、应用

（续）

序号	学习任务	载体	学习任务简介
3	地基与基础施工	某地基与基础工程	利用地基与基础工程项目进行定位放样测量，做好施工机械、人力的准备；进行施工技术交底，编制施工进度计划，进行质量检查；进行地基与基础工程质量验收、质量评审
4	砌体工程施工	某砌体工程	利用砌体工程项目进行放样测量，做好施工机械、人力的准备；进行施工技术交底，编制施工进度计划，进行质量检查；进行砌体工程质量验收、质量评审
5	钢筋混凝土工程施工	某钢筋混凝土工程	利用钢筋混凝土工程项目进行放样测量，做好施工机械、人力的准备；进行施工技术交底，编制施工进度计划，进行质量检查；进行钢筋混凝土工程质量验收、质量评审
6	装配式混凝土结构工程施工	某装配式混凝土结构工程	利用装配式建筑工程项目进行放样测量，做好施工机械、人力的准备；进行施工技术交底，编制施工进度计划，进行质量检查；进行装配式混凝土结构工程质量验收、质量评审
7	钢结构工程施工	某钢结构工程	利用钢结构工程项目进行放样测量，做好施工机械、人力的准备；进行施工技术交底，编制施工进度计划，进行质量检查；进行钢结构工程质量验收、质量评审
8	屋面及防水工程施工	某屋面及防水工程	利用屋面及防水工程项目进行放样测量，做好施工机械、人力的准备；进行施工技术交底，编制施工进度计划，进行质量检查；进行屋面及防水工程质量验收、质量评审
9	装饰装修工程施工	某装饰装修工程	利用装饰装修工程项目进行放样测量，做好施工机械、人力的准备；进行施工技术交底，编制施工进度计划，进行质量检查；进行装饰装修工程质量验收、质量评审

3. 学习组织形式与方法

序号	学习任务	教学组织形式	教学学时	教学方法
1	施工图识读与制图	小组教学、机房教学	6 课时	信息化教学法、讨论法、启发引导法、总结归纳法
2	工程施工组织与管理	小组教学、现场教学、线上教学	6 课时	项目教学法、案例教学法、启发引导法、信息化教学法
3	地基与基础施工	小组教学、现场教学、线上教学	6 课时	项目教学法、案例教学法、信息化教学法
4	砌体工程施工	小组教学、现场教学、线上教学	8 课时	项目教学法、案例教学法、信息化教学法
5	钢筋混凝土工程施工	小组教学、现场教学、线上教学	6 课时	项目教学法、案例教学法、信息化教学法
6	装配式混凝土结构工程施工	小组教学、现场教学、线上教学	6 课时	项目教学法、案例教学法、信息化教学法
7	钢结构工程施工	小组教学、现场教学、线上教学	6 课时	项目教学法、案例教学法、信息化教学法
8	屋面及防水工程施工	小组教学、现场教学、线上教学	6 课时	项目教学法、案例教学法、信息化教学法
9	装饰装修工程施工	小组教学、现场教学、线上教学	6 课时	项目教学法、案例教学法、信息化教学法

三、考核说明

本课程知识结合各个项目对应的现行规范标准，能力与技能标准满足“1＋X”证书上岗要求，考核方式注重学生职业能力考核，分初级、中级、高级三个级别进行线上平台测试。

1. 初级考核内容

（1）初级专业技能理论考核

序号	考核模块	考核内容	分值分配	考核方式
1	施工图识读与制图	建筑物主要构造、建筑施工图专业知识内容、结构施工图专业知识内容	10	
2	工程施工组织与管理	考核建筑施工人工、机械、材料、工艺方法等专业基础知识	20	机考
3	建筑工程施工工艺	地基与基础、砌体工程、钢筋混凝土工程、装配式混凝土结构工程、钢结构工程、屋面及防水工程、装饰装修工程等的施工工艺流程、机械、材料专业知识	70	

（2）初级技能操作能力考核

序号	考核模块	考核内容	分值分配	考核方式
1	地基与基础施工	根据给定施工工程项目，完成该项目的人材机选择，按照标准工艺流程进行技能模拟操作考核	15	
2	砌体工程施工	根据给定砌体工程施工项目，完成该项目的人材机选择，按照标准工艺流程进行技能模拟操作考核	10	
3	钢筋混凝土工程施工	根据给定钢筋混凝土工程施工项目，完成该项目的人材机选择，按照标准工艺流程进行技能模拟操作考核	20	
4	装配式混凝土结构工程施工	根据给定装配式混凝土结构工程施工项目，完成该项目的人材机选择，按照标准工艺流程进行技能模拟操作考核	20	机考
5	钢结构工程施工	根据给定钢结构工程施工项目，完成该项目的人材机选择，按照标准工艺流程进行技能模拟操作考核	10	
6	屋面及防水工程施工	根据给定屋面及防水工程施工项目，完成该项目的人材机选择，按照标准工艺流程进行技能模拟操作考核	10	
7	装饰装修工程施工	根据给定装饰装修工程施工项目，完成该项目的人材机选择，按照标准工艺流程进行技能模拟操作考核	15	

2. 中级考核内容

（1）中级专业技能理论考核

序号	考核模块	考核内容	分值分配	考核方式
1	施工图识读与制图	建筑物主要构造、建筑施工图制图专业知识内容、结构施工图制图专业知识内容，以及图集应用	10	
2	工程施工组织与管理	考核建筑施工人工、机械、材料、工艺方法等专业知识	20	机考
3	建筑工程施工工艺	地基与基础、砌体工程、钢筋混凝土工程、装配式混凝土结构工程、钢结构工程、屋面及防水工程、装饰装修工程等分项工程施工中有关测量、工艺、流程、质量要求、施工要点等知识	70	

（2）中级技能操作能力考核

序号	考核模块	考核项目	考核内容	分值分配	考核方式
1	建筑工程施工工艺实施	地基与基础工程、砌体工程、钢筋混凝土工程、装配式混凝土结构工程、钢结构工程、屋面及防水工程、装饰装修工程工艺实施技能操作考核	根据给定施工工艺项目，完成该项目的人材机选择，按照标准工艺流程进行技能模拟操作考核	40	机考
2	建筑工程施工工艺组织管理	地基与基础工程、砌体工程、钢筋混凝土工程、装配式混凝土结构工程、钢结构工程、屋面及防水工程、装饰装修工程施工组织管理技能操作考核	根据给定施工工艺案例项目信息，完成该项目的工艺交底、施工方案、质量验收内容填写等施工组织管理技能应用案例考核	60	

3. 高级考核内容

（1）高级专业技能理论考核

序号	考核模块	考核内容	分值分配	考核方式
1	施工图识读与制图	建筑物主要构造、建筑设计图、结构设计图等设计、优化设计、施工图审查、BIM 技术应用等专业基础知识及应用	10	机考
2	工程施工组织与管理	项目管理、法律法规、施工组织设计、工艺创新等专业知识及应用	20	
3	建筑工程施工工艺	建筑工程规范标准、项目创优、项目竣工、项目评估、工艺工法创新、项目策划、采购、生产与施工管理等专业知识应用	70	

（2）高级技能操作能力考核

序号	考核模块	考核项目	考核内容	分值分配	考核方式
1	建筑工程施工工艺实施	地基与基础工程、砌体工程、钢筋混凝土工程、装配式混凝土结构工程、钢结构工程、屋面及防水工程、装饰装修工程工艺实施技能操作考核	根据给定施工工艺项目，完成该项目的人材机选择，按照标准工艺流程进行技能模拟操作考核	30	机考
2	建筑工程施工工艺组织管理	地基与基础工程、砌体工程、钢筋混凝土工程、装配式混凝土结构工程、钢结构工程、屋面及防水工程、装饰装修工程施工组织管理技能操作考核	根据给定项目信息，完成该项目的施工组织设计、工程质量竣工验收报告、工艺工法创优方案、施工组织管理等应用案例考核	70	

本套丛书包括建筑工程施工工艺实施与管理导论和建筑工程施工工艺实施与管理实践（初级、中级、高级），导论和实践（初级、中级、高级）配套使用。

建筑工程施工工艺实施与管理实践（初级、中级、高级）分别对应建筑工程施工工艺实施与管理职业技能等级的初级、中级、高级。

目　　录

学习情境一　地基与基础工程

案例引入

1. 工程概况

1）工程名称：×××学生公寓。

2）工程地点：×××山海路以南、博文路以西。

3）建设单位：×××学院。

4）建筑性质：学生公寓。

5）结构形式：框架—剪力墙结构。

6）建筑等级：一类高层公共建筑，建筑物设计使用年限为50年。

7）建筑耐火等级：高层为一级；抗震设防烈度为7度。

8）建筑物层数及层高：地上18层，层高3.6m，建筑高度65.7m。

9）建筑面积：21320.7m^2。

2. 现场情况

本工程位于市内，交通方便，施工场地足够，有利于机械、现场材料的堆放布置。

3. 水文、地质条件、场地、气象情况

1）水文、地质情况。本工程场地地下水稳定水位埋深为11.0～12.6m，为基岩裂隙潜水，有承压性，对混凝土无侵蚀性。

2）场地情况。场地基本设防烈度为7度，建筑场地类别属Ⅰ类。

3）气象资料。本地区最高气温34.4℃，最低气温－10.1℃，年平均气温12.2℃，最冷月平均气温－1.4℃，最热月平均气温28.9℃，年降雨量847mm，日最大降雨量240mm，冬期最大冻结深度0.93m，最大积雪厚度0.37m，常年夏季主导风向为东南风，冬季为北风，四季分明。7、8月份为雨期，冬期施工日期为本年12月25日至次年2月25日，属典型的温带季风性气候。

4. 建筑、结构概况

本工程主要结构为现浇钢筋混凝土框架—剪力墙结构，地下室混凝土强度等级：底板为C40、P8级抗渗混凝土，外墙及消防水池为C45、P10级抗渗混凝土，柱、梁、板、墙为C40级混凝土。地上部分除四层以下柱为C45混凝土外，其余均为C40，梁板混凝土内掺水泥用量10%～12%的PNF膨胀剂，膨胀加强带内掺量为14%。框架填充墙采用加气混凝土砌块；地下室外墙采用高分子PVC防水卷材，120mm厚砖砌体围护。本工程按7度抗震设防，建筑场地类别为Ⅰ类，剪力墙抗震等级为三级，框架抗震等级为四级。

5. 地基与基础工程

本工程场地地下水稳定水位埋深为11.0～12.6m，为基岩裂隙潜水，有承压性，对混凝土无侵蚀性。地表以下0.7～4.0m为粉质黏土，3.0～6.9m为杂填土，7.4～11.9m为强风化板岩，以下为中风化板岩。本工程持力层为强风化板岩，地基承载力设计值f=650kPa。

该工程持力层为第3层强风化麻岩，地基承载力特征值为500kPa，砂石地基，筏板基础，防水板均为C30，采用防水混凝土，设计抗渗等级S8。基坑边坡均为土质结构，边坡自稳定性较差，基坑坑壁采用锚网喷护方式，Φ8@200mm×200mm的钢筋网片，8cm厚的C20喷射混凝土，施工中各分区分段之间形成的临时边坡根据实际情况采用土钉或网喷支护，土钉@2.0m×2.0m，长度1m，网片及喷射混凝土与一般基坑支护参数相同。

典型任务1 地基与基础工程质量创优施工指导工作

知识点：

1. 地基与基础知识。
2. 地基与基础工程质量控制。
3. 地基与基础工程质量创优施工指导。

能力（技能）点：

1. 能应用施工质量验收规范，对地基与基础工程进行质量检查。
2. 能根据给定的地基与基础工程施工任务，对地基与基础工程进行质量创优施工指导。

实践目的

1）培养应用施工质量验收规范进行地基与基础工程质量检查的能力。

2）根据地基与基础工程施工任务，指导地基与基础工程质量创优施工。

实践分解任务

1）根据工程案例分析地基、基础、基坑支护的类型，以及地下水控制方法。

2）根据工程案例，结合施工质量验收规范，分析地基与基础工程质量检查的内容。

3）根据工程案例，结合地基与基础工程施工任务，指导质量创优施工。

实践分组

以小组为单位（6～8人为一组），在规定时间内完成上述内容。

实践场地

实训室、机房。

实践实施过程

成立创优小组（6～8人），依据《中国建设工程鲁班奖（国家优质工程）评选办法》（2019年），按照创优总体要求，有针对性地制定创优实施重点内容。每个学生提出自己的地基与基础工程质量创优施工指导书，小组讨论。

一、地基、基础、基坑支护的类型及地下水控制方法

引导问题 1：地基类型有哪些？

运用知识：

支承基础的土体或岩体称为地基。《建筑地基基础工程施工规范》（GB 51004—2015）将地基划分为以下类型：素土、灰土地基，砂和砂石地基，粉煤灰地基，强夯地基，注浆加固地基，预压地基，振冲地基，高压喷射注浆地基，水泥土搅拌桩地基，土和灰土挤密桩复合地基，水泥粉煤灰碎石桩复合地基，夯实水泥土桩复合地基，砂石桩复合地基，湿陷性黄土地基，冻土地基，膨胀土地基。

引导问题 2：基础类型有哪些？

运用知识：

将上部结构所承受的外来荷载及上部结构自重传递到地基上的结构组成部分称为基础。《建筑地基基础工程施工规范》（GB 51004—2015）将基础划分为以下类型：无筋扩展基础、钢筋混凝土扩展基础、筏形与箱形基础、钢筋混凝土预制桩、泥浆护壁成孔灌注桩、长螺旋钻孔压灌桩、沉管灌注桩、干作业成孔灌注桩、钢桩、锚杆静压桩、岩石锚杆基础、沉井与沉箱。

引导问题 3：基坑支护类型有哪些？

运用知识：

由围护墙、围檩、支撑（锚杆）、立柱（立柱桩）等系统组成的结构体系称为基坑支护结构。《建筑地基基础工程施工规范》（GB 51004—2015）将基坑支护划分为以下类型：灌注桩排桩围护墙、板桩围护墙、咬合桩围护墙、型钢水泥土搅拌墙、地下连续墙、重力式水泥土围护墙、土钉墙、内支撑、锚杆（索）、与主体结构相结合的基坑支护。

引导问题 4：地下水控制方法有哪些？

运用知识：

在基坑工程中，为了确保施工顺利实施，减少施工对周边环境的影响而采取的排水、降水、隔水和回灌等措施称为地下水控制。《建筑地基基础工程施工规范》（GB 51004—2015）介绍的地下水控制方法主要有集水明排、轻型井点、多级轻型井点、喷射井点、电渗井点、真空降水管井、降水管井、回灌。

二、地基与基础质量检查内容

根据《建筑地基基础工程施工质量验收标准》（GB 50202—2018）的相关规定：

引导问题 1：土石方工程质量检查的内容有哪些？

运用知识：

1）柱基础、基坑、基槽土方开挖质量标准的主控项目有标高、长度、宽度、坡率；其一般项目有表面平整度、基底土性。

2）柱基础、基坑、基槽岩质基坑开挖质量标准的主控项目有标高、长度、宽度、坡率；其一般项目有表面平整度、基底岩（土）质。

3）土石方堆放质量标准的主控项目有总高度、长度、宽度、堆放安全距离、坡率；其一般项目有防扬尘。

引导问题 2：地基质量检查的内容有哪些？

运用知识：地基质量检查的内容见表 1-1。

表 1-1　地基质量检查的内容

序号	地基类型	主控项目	一般项目
1	素土、灰土地基	地基承载力、配合比、压实系数	石灰粒径、土料有机质含量、土颗粒粒径、含水率、分层厚度
2	砂和砂石地基	地基承载力、配合比、压实系数	砂石料有机质含量、砂石料含泥量、砂石料粒径、分层厚度
3	土工合成材料地基	地基承载力、土工合成材料强度、土工合成材料延伸率	土工合成材料搭接长度、土石料有机质含量、层面平整度、分层厚度
4	粉煤灰地基	地基承载力、压实系数	粉煤灰粒径、氧化铝及二氧化硅含量、烧失量、分层厚度、含水率
5	强夯地基	地基承载力、处理后地基土的强度、变形指标	夯锤落距、夯锤质量、夯击遍数、夯击顺序、夯击数、夯点位置、夯击范围（超出基础范围的距离）、前后两遍间歇时间、最后两击平均夯沉量、场地平整度
6	注浆地基	地基承载力、处理后地基土的强度、变形指标	原材料检验、注浆材料称量、注浆孔位、注浆孔深、注浆压力
7	预压地基	地基承载力、处理后地基土的强度、变形指标	预压荷载（真空度）、固结度、沉降速率、水平位移、竖向排水体位置、竖向排水体插入深度、插入塑料排水带时的回带长度、竖向排水体高出砂垫层距离、插入塑料排水带的回带根数、砂垫层材料的含泥量
8	砂石桩复合地基	复合地基承载力、桩体密实度、填料量、孔深	填料的含泥量、填料的有机质含量、填料粒径、桩间土强度、桩位、桩顶标高、密实电流、留振时间、褥垫层夯填度
9	高压喷射注浆复合地基	复合地基承载力、单桩承载力、水泥用量、桩长、桩身强度	水胶比、钻孔位置、钻孔垂直度、桩位、桩径、桩顶标高、喷射压力、提升速度、旋转速度、褥垫层夯填度
10	水泥土搅拌桩复合地基	复合地基承载力、单桩承载力、水泥用量、搅拌叶回转直径、桩长、桩身强度	水胶比、提升速度、下沉速度、桩位、桩顶标高、导向架垂直度、褥垫层夯填度
11	土和灰土挤密桩复合地基	复合地基承载力、桩体填料平均压实系数、桩长	土料有机质含量、含水率、石灰粒径、桩位、桩径、桩顶标高、垂直度、砂碎石褥垫层夯填度、灰土垫层压实系数
12	水泥粉煤灰碎石桩复合地基	复合地基承载力、单桩承载力、桩长、桩径、桩身完整性、桩身强度	桩位、桩顶标高、桩垂直度、混合料坍落度、混合料充盈系数、褥垫层夯填度
13	夯实水泥土桩复合地基	复合地基承载力、桩体填料平均压实系数、桩长、桩身强度	土料有机质含量、含水率、土料粒径、桩位、桩径、桩顶标高、桩孔垂直度、褥垫层夯填度

引导问题3：基础工程质量检查的内容有哪些？

运用知识：基础工程质量检查的内容见表1-2。

表1-2　基础工程质量检查的内容

序号	基础类型	主控项目	一般项目
1	无筋扩展基础	轴线位置、混凝土强度、砂浆强度	长度、宽度、基础顶面标高、毛石砌体厚度
2	钢筋混凝土扩展基础	混凝土强度、轴线位置	长度、宽度、基础顶面标高
3	筏形与箱形基础	混凝土强度、轴线位置	基础顶面标高、平整度、尺寸、预埋件中心位置、预留洞中心线位置
4	钢筋混凝土预制桩（锤击）	承载力、桩身完整性	成品桩质量、桩位、焊条质量、接桩焊缝质量、焊接结束后停歇时间、上下节平面偏差、节点弯曲矢高、收锤标准、桩顶标高、垂直度
	钢筋混凝土预制桩（静压）	承载力、桩身完整性	成品桩质量、桩位、焊条质量、接桩焊缝质量、焊接结束后停歇时间、上下节平面偏差、节点弯曲矢高、终压标准、桩顶标高、垂直度、混凝土灌芯
5	泥浆护壁成孔灌注桩	承载力、孔深、桩身完整性、混凝土强度、嵌岩深度	垂直度、孔径、桩位、泥浆指标、泥浆面标高、钢筋笼质量、沉渣厚度、混凝土坍落度、钢筋笼安装深度、混凝土充盈系数、桩顶标高、后注浆质量、扩底桩质量
6	干作业成孔灌注桩	承载力、孔深及孔底土岩性、桩身完整性、混凝土强度、桩径	桩位、垂直度、桩顶标高、混凝土坍落度、钢筋笼质量
7	长螺旋钻孔压灌桩	承载力、混凝土强度、桩长、桩径、桩身完整性	混凝土坍落度、混凝土充盈系数、垂直度、桩位、桩顶标高、钢筋笼笼顶标高
8	沉管灌注桩	承载力、混凝土强度、桩长、桩身完整性	桩径、混凝土坍落度、垂直度、桩位、拔管速度、桩顶标高、钢筋笼笼顶标高
9	钢桩	承载力、钢桩外径或截面尺寸、桩长、矢高	桩位、垂直度、端部平整度、H型钢桩的方正度、端部平面与桩身中心线的倾斜值、上下节桩错口、焊缝、焊缝质量外观、焊缝探伤检验、焊接结束后停歇时间、节点弯曲矢高、桩顶标高、收锤标准
10	锚杆静压桩	承载力、桩长	桩位、垂直度、成品桩质量、接桩质量、焊条质量、压桩压力设计要求、接桩时上下节平面偏差、接桩时节点弯曲矢高、桩顶标高
11	岩石锚杆基础	抗拔承载力、孔深、锚固体强度	垂直度、孔位、孔径、杆体标高、锚固长度、注浆压力
12	沉井与沉箱	混凝土强度、井（箱）壁厚度、封底前下沉速率、终沉后刃脚平均标高、终沉后中心线位移、终沉后四角中任何两角高差	平面尺寸、垂直度、预埋件中心线位置、预留孔（洞）位移、下沉过程中四角高差、下沉过程中中心位移

引导问题 4：基坑支护检查的内容有哪些？

运用知识：基坑支护检查的内容见表 1-3。

表 1-3　基坑支护检查的内容

序号	支护类型	主控项目	一般项目
1	灌注桩排桩围护墙	孔深、桩身完整性、混凝土强度、嵌岩深度、钢筋笼主筋间距	垂直度、孔径、桩位、泥浆指标、钢筋笼质量、沉渣厚度、混凝土坍落度、钢筋笼安装深度、混凝土充盈系数、桩顶标高
2	板桩围护墙	桩长、桩身弯曲度、桩顶标高	齿槽平直度及光滑度、沉桩垂直度、轴线位置、齿槽咬合程度
	预制混凝土板桩围护墙	桩长、桩身弯曲度、桩身厚度、凹凸槽尺寸、桩顶标高	保护层厚度、横截面相对两面之差、桩尖对桩轴线的位移、沉桩垂直度、轴线位置、板缝间隙
3	咬合桩围护墙	导墙定位孔孔径、导墙定位孔孔口定位、钢套管顺直度、成孔孔径、成孔垂直度、成孔孔深	导墙面平整度、导墙平面位置、导墙顶面标高、桩位、矩形钢筋笼长边、矩形钢筋笼短边、矩形钢筋笼转角、钢筋笼安放位置
4	型钢水泥土搅拌墙	型钢截面高度、型钢截面宽度、型钢长度	型钢挠度、型钢腹板厚度、型钢翼缘板厚度、型钢顶标高、型钢平面位置、型钢形心转角
5	土钉墙	抗拔承载力、土钉长度、分层开挖厚度	土钉位置、土钉直径、土钉孔倾斜度、水胶比、注浆量、注浆压力、浆体强度、钢筋网间距、土钉面层厚度、面层混凝土强度、预留土墩尺寸及间距、微型桩桩位、微型桩垂直度
6	地下连续墙	墙体强度、槽壁垂直度、槽段深度	导墙尺寸、槽段宽度、槽段位、沉渣厚度、混凝土坍落度、表面平整度、预制墙顶标高、预制墙中心位移、永久结构的渗漏水
7	重力式水泥土围护墙	桩身强度、水泥用量、桩长	桩径、水胶比、提升速度、下沉速度、桩位、桩顶标高、导向架垂直度、施工间歇
8	钢筋混凝土支撑	混凝土强度、截面宽度、截面高度	标高、轴线平面位置、支撑与垫层或模板的隔离措施
	钢支撑	外轮廓尺寸、预加顶力	轴线平面位置、连接质量
	钢立柱	截面尺寸、立柱长度、垂直度	立柱挠度、截面尺寸（缀板或缀条）、缀板距离、钢板厚度、立柱顶标高、平面位置、平面转角
9	锚杆	抗拔承载力、锚固体强度、预加力、锚杆长度	钻孔孔位、锚杆直径、钻孔倾斜度、水胶比、注浆量、注浆压力、自由度套管长度

引导问题 5：井点降水检查的内容有哪些？

运用知识：井点降水检查的内容见表 1-4。

表 1-4　井点降水检查的内容

序号	降水类型	主控项目	一般项目
1	轻型井点	出水量	成孔孔径、成孔深度、滤料回填量、黏土封孔高度、井点管间距
2	喷射井点	出水量	成孔孔径、成孔深度、滤料回填量、井点管间距
3	管井	泥浆比重、滤料回填高度、封孔、出水量	成孔孔径、成孔深度、扶中器、活塞洗井、沉淀物高度、含砂量

三、编制质量创优施工指导书

成立创优小组（6~8人），依据《中国建设工程鲁班奖（国家优质工程）评选办法》（2019年），每个小组制定一份××工程质量创优施工指导书。

引导问题1：如何制定工程质量创优目标？

运用知识：

1）确定本工程是否符合《中国建设工程鲁班奖（国家优质工程）评选办法》（2019年）规定的评选范围。

2）确保市优质工程。

3）确保省（部）级优质工程。

4）确保“鲁班奖”。

引导问题2：如何成立工程质量创优组织？

运用知识：

1）创优组织机构一般由公司主管领导、项目主管领导和相关部门组成。

2）创优组织机构可分为攻关组、策划组、内业组、后勤组、联络组。

引导问题3：如何制定创优工作任务？

运用知识：

1）制定市优质工程各工作小组任务。

2）制定省（部）级优质工程各工作小组任务。

3）制定“鲁班奖”各工作小组任务。

引导问题4：如何制定创优组织管理和技术措施？

运用知识：

1）组织管理措施：

① 定期召开创优实施讲评会议，对照工程创优策划方案检查创优的落实情况和实施效果，落实整改措施。

② 不定期邀请历年“鲁班奖”检查组评委到项目上指导实际施工，加强过程沟通，为评奖创造有利条件。

③ 公司工程部利用季度检查，监督、检查创优实施情况，督促创优实施工作。

2）技术措施：

①“鲁班奖”复查要点。根据历年“鲁班奖”复查的要求和关注点进行梳理，以便有针对性地实施。

② 工程创优实施重点。工程创优总体要求：总体优良、突出亮点、重在细部、杜绝缺陷。根据历年“鲁班奖”复查的要求和关注点，按照创优总体要求，有针对性地制定创优实施重点方案。

四、教师审查每个小组的工作方案并提出整改建议

指导教师依据《中国建设工程鲁班奖（国家优质工程）评选办法》（2019年）和“鲁班奖”获奖案例审查各小组的方案，提出整改建议。

整改建议记录：

五、各小组进一步优化方案并确定最终方案

最终方案记录：

实践成果

1）工作情境模拟操作。

2）××地基与基础工程质量创优施工指导书。

案例：扫描二维码下载××地基与基础工程质量创优施工指导书。

典型任务 2 地基与基础工程施工方案编制工作

知识点：

1. 地基与基础工程有关人力、机械设备等的选择和配备。
2. 地基与基础工程的施工工艺。
3. 地基与基础工程施工方案的编制。

能力（技能）点：

1. 能按照指定的施工任务编制地基与基础工程施工技术交底记录表。
2. 能够填写地基与基础工程施工记录。
3. 能根据给定的施工任务编制地基与基础工程施工方案。

实践目的

1）以实际应用为主，培养学生地基与基础工程有关人力、机械设备等的选择和配备能力。

2）通过地基与基础工程施工方案的编制，能对该分部的施工工艺流程进行优化，能进行技术交底和施工记录的填写，能独立编制该分部工程的施工方案。

实践分解任务

1）根据工程实际情况，编制地基与基础工程人力、机械设备的选择和配备表。

2）根据工程实际情况，优化地基与基础工程施工工艺。

3）根据工程实际情况，编制地基与基础工程施工技术交底记录表。

4）根据工程实际情况，填写地基与基础工程施工记录。

5）根据工程实际情况，编制地基与基础工程施工方案。

实践分组

以小组为单位（6～8 人为一组），在规定时间内完成上述内容。

实践场地

实训室、机房。

实践实施过程

一、编制地基与基础工程施工方案

成立施工方案编制小组（6～8 人），依据施工图纸、施工组织总设计、《建筑地基基础工程施工规范》（GB 51004—2015）、《地下防水工程质量验收规范》（GB 50208—2011）、《建筑地基基础工程施工质量验收标准》（GB 50202—2018）等，每个小组制订××工程地基与基础工程施工方案并讨论。

引导问题1：如何选择和配备地基与基础工程的人力、机械设备？

运用知识：

（一）人力安排及保证措施

根据工程的特点、施工区段的划分及施工进度计划，合理投入劳动力，及时组织劳动力进场，实行动态调配，劳动力投入遵循“分工合作、集中管理”的原则；同时，按照管理层由项目部承担、执行层由各专业队伍承担、“一级管理、两级运作”的模式，分别配备相应的专业施工队伍进行施工，以确保施工生产的需要。

1. 现场组织机构设置

施工现场按项目法施工的要求建立工程项目经理部，代表公司组织、管理、实施项目工程，全面履行施工合同；建立以项目经理为首，项目副经理、技术负责人为主要成员的施工决策层，具备对工程的工期、质量、安全、成本进行计划、组织、协调、控制的决策职能，实施动态管理；由项目领导层、管理层、劳务层组成项目部，优质保量地进行项目部的各项工作，严于律己，密切配合，坚持文明施工，争创优质工程。

2. 优化配置人力资源

1）根据工程总体控制计划及工程量、装修的需要，合理投入劳动力；结合各阶段的施工需要，随时调整劳动力的投入，且始终处于动态控制中。项目经理部依据各施工进度情况，对各施工队、配合单位的施工任务的工程量及操作工人的技术等级进行比较分析，及时调配劳动力进场作业。

2）项目部进场后，按照各子分部工程的计划施工时间、工作量及时安排劳动力进场，做好前期的定位放线、临建搭设以及和有关单位、部门的配合工作，力求缩短准备周期，迅速打开工作面，使本工程的建设早日进入正常施工的运行轨道。

3）工程劳动力配备计划根据招标文件提供的设计图纸，以及有关的预算定额、劳动定额和总进度计划编制，确定工程所需各种技工、普工的人数，项目部据此控制劳动力的平衡、调配。

4）管理人员及特殊工种的工人均持证上岗，对进场施工人员的就业证、上岗证、身份证、健康证等证件进行复印，统一登记管理，便于掌握劳动力的流向。

5）各阶段劳动力计划见表1-5。

表1-5 各阶段劳动力计划 （单位：人）

工种	第1个月	第2个月	第3个月	第4个月	……
木工					
钢筋工					
泥瓦工					
混凝土工					
防水工					
架子工					
测量工					
机械工					
电工					
电焊工					
普通					
……					

3. 实施人力计划的保证措施

1）组织劳务招标，择优选择劳动队伍承担本地基与基础工程施工。要求班组工人操作技能熟练、施工经验丰富，能吃苦耐劳、作风过硬。

2）进行集中培训。项目部组织工程的施工、技术、工期、安全、质量及文明施工等方面的交底工作，使现场的操作工人了解和适应本工程的施工要求。

3）加强对人力的常规管理，做好计划、决策、组织、指挥、监督和调度工作。

4）编制劳动力使用计划，优化劳动组织、劳动分工和协作关系。

（二）机械设备选用的依据

根据高标准、机械化作业、人性化施工的原则组织施工，主要施工机械设备应满足国家对施工安全、质量和环保的要求，且能适应当地的地形，要确保工程项目的施工能力、安全、质量、环保、进度等要求，要优先选用节能环保设备。

1）应根据地基与基础工程各子分部的施工工艺、施工环境的特点，实际需要以及施工高峰期的时间要求，进行施工机械的配备，保证施工机械的数量满足施工要求且配备合理。要注意根据不同的要求配备不同类型、不同标准的机械设备；要以保证质量为原则，努力降低施工成本。在施工前要对施工机械进行全面的检测及调试，保证施工机械处于良好状态；进场的检测仪器要做好认证并建立记录档案，施工期间做好定期的检查。

2）在配备机械设备时，应综合考虑以下因素：

① 先进性：机械设备技术性能优越、生产效率高。

② 使用可靠性：机械设备在使用过程中能稳定地保持其应有的技术性能，能安全可靠地运行。

③ 便于维修性：机械设备要便于检查、维护和修理。

④ 运行安全性：机械设备在使用过程中具有施工安全保障措施。

⑤ 经济实惠性：机械设备在满足技术要求的基础上费用最低。

⑥ 适应性：机械设备能适应不同工作条件，并具有一定的多用性。

⑦ 其他方面：成套性、节能性、环保性、灵活性等。

3）主要施工机械计划表见表 1-6。

表 1-6　主要施工机械计划表

序号	名称	规格、型号	单位	数量	备注
1	挖掘机				
2	装载机				
3	自卸车				
4	洒水车				
5	雾炮机				
6	钢筋弯曲机				
7	钢筋调直机				
8	数控弯箍机				
9	压路机				
10	洗车台				
11	电焊机				
12	柴油发电机组				
	……				

引导问题2：如何优化地基与基础工程子分部的施工工艺？

运用知识：

（一）土方开挖工程施工工艺

1. 工艺流程

测量放线→确定开挖顺序和坡度→分段、分层均匀开挖（图1-1）→排（降）水→修坡和清底→坡道收尾

图1-1　土方开挖

2. 操作要点

根据土方开挖的数量合理组织施工机械设备，测量放线后按照设计要求，按如下步骤进行开挖作业：

1）按照分段、分层，逐级开挖、逐级支护的原则组织土方开挖。

2）基槽主要土方开挖分两步进行，第一步土方挖土由现场自然地坪往下挖至2m深，挖掘机分区段进行推移式依次开挖。

3）第二步开挖至防水板底垫层下皮标高处，挖掘机取土厚度约为2m。挖出一定的工作面后，挖掘机送到槽下接力挖土至防水板底标高，采用施工马道往外运土。

4）挖土收尾阶段，地下车库部位挖至槽底标高，作业组根据工作面情况陆续退场，用小型挖掘机进行逐步推移式挖土，土方从施工马道陆续外运；然后退至施工马道部位分层挖出工作面，用挖掘机分层倒运；位于槽底的挖掘机从施工马道退场。

5）正式大面积开挖前，先开挖对周边影响较小部位的基坑作为试验段，以便积累工作经验，检验实际情况，利于后期基坑开挖。

6）挖掘机械严禁在已经开挖的坡顶停滞。土质边坡应一次成坡，严禁超挖后虚铺。

7）施工人员必须听从现场管理人员指挥。土方施工过程中，现场施工技术人员要及时用水准仪测控挖土深度，防止挖土过深扰动持力层土壤的结构。

8）各种挖（运）土设备要严格按照方案制定的措施进行施工。

9）工地安排人员疏导车辆，对每个挖（运）土设备的作业情况做好记录。

10）开挖时，及时把标高向下引测。挖到4.0m深时，在基坑内引一高程点，以此点为中转点引测基坑底部高程。在坑底架设水准仪，测定各处的挖深标高。机械挖土要预留30cm深度的土方量，由人工清理至基底标高，以保证槽底平整。

11）边坡修理由人工进行，根据槽的上下口线拉通线，突出的部分先用镐剔除，再用铁锹铲，使之平滑顺直。

12）挖土接近槽底时，要有一人专门负责指挥挖掘机，防止超挖。挖槽的上口及下口时，注意观察白灰控制线。

13）基槽开挖过程中要注意地下障碍物的情况，如发现不明物，要及时上报，并做好相关措施。

3. 注意事项

1）土方开挖前，应详细查明施工区域内的地下、地上障碍物。对位于基坑、管沟内的管线和相距较近的地上、地下障碍物应拆改或加固处理完毕。

2）控制坐标和水准点已按设计要求引测到现场，并在工程施工区域设置测量控制网（包括控制基线、轴线和水平基准点）。

3）为了方便夜间施工，应设有足够的照明设施。在危险地段应设置明显标志，并设计合理的开挖顺序，防止错挖或超挖。

4）施工机械进入现场所经过的道路、桥梁和卸车设施等，应事先经过检查，必要时要做好加固和加宽等准备工作。

5）在机械无法作业的部位、修整边坡坡度以及清理槽底等应配备人工进行施工。

6）当开挖深度范围内遇有地下水时，应根据当地工程地质资料采取措施降低地下水位，一般应降至开挖面以下0.5m，然后才能进行土方开挖。做好施工场地的防洪排水工作，全面规划场地，平整各部分的标高，保证施工场地排水通畅、不积水，场地周围应设置必要的截水沟、排水沟。如工程施工处于雨季，为确保施工质量，使工程顺利进行，在施工过程中应采取如下措施：

① 土方开挖期间控制大范围开挖。

② 雨天拟用塑料布等覆盖坡面或堆土回填。

③ 雨天安排人员进行基坑内外排水，避免地面雨水流入基坑。此外，设专人经常对边坡进行观察，以便及时发现问题。

④ 做好出入口的泥泞清理工作。

⑤ 水泥、砂、石等材料进行覆盖，以防雨水。

4. 质量保证措施

1）为保证基坑开挖的顺利进行，在基坑开挖的各项措施中必须加入现场监测环节。现场监测应由具备相应资质的单位进行，并将结果及时提供给设计方，以便根据反馈信息指导施工。

① 对坡顶及周边围护桩的水平位移、基坑周边沉降进行监测。

② 应对基坑开挖面周边土体的变形进行监测。

③ 土方开挖深度要随时进行测控，按照施工技术人员提供的测量标高控制挖土深度。

2）槽底挖土质量标准：机械挖土标高误差不超过±50mm，人工挖土标高误差不超过±30mm。挖土不得扰动持力层土壤的结构（对于深浅槽交接放坡的部位，应按图纸方案进行放坡施工）。

3）土方开挖允许偏差及检查方法见表1-7。

表1-7　土方开挖允许偏差及检查方法

序号	项目	允许偏差	检查方法
1	标高	±50mm	用水准仪检查
2	基础底面长度、宽度	0，100mm	用全站仪检查，拉线和尺量检查
3	边坡	0，100mm	观察和用坡度尺测量

（二）基坑支护施工工艺

下面以旋喷锚索桩施工（图1-2）为例介绍基坑支护施工工艺。

1. 工艺流程

土方开挖→桩间土喷锚→放线定孔位→钻机就位→校正孔位、调整角度→钻进（高压扩孔）成孔→安放锚索→注浆→拔套管→安装腰梁、锚头锚具→张拉与锁定

图1-2　旋喷锚索桩施工

2. 操作要点

（1）钻孔施工

1）锚孔定位：开挖后的基坑壁经过修整喷锚，按设计要求的标高和水平间距，用水准仪和钢尺定出孔位，做好标记。

2）钻机就位：将专用锚杆钻机对准已放好的孔位，调整好角度，由质检员验收合格后准许开钻。

3）钻孔：钻孔时应选用硬质合金高压旋转钻头（喷头），钻头侧翼设置多个喷嘴进行高压旋转回转钻进，锚杆钻孔的深度不应小于设计长度，同时也不宜大于设计长度+500mm。

钻孔施工应符合下列要求：

① 钻孔时不得扰动周围地层。

② 锚索水平方向孔距的误差不大于50mm，垂直方向孔距的误差不大于100mm。钻孔底部的偏斜尺寸不大于锚固体直径的3%。

③ 锚孔孔深不小于锚索设计长度，同时也不宜大于设计长度的1%，锚孔的孔径不小于设计值。

④ 锚索成孔施工时应采用套管钻进。

（2）扩孔施工

高压旋转钻头（喷头）的高压水泥浆在高压泵的压力作用下，从底部钻头和侧翼喷嘴处向外喷射，喷射过程中同步对周侧的土体或砂层进行切割；高压旋转钻头和侧翼喷嘴在动力推动下逐渐向前推进，直至达到设计深度和直径，获得成型的锚杆孔。扩孔施工应符合下列要求：

1）扩孔的高压喷射压力应大于20MPa，可取20～40MPa；喷嘴移动速度为10～20mm/min。

2）高压喷射注浆水泥采用强度等级为P·O 42.5的纯水泥浆，水灰比为0.5，水泥用量不小于400kg/m^3。

3）连接高压注浆泵和钻机的输送高压喷射液体的高压管长度不宜大于50m。

4）采用水泥浆液扩孔工艺的，应至少上下往返扩孔两遍。

5）高压旋转钻头（喷头）应均匀地旋转、提升或下沉，由上而下或由下而上进行高压喷射扩孔。喷射管分段提升或下沉的搭接长度不得小于100mm。

6）在高压喷射扩孔过程中出现压力骤然上升或下降时，应查明原因并及时采取措施。

7）施工中严格按照施工参数进行施工，如实做好各项记录。

（3）锚索制作与安放

钢绞线严格按设计尺寸下料，每股长度误差不大于50mm。钢绞线应按一定规律平直排列，杆索锚固段沿杆体轴线方向每隔1.5m设置一个架线环，注浆管应与杆体绑扎牢固。锚索自由段用塑料管包裹，与锚固段相交处的塑料管管口用防水胶布封住。组装好的锚索（包括注浆管）应在钻孔结束后立即放入孔内，安放时要防止杆体扭压、弯曲，要插至设计深度，且要确保拉杆处于钻孔的中心位置。

（4）注浆工艺

注浆管的出浆口应插入距孔底300mm以下位置，浆液应自下而上连续灌注，要确保从孔内顺利地排水、排气。注浆后不得随意敲击或拉拔杆体，也不得在杆体上悬挂重物。注浆施工注意事项：

1）灌注的水泥浆要取样做室内抗压试验，以复核其强度指标。

2）浆液应随搅随用，并在初凝前用完。注浆作业开始时，先用稀水泥浆循环注浆1～2min，确保注浆时浆液畅通。

3）浆液硬化后，若发现浆液没有充满锚孔时，应进行补浆。

4）同一批锚孔注浆结束后，要清洗注浆管道的循环系统。

（5）锚索的张拉与锁定

锚索的张拉（图1-3）与施加预应力（锁定）应符合以下规定：

1）预应力锚索（图1-4）张拉前，应对张拉设备进行标定。

2）预应力锚索张拉应在锚索施工龄期达到10d后进行。锚固段浆体强度达到设计强度等级的80%时可进行张拉，具体时间根据试验确定（不添加早强剂时，为二次注浆完7d后）。

3）锚索张拉顺序应考虑对邻近锚杆的影响，采用隔一拉一工艺。

4）锚索正式张拉前，取20%的设计张拉荷载对其预张拉1～2次，使其与锚具接触紧密，钢绞线应完全平直。

5）锚索分级张拉至设计施加预应力值的1.05倍后锁定。

图1-3　锚索的张拉

（6）土层锚索防腐

1）锚索锚固段的防腐处理：

① 一般腐蚀环境中的永久锚索，其锚固段内杆体可采用水泥浆或砂浆封闭防腐，但杆

体周围必须有2.0cm厚的保护层。

② 严重腐蚀环境中的永久锚索，其锚固段内杆体宜用波纹管外套，管内孔隙用环氧树脂水泥浆或水泥砂浆充填，套管周围保护层厚度不得小于1.0cm。

③ 临时性锚索锚固段杆体应采用水泥浆封闭防腐，杆体周围保护层厚度不得小于1.0cm。

2）锚索自由段的防腐处理：

① 永久性锚索自由段内的杆体表面宜涂润滑油或防腐漆；然后包裹塑料布，在塑料布表面再涂润滑油或防腐漆；最后装入塑料套管中，形成双层防腐。

② 临时性锚索的自由段杆体可采用涂润滑油或防腐漆，再包裹塑料布等简易防腐措施。

图1-4 预应力锚索

3）外露锚索部分的防腐处理：

① 永久性锚索采用外露头时，必须涂以沥青等防腐材料，再采用混凝土密封。外露钢板和锚具的保护层厚度不得小于2.5cm。

② 永久性锚索采用盒具密封时，必须用润滑油填充盒具的空隙。

③ 临时性锚索的锚头宜采用沥青防腐。

3. 注意事项

1）施工锚索前应先清除坡面，使坡面尽量平顺，保证钢板带顺直。

2）锚索孔必须按设计图纸布置的孔位精确定位，垂直方向与水平方向的距离误差应小于50mm。钻孔的倾角及水平误差控制在1°以下，孔斜率小于1/50。

3）钻机台应稳定牢固，在钻孔反推力作用下仍能保证钻机稳定和钻孔方向。

4）锚索材料必须达到设计强度要求，以保证质量。锚索钢绞线按设计长度切断，清除其上的污物、锈斑后再进行防腐处理。锚索钢绞线自由段在涂防腐剂后，涂上矿脂并套上塑料螺旋套管。锚固段应安装导向尖锥、定位片、注浆管、扩张环。制好的锚索不能直接放在泥土地上，并不得有泥土、油污等任何杂物，安装前要检查孔内有无掉块。

5）施工中，水泥砂浆的质量要严格掌握，水泥强度等级不低于P·C32.5，对搅拌好的水泥砂浆要再次过筛，以免有水泥结块堵塞管路。

6）注浆采用孔底注浆法，从孔底开始压力注浆。注浆时应缓慢搅拌水泥砂浆，直到注浆结束，浆液灌注必须饱满密实。注浆材料固化前不得移动锚索。

7）张拉必须等孔内浆体强度达到设计强度的80%后进行。张拉前应检查锚头等设备，确认合格后应清除污物和锈斑。张拉前要对张拉千斤顶的液压泵进行标定，绘出千斤顶出力与压力表指示压强曲线，标定时千斤顶最大出力应大于锚杆张拉值的30%。

8）锚索张拉应逐级进行，张拉中应对锚索的伸长量及受力做好记录，核实伸长量与受力是否相等。每级补偿张拉稳定时间为5min，最后一级补偿张拉时间为5min。

9）必须保证钢板带与钻孔轴线垂直，钢板带与坡面应全面贴紧。张拉结束后，锚头部分应涂防腐剂，再用矿脂封闭。

10）锚索应进行专门的拉拔试验，根据试验结果确认设计荷载是否安全。进行拉拔、张拉试验时，应有设计、监理人员参与。

11）预应力锚索的施工应特别加强安全管理，严格按有关规定操作，以免发生危险。

4. 质量控制标准

（1）杆索制作

1）预应力筋表面不应有污物、铁锈或其他有害物质，并严格按设计尺寸下料。

2）杆体在安装前应妥善保护，以免腐蚀和机械损伤。

（2）钻孔

1）钻孔孔深、孔径均应符合设计要求。孔深不宜比规定值大200mm以上，钻头直径不应比规定的钻孔直径小3mm以上。

2）钻孔与锚索预定方位的允许偏差为1°~3°。

（3）承压垫座

1）钻孔孔口必须设有平整、牢固的承压垫座。

2）承压垫座的几何尺寸应满足设计要求，承压面与锚孔轴线要垂直。

（4）锚索安装与灌浆

1）锚索在运输及安装过程中应防止明显的弯曲、扭转。

2）严格控制灌浆料的配合比。

3）进行两次灌浆，第一次灌浆时，必须保证锚固段长度内灌满，但浆液不得流入自由段。预应力筋张拉锚固后，再对自由段进行第二次灌浆。

（5）锚索张拉与锁定

1）编排预应力锚索的张拉顺序时，应考虑相邻钻孔预应力锚索张拉的相互影响。

2）预应力锚索正式张拉前，应取20%的设计张拉荷载对其预张拉1~2次，使其各部位接触紧密。

图1-5　旋挖钻机施工

（三）基础工程施工工艺

下面以泥浆护壁成孔灌注桩基础（采用旋挖钻机施工，如图1-5所示）为例，介绍基础工程施工工艺。

1. 工艺流程

旋挖钻机施工工艺流程如图1-6所示。

2. 操作要点

（1）施工前准备

1）旋挖钻机机械设备进场前，要做好各项检修和保养工作，做到进场后便可投入使用。

2）钻孔场地在施工前，先土方开挖至桩顶1~1.5m处，清除杂物，更换软土，然后夯填密实。钻机不宜直接置于不坚实的填土上，以免产生不均匀沉陷。应修通往桩基础位置的便道，为施工机具、材料的运输提供便利。

（2）工程试桩（图1-7）

根据设计图纸要求，对首根桩进行试钻，并组织业主单位、监理单位、设计单位、地质勘查单位一起参加试桩工作，根据试桩确定地基的持力层，并检验地质资料的准确性，然后填写试桩报告，作为正式施工的依据。旋挖桩基础在首根试桩验收合格后方可进行大面积施工。

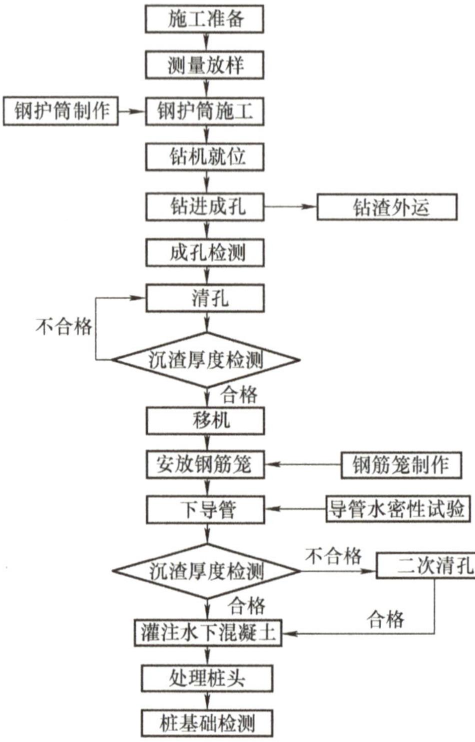

图 1-6　旋挖钻机施工工艺流程

（3）桩位测量放样和标高控制

根据设计单位提供的施工图纸，结合现场测量桩位、水准点，用全站仪准确地定位出每根桩的桩位，放置醒目的标志，并做好护桩工作。

测量班放出桩位后，要采取措施保护好桩位。护桩用木桩钉固，土质较软的地段要用水泥包桩，护桩埋深不小于 20cm。每次钻机就位后在开钻前和钢筋笼吊放前，需对桩位进行复测，测量无误后才可进行下一步工序。钻进开始前要在护筒上做好标高控制点，计算实际钻进深度，并用测绳逐一量测实际深度。

图 1-7　工程试桩

（4）埋设护筒（图 1-8）

旋挖钻机的护筒采用壁厚 10mm 的钢护筒，钢护筒由单节长度 1.5 ~ 2m 的护筒组成，护筒间由平头螺栓连接，连接处应坚固不漏水。护筒内径应大于钻头直径 10cm，护筒顶高出施工地面 0.3 ~ 0.5m。护筒的埋设深度不小于 1.5m，可根据地质条件进行适当调整。护筒埋置需垂直平整，护筒的中心必须同桩位中心重合，其偏差不应大于 20mm，以保证成孔质量。

（5）泥浆制备与使用

旋挖钻机施工采用动态泥浆护壁，根据现场土壤、土质情况，选用黏土或膨胀土进行人工造浆。施工时要随着钻孔深度的增加及时向孔内补充配制好的泥浆。灌注混凝土时泥浆如排出孔外，经处理后可循环使用。

在砂类土、碎石土或黏土夹层中钻孔，宜适当加大泥浆比重。为提高泥浆黏度和胶体率，须选用优质膨胀土填入孔内，钻机先缓慢转动以搅拌泥浆；钻机的转速应控制在40r/min，以保证孔壁稳定，使孔壁形成坚实的泥皮。

图 1-8　埋设护筒

造浆后应试验全部的性能指标，钻孔过程中应随时检验泥浆的比重（1.1～1.25）、含砂率（不大于 8%）及黏度（18～28s），并填写泥浆试验记录表。施工前应在施工孔位周边准备适当的土方，如遇坍孔，立即停钻，并用备用土回填夯实，待孔壁稳定后二次开钻成孔。

为保证不因泥浆的数量和质量影响成孔速度和成孔质量，每个旋挖钻机机组一般在每栋楼处配备 1～2 个泥浆池，可根据现场情况确定。泥浆池根据现场条件开挖，同时设置储浆池、沉淀池并用循环槽连接，用于泥浆的循环净化。为保护当地的环境，清除的废浆和钻渣利用泥浆罐车运送到指定的弃土区丢弃，禁止泥浆乱倒或乱流，造成环境污染。

钻进时，泥浆从制备池由循环槽或泥浆泵经护筒孔流入井孔，待灌注混凝土时将泥浆抽回到泥浆沉淀池中，经沉淀除砂后排至泥浆制备池。在泥浆制备池中对泥浆的各项指标进行检测，指标不合格的泥浆应经处理合格后方可使用。

施工中，严禁采用未经处理的废浆、混入混凝土的泥浆、含砂率过大的泥浆、由回旋钻机产生的泥浆。

（6）钻机就位（图 1-9）及钻孔

1）钻机就位前，应对钻孔的各项准备工作进行检查。钻机安装后的底座和顶端应平稳，在钻进中不应产生位移或沉陷。就位完毕，施工队对钻机就位进行自检。

2）钻孔前，按施工设计所提供的地质、水文资料剖面图，针对不同地质层选用不同的钻头、钻进压力、钻进速度及适当的泥浆比重。

3）钻孔作业应分班连续进行，并填写钻孔施工记录，交接班时应交待钻进情况及下一班应注意的事项。应经常对钻孔泥浆及钻机的对位情况进行检测，不符合要求时应及时改正。应经常注意地层变化，在地层变化处应捞取样渣保存。

4）钻孔过程中应观察主机所在地面和支脚支撑地面处的变化情况，发现沉降现象要及时停机处理。因故停机时间较长时，应将套管口的保险钩挂牢。

5）当钻孔深度达到设计要求时，对孔深、孔径、孔位和孔形等进行检查，确认满足设计要求后立即填写终孔检查记录表，并经驻地监理工程师认可后，方可进行孔底清理和灌注水下混凝土的准备工作。

6）转速、进尺对成孔的影响。普通钻斗（包括无底板和有底板的钻斗）在钻进时必须严格控制进尺，防止发生孔内事故。钻进时，钻齿切削岩土进入钻斗内，通过伸缩式钻杆和主卷扬机提升钻斗到孔外，然后钻杆反转卸土，返回孔内，进行下一个循环。若进尺太大，则进入钻斗的岩土将通过钻斗上部充填钻斗四周，泥浆将不能进入钻斗下部，在提钻时钻斗

图 1-9　钻机就位

下部形成真空，不能提钻，造成孔内卡钻事故。根据地质状况和钻机性能，旋挖钻机在各类土层中的转速、进尺如下：

① 在土层钻进时，转速为 45～55r/min；进尺一般控制在 40～50cm，采用慢速进尺，要常修孔。

② 在细砂层钻进时，为防止对细砂的过分扰动，转速控制在 40r/min 以内，钻杆适当收紧，采取轻压有控制地向下钻进；进尺一般控制在 60cm 左右，但必须采用双底板捞砂钻斗。注意在出渣时，提斗速度不易过快，钻斗满载时的升降速度控制在 0.8m/s 以下，空斗的升降速度控制在 1.0m/s 以下。

③ 在粗砂层钻进时，转速可较在细砂层中钻进要快，采取轻压满钻，通过较高的转速来提高钻进速度。

7）钻机定位系统和垂直控制系统。旋挖钻机采用计算机控制系统，在操作室即可监控主桅杆、钻杆的垂直度和进尺深度。钻孔时钻机可自行至桩位处，把钻机的钻头对准桩位，并调整钻机底盘的水平度。

8）孔位对中。通过主桅杆的四边形调整系统、行走系统对中孔位的中心，并锁定。在钻进时，钻机旋转到孔位时自动锁定，可保证孔位的准确性。在操作时必须严格控制并随时检查，这是确保孔位正确和不出现斜孔的主要措施。

9）在砂层中钻进。砂的土工特性决定了在砂层中钻进时必须引起足够的重视。根据试验结果调整护壁结构和钻进方式；对砂层较厚的孔，必须调整泥浆的各项参数，如增大比重、黏度、胶体率等。施工时，可采用钻斗携带膨胀土至砂层位置，以提高砂层位置的护壁效果，防止塌孔。要及时换用捞砂钻头，确保砂层全部提出孔外。

10）根据地质情况及时更换合适的钻头。旋挖钻机机组一般配备筒式普通钻头、筒式捞砂钻头、长螺旋钻头、短螺旋钻头、开岩钻头、螺旋磨岩钻头等多种型号的钻头，在施工中应根据具体的地质情况更换合适的钻头。

（7）检孔

钻孔灌注桩成孔后，要对桩孔进行检查验收，检测内容包括：钻孔的平面位置、孔深、倾斜度、全深的孔径等。成孔质量应符合下列标准：

1）孔径不应小于设计孔径。

2）孔深不小于设计规定。

3）倾斜度小于1%。

孔深、孔底沉渣可采用标准测锤进行检测，只要旋挖钻机的钻头直径符合设计要求，旋挖钻机的成孔方式就决定了桩径不会小于设计桩径。旋挖钻机上有许多检测装置，能随时检测桩的垂直度和深度，只要操作得当，一般不会出现问题，加强过程控制比成孔检验更能有效控制成孔质量。

（8）清孔

钻孔至设计高程，对孔位、孔径、孔深和孔形等进行检查确认合格后，应立即进行清孔，旋挖钻机一般采用换浆法清孔。清孔应达到以下标准：

1）浇筑水下混凝土前，允许沉渣厚度应满足设计要求，当设计无要求时，柱桩施工时的沉渣厚度不大于5cm。严禁用加深钻孔深度的方法代替清孔。

2）孔内排出或抽出的泥浆应无2～3mm的颗粒，泥浆比重不大于1.1，含砂率小于2%，黏度为17～20s。

自检合格后，应以书面形式尽快通知旁站监理工程师验收。按照旁站监理工程师批准的方法进行检测，并准备验收记录，验收合格后由监理工程师在验收记录上签字。未经监理工程师验收批准的桩孔不得灌注混凝土。

（9）钢筋笼骨架的制作、安装

钢筋笼使用的所有钢筋应具有出厂日期和质量证明，检验合格后才能使用。钢筋笼骨架在制作前先将主筋调直，清除钢筋表面的油污和杂物等。钢筋下料时要准确控制下料长度。

钢筋笼在钢筋加工场集中制作，每节长度不大于18m。对长度大于18m的钢筋笼进行分节时，应将主筋接头按规范要求错开。两节钢筋笼对接的一端宜预留1～2m的箍筋不绑扎，以便于主筋在孔口连接时施工方便。

桩基础钢筋笼加工时，主筋接头采用电弧搭接焊；安装时采用搭接单面焊，每一截面上的接头数量不超过50%，单面焊时，焊缝长度大于10d；双面焊时，焊缝长度要大于5d，要求焊缝饱满，焊缝的深度和宽度满足规范要求。搭接焊时，注意接头两侧主筋中心必须位于同一直线上。所有加固箍筋和主筋的连接点必须满焊。

加强筋弯制成形后先点焊，待加强筋和主筋连接成一个整体后再正式施焊。加强筋点焊后必须用扳手消除弹性变形。加强箍筋与主筋的连接应全部焊接。钢筋笼的材料、加工、接头和安装应符合设计要求。钢筋骨架的保护层用“混凝土垫块”或“耳筋”来保证，按竖向每隔2m设一道，每一道沿圆周布置4个。

钢筋笼制作完成后，骨架安装采用大吨位的汽车式起重机吊装钢筋笼。采用自制平板车水平运输钢筋笼。为保证骨架不变形，须用两点起吊：第一吊点设在骨架的下部，第二吊点设在骨架长度的中点到三分点之间位置。起吊时先提第一吊点，使骨架稍稍提起，再与第二吊点同时起吊，待骨架离开地面后，第一吊点停止起吊，继续提升第二吊点。随着第二吊点的不断提升，慢慢放松第一吊点，直到骨架同地面垂直。骨架入孔时应慢慢下放，严禁摆动碰撞孔壁。施工时可将骨架临时支撑于护筒口，再起吊第二节骨架，使上下两节骨架位于同一直线上进行焊接。

桩基础的钢筋笼焊接完成后，在最上一节骨架上焊接吊筋，吊筋的长度根据桩顶高程到孔口的位置确定。吊筋应牢固地固定在孔口的吊杠上，要防止钢筋笼上浮或下沉，更要严防掉笼。吊杠可用型钢或钢管制作，其刚度必须能够承受全部钢筋笼的质量，并能抵抗施工过程中偶然的冲击。钢筋笼就位如图 1-10 所示。

图 1-10　钢筋笼就位

（10）导管安装（图 1-11）

水下混凝土的钢导管应内壁光滑、圆顺，内径应一致，接口应严密，导管直径为 30cm。导管管节长度为 3m，最下端设 4m 的长节，另备 1m 左右的若干个调节管节，导管采用螺扣连接。

导管使用前应进行试拼和水密试验、承压试验、接头抗拉试验，并按自下而上的顺序编号和标示尺度。导管组装后的轴线偏差，不得超过钻孔深的 0.5% 并不大于 10cm，试压力为孔底静水压力的 1.5 倍。

导管长度按孔深和工作平台高度决定。导管安装后，其底部距孔底有 250 ~ 400mm 的空间。

图 1-11　导管安装

（11）灌注水下混凝土

灌注水下混凝土前应检查沉渣厚度，沉渣厚度应不大于 5cm。如沉渣厚度超出规范要求，则利用导管进行二次清孔，使沉渣悬浮，然后立即灌注首批水下混凝土。

首批封底混凝土下落时要有一定的冲击能量，能把泥浆从导管中排出，并能把导管下口埋入混凝土中不小于1m深处。足够的冲击能量能够把桩底沉渣尽可能地冲开，这是控制桩底沉渣、减少工后沉降的重要环节。

封底混凝土所需方量按下式确定：

$$V \geqslant \frac{\pi d^2}{4} \times h_1 + \frac{\pi D^2}{4} H_c$$

式中 V——首批封底混凝土所需数量（m^3）；

d——混凝土导管内径（m）；

h_1——导管内与桩孔内混凝土的高度差（m），其值由桩孔内的泥浆压力决定，不计混凝土落入导管内的冲击力和混凝土在导管、桩孔内的流动阻力，$h_1 = h_w \gamma_w / \gamma_c$；

h_w——桩孔内混凝土面以上泥浆深度（m）；

γ_w——泥浆容重（kN/m^3）；

γ_c——混凝土拌和物容重，取 $24kN/m^3$；

D——桩孔直径（m）；

H_c——桩孔内混凝土的高度（m），由导管初次被混凝土埋置的深度（大于1m）和导管距孔底的高度（一般取0.4m）决定。

1）打开漏斗阀门，放下封底混凝土，首批混凝土灌入孔底后，立即探测孔内混凝土面高度，计算出导管内混凝土的埋置深度，如符合要求，即可正常灌注。如发现导管内大量进水，表明出现灌注事故，必须立即停止灌注并进行处理。

2）水下混凝土灌注。桩基础混凝土采用罐车运输配合导管灌注，灌注开始后应连续地进行施工，严禁中途停工。在灌注过程中，应防止混凝土拌和物从漏斗顶溢出或从漏斗外掉入孔底，使泥浆内含有水泥而变稠凝结，导致测探不准确；应注意观察管内混凝土下降和孔内水位的升降情况，及时测量孔内混凝土面高度，正确指挥导管的提升和拆除；导管的埋置深度应控制在2~6m。同时，应经常测探孔内混凝土面的位置，及时调整导管埋深。

导管提升时应保持轴线竖直和位置居中，逐步提升。如导管法兰卡挂钢筋骨架，可转动导管，使其脱开钢筋骨架后再移到钻孔中心。

拆除导管动作要快，时间一般不得超过15min。要防止螺栓、橡胶垫和工具等掉入孔中，操作过程中要注意安全。已拆下的管节要立即清洗干净，堆放整齐。循环使用导管4~8次后应重新进行水密性试验。

在灌注混凝土过程中，当导管内混凝土不满而含有空气时，后续混凝土要徐徐灌入，不可整斗地将混凝土灌入漏斗和导管，以免在导管内形成高压气囊挤出管节间的橡胶垫，从而使导管漏水。

当混凝土面升到钢筋骨架下端时，为防止钢筋骨架被混凝土顶托上升，可采取以下措施：

① 尽量缩短混凝土总的灌注时间，防止顶层混凝土进入钢筋骨架时混凝土的流动性过小。

② 当混凝土面接近和初进入钢筋骨架时，应使导管底口处于钢筋笼底口3m以下和1m以上处，并缓慢灌注混凝土，以减小混凝土从导管底口出来后向上的冲击力。

③ 当孔内混凝土进入钢筋骨架4～5m以后，适当提升导管，减小导管的埋置长度，以增加骨架在导管口以下的埋置深度，从而增加混凝土对钢筋骨架的握裹力。

混凝土灌注到接近设计标高时，要计算还需要的混凝土数量（计算时应将导管内及混凝土输送泵内的混凝土数量估计在内），并通知拌和站按需要的数量拌制，以免造成浪费。

在灌注将近结束时，由于导管内混凝土的柱高减小，超压力降低，而导管外的泥浆及所含渣土的稠度增加、相对密度增大，如在这种情况下出现混凝土顶升困难时，可在孔内加水稀释泥浆，并掏出部分沉淀土，使灌注工作顺利进行。在拔出最后一段长导管时，拔管速度要慢，以防止桩顶沉淀的泥浆挤入导管下形成泥芯。

因为耐久性混凝土的粉煤灰掺量较大，粉煤灰可能上浮堆积在桩头，计算加灌高度时应考虑此因素。为确保桩顶质量，在桩顶设计标高以上应加灌50cm以上，以便灌注结束后将此段混凝土清除。

在灌注混凝土时，每根桩应至少留取一组试件，当桩长较长、桩径较大、灌注时间很长时，应根据规范要求增加试件数量。试件应施加标准养护，进行强度测试后应填写试验报告表。强度不合要求时，应及时提出报告，采取补救措施。

注意混凝土在灌注前应进行坍落度、含气量、入模温度等检测；有关混凝土的灌注情况，如混凝土灌注时间、混凝土面的深度、导管埋深、导管拆除以及发生的异常现象等，应指定专人进行记录。

3. 质量检验标准

1）所有钻孔桩的桩身混凝土质量均应进行低应变动测法检测。

2）对怀疑质量有问题的桩，钻取桩身混凝土进行鉴定检验。

3）对于结构需要控制的桩的桩底沉渣厚度，按照总桩数量的3%～5%进行钻孔取样检验。

钻孔桩钻孔允许偏差见表1-8，钻孔桩钢筋骨架允许偏差见表1-9。

表1-8　钻孔桩钻孔允许偏差

序号	项　　目	允许偏差/mm
1	孔径	不小于设计孔径
2	孔深	不小于设计孔深
3	孔位中心偏心	≤50
4	倾斜度	≤1%
5	浇筑混凝土前桩底沉渣厚度（柱桩）	≤50

表1-9　钻孔桩钢筋骨架允许偏差

序号	项　　目	允许偏差/mm
1	钢筋骨架在承台底以下长度	±100
2	钢筋骨架外径	±20
3	主钢筋间距	±0.5d
4	加强筋间距	±20
5	箍筋间距或螺旋筋间距	±20
6	钢筋骨架垂直度	1%

注：d为钢筋直径。

4. 钻孔桩注意事项

（1）坍孔

坍孔的特征是孔内水位突然下降，孔口冒细密的水泡，出渣量显著增加而不见进尺，钻机负荷显著增加等。

坍孔的预防和处理措施如下：

1）在松散粉砂土或流砂中钻进时，应控制进尺速度，选用具有较大相对密度、黏度、胶体率的泥浆或高质量泥浆。

2）发生孔口坍塌时，可立即拆除护筒并回填钻孔，重新埋设护筒后再钻孔。

3）如发生孔内坍塌，应先判明坍塌位置，回填砂和黏质土（或砂砾和黄土）混合物到坍孔处以上1～2m位置；如坍孔严重时应全部回填，待回填物沉积密实后再行钻进。

4）清孔时应指定专人补浆（或水），保证孔内有必要的水头高度。供水管最好不要直接插入钻孔中，应通过水槽或水池使水减速后流入钻孔中，可避免冲刷孔壁。施工时应扶正吸泥机，防止触动孔壁。清孔时不宜使用过大的风压，且风压不宜超过1.5～1.6倍钻孔中的水柱压力。

5）吊入钢筋骨架时应对准钻孔中心竖直插入，严防触及孔壁。

（2）钻孔偏斜

钻孔偏斜的预防和处理措施如下：

1）安装钻机时要使转盘、底座水平，起重滑轮缘、固定钻杆的卡孔和护筒中心三者应在一条竖直线上，并经常检查校正。

2）由于主动钻杆较长，转动时上部摆动过大，必须在钻架上增设导向架，控制杆上的提引水头，使其沿导向架对中钻进。

3）钻杆接头应逐个检查，及时调正，当主动钻杆弯曲时，要用千斤顶及时调直。

（3）扩孔和缩孔

1）扩孔比较多见，一般表现为局部的孔径过大，在地下水呈运动状态、土质松散地层处或钻锥摆动过大时，易于出现扩孔。扩孔发生的原因与坍孔相同，轻则为扩孔，重则为坍孔。若只是孔内局部发生坍塌而扩孔，钻孔仍能达到设计深度时则不必处理，只是混凝土灌注量显著增加；若发生扩孔后继续坍塌影响钻进，则应按坍孔事故处理。

2）缩孔是指孔径的超常缩小，一般表现为钻机钻进时发生卡钻、提不出钻头或者提钻异常困难的迹象。缩孔的原因有两种：一种原因是钻锥焊补不及时，严重磨耗的钻锥往往钻出较设计桩径稍小的孔；另一种原因是地层中有软塑土（俗称“橡皮土”），遇水膨胀后使孔径缩小。为防止缩孔，对于第一种原因，要及时修补磨损的钻头；对于第二种原因，要使用失水率小的优质泥浆进行护壁，并以快转慢进的方式钻进，并复钻二三次；或者使用卷扬机吊住钻锥上下、左右反复扫孔以扩大孔径，直至发生缩孔的部位达到设计要求为止。对于有缩孔现象的孔位，钢筋笼就位后须立即灌注混凝土，以免桩身缩径或露筋。各种钻孔方法均可能发生缩孔。

引导问题3：如何编制地基与基础工程各子分部分项工程施工技术交底记录表?

运用知识：

1. 建筑地基与基础工程所包含的子分部工程

建筑地基与基础工程含有7个子分部工程：地基、基础、基坑支护、地下水控制、土方、边坡和地下防水，见表 1-10。

表 1-10　建筑地基与基础工程包含的子分部工程

分部工程	子分部工程	分项工程
地基与基础	地基	素土、灰土地基，砂和砂石地基，土工合成材料地基，粉煤灰地基，强夯地基，注浆地基，预压地基，砂石桩复合地基，高压旋喷注浆地基，水泥土搅拌桩地基，土和灰土挤密桩复合地基，水泥粉煤灰碎石桩复合地基，夯实水泥土桩复合地基
	基础	无筋扩展基础、钢筋混凝土扩展基础、筏形与箱形基础、钢结构基础、钢管混凝土结构基础、型钢混凝土结构基础、钢筋混凝土预制桩基础、泥浆护壁成孔灌注桩基础、干作业成孔桩基础、长螺旋钻孔压灌桩基础、沉管灌注桩基础、钢桩基础、锚杆静压桩基础、岩石锚杆基础、沉井与沉箱基础
	基坑支护	灌注桩排桩围护墙、板桩围护墙、咬合桩围护墙、型钢水泥土搅拌墙、土钉墙、地下连接墙、水泥土重力式挡墙、内支撑、锚杆、与主体结构相结合的基坑支护
	地下水控制	降水与排水、回灌
	土方	土方开挖、土方回填、场地平整
	边坡	喷锚支护、挡土墙、边坡开挖
	地下防水	主体结构防水、细部构造防水、特殊施工法结构防水、排水、注浆

2. 地基与基础工程各子分部分项工程施工技术交底记录表的组成内容

1）明确技术交底的依据：施工图纸，执行的规范、标准、图集，创优工程要求（如有）等。

2）安全操作注意事项。

3）明确各子分部工程采取的施工工艺及技术要点。

4）做好成品保护的措施。

5）其他注意事项。

引导问题 4：如何填写地基与基础工程各子分部分项施工记录？

运用知识：

1. 地基与基础工程各子分部分项施工记录资料的内容

1）放线定位、楼层放线、楼层测量、沉降观测、混凝土施工等的施工记录资料。

2）混凝土试配、有防水要求房间的楼地面闭水试验、屋面闭水试验等的施工试验资料。

3）所有的隐蔽验收资料，所有的检验批、分项、子分部、分部、单位工程的质量验收记录资料。

4）所有的钢材、防水材料、砂、石、水泥、砌块料、装饰材料、成品材料的试验资料，各施工段的砂浆配合比记录、试件试验资料，各施工段的混凝土配合比记录、试件试验资料等。

2. 地基与基础工程各子分部分项施工记录资料

地基与基础工程各子分部分项施工记录资料见表 1-11。

表 1-11　地基与基础工程各子分部分项施工记录资料

资料项目	资料名称
地基与基础技术交底记录	地基与基础施工技术交底记录表
工程定位测量、放线记录	工程定位测量记录 基槽放线记录 ……
隐蔽工程验收记录	土方开挖工程验收记录 地下室防水工程验收记录 基础钢筋工程验收记录 ……
施工试验记录	地基验槽检查记录 混凝土专业施工记录 混凝土配合比设计及施工配合比记录 砂浆配合比记录 ……
见证取样试验资料	钢材力学（焊接）性能检测报告 水泥检验报告 砂检验报告 土工（击实）试验报告 回填土密度检验记录 混凝土试块强度统计、评定记录 混凝土立方体抗压强度检验报告 ……
工序交接单	（定位放线→土方开挖）工序交接单 （土方开挖→基础素土、灰土回填）工序交接单 （基础素土、灰土回填→基础垫层放线）工序交接单 （基础垫层放线→基础垫层模板安装）工序交接单 ……
自检互检记录	土方开挖检验批自检互检记录 降水与排水工程检验批自检互检记录 ……
子分部工程、分项工程验收资料	土方子分部工程质量验收记录 土方开挖分项工程质量验收记录 土方开挖工程检验批质量验收记录表 土方回填分项工程质量验收记录 土方回填工程检验批质量验收记录表 ……

3. 填写地基与基础工程各子分部分项施工记录

1）分部工程质量验收记录编号：编号按“建筑工程的分部工程、分项工程划分”［《建筑工程施工质量验收统一标准》（GB 50300—2013）附录 B］规定的分部工程代码编写，写在分部分项施工记录表的右上角。对于一个工程而言，一个分部只有一个分部工程质量验收记录，所以不编写顺序号，其编号为两位。

2）单位（子单位）工程名称填写全称，如为群体工程，则按群体工程名称 - 单位工程名称的形式填写，子单位工程标出该部分的位置。另外，子分部工程数量是指本分部工程包含的实际发生的所有子分部工程的数量；分项工程数量是指本分部工程包含的实际发生的所有分项工程的总数量。

3）“子分部工程名称、分项工程名称、检验批数量、施工单位检查结果、监理单位验收结论”栏的填写：

① 填写本分部工程汇总的所有子分部、分项工程，并依次排序，要填写对应的名称、检验批数量，注意要填写齐全。

②“施工单位检查结果”栏，由填表人依据分项工程验收记录填写，填写“符合要求”或“合格”。

③“监理单位验收结论”栏，由填表人依据分项工程验收记录填写，填写“符合要求”或“合格”。

引导问题 5：地基与基础工程施工方案的组成内容有哪些？

运用知识：

地基与基础工程施工方案主要包括编制依据、工程概况、组织机构、施工进度计划、施工准备、施工工艺及质量要求、成品保护、安全文明施工、经济比较、应急措施等内容。具体要求如下：

1）编制依据。

2）分项工程概况和施工条件，说明分项工程的具体情况、选择本方案的优点及因素，以及在方案实施前应具备的作业条件。

3）施工总体安排，包括施工准备、劳动力计划、人员安排、施工进度、现场布置及流水阶段的划分等。

4）采用的施工工艺及施工方法，对采取的新工艺、新做法的详细介绍。可以用图表直观说明，可进行必要的计算。

5）明确质量标准，阐明一般项目、主控项目的具体要求，以及允许偏差项目及要求，注明检查工具和检验方法。

6）列出质量管理点及控制措施，分析地基与基础工程的重难点，制定针对性的施工方法及控制措施，做好成品保护。

7）安全文明施工及环保施工措施。

8）应急管理措施，建立安全应急机构。

9）其他注意事项。

二、教师审查每个小组的工作方案并提出整改建议

整改建议记录：

三、各小组进一步优化方案并确定最终方案

最终方案记录：

实践成果

1）工作情境模拟操作。

2）××工程地基与基础工程施工方案。

扫描文前二维码下载“地基与基础工程施工方案”案例。

典型任务3 地基与基础分部工程项目验收工作

知识点：

1. 地基与基础分部工程竣工验收标准、规范。

2. 地基与基础分部工程施工质量验收。

能力（技能）点：

1. 能够按照施工质量验收规范填写地基与基础分部工程质量验收记录。

2. 能应用施工质量验收规范对地基与基础分部工程进行质量检查，达到质量验收规范的要求。

3. 能根据给定的施工任务组织相关责任单位进行地基与基础分部工程项目验收工作。

实践目的

1）增强学生建筑工程质量控制意识，掌握事后质量控制的主要措施。

2）提高地基与基础工程质量验收能力。

实践分解任务

1）地基与基础子分部、分项、检验批的划分。

2）地基与基础检验批质量验收。

3）地基与基础分项工程质量验收。

4）地基与基础分部工程验收。

实践分组

以小组为单位（6～8人为一组），在规定时间内完成上述内容。

实践场地

实训室、机房。

实践实施过程

一、制订地基与基础分部工程验收方案

成立装配式混凝土结构分部工程质量验收小组（6～8人），依据《建筑工程施工质量验收统一标准》（GB 50300—2013）、《装配式混凝土建筑技术标准》（GB/T 51231—2016），每个小组编制××地基与基础分部工程验收方案，小组内部讨论。

引导问题1：地基与基础分部工程验收的基本规定是什么？

运用知识：

依据《建筑工程施工质量验收统一标准》（GB 50300—2013），地基与基础分部工程验收应由总监理工程师组织勘察单位项目负责人，设计单位项目负责人，施工单位项目负责人，施工单位的技术、质量负责人等参加。

地基与基础分部工程验收的基本规定如下：

1）地基与基础分部工程施工质量应符合验收规定的要求。质量验收应进行分部、分项工程验收。质量验收应按主控项目和一般项目验收：主控项目的质量检验结果必须全部符合检验标准，一般项目的验收合格率不得低于80%。

检查数量应按检验批抽样，当设计文件有具体规定时，应按相应条款执行，无规定时应按检验批抽检。检验批的划分和检验批的抽检数量可按照《建筑工程施工质量验收统一标准》（GB 50300—2013）的规定执行。

施工前，应由施工单位制订分部工程、分项工程和检验批的划分方案，并由监理单位审核。地基与基础工程各子分部工程和分项工程的划分应符合规范要求，见表1-10。

2）质量验收的程序应符合验收规定的要求。工程质量的验收应在施工单位自行检查评定合格的基础上进行，并符合以下要求：

① 检验批应由专业监理工程师组织施工单位项目专业质量检查员、专业工长等进行验收。

② 分项工程应由专业监理工程师组织施工单位项目专业技术负责人等进行验收。

③ 分部工程应由总监理工程师组织施工单位项目负责人和项目技术负责人等进行验收。

3）检验批质量验收合格应符合下列规定：

① 主控项目的质量经抽样检验均应合格。

② 一般项目的质量经抽样检验合格。

③ 具有完整的施工操作依据、质量验收记录。

4）分项工程质量验收合格应符合下列规定：

① 所含检验批的质量均应验收合格。

② 所含检验批的质量验收记录应完整。

5）分部工程质量验收合格应符合下列规定：

① 所含分项工程的质量均应验收合格。

② 质量控制资料应完整。

③ 有关安全、节能、环境保护和主要使用功能的抽样检验结果应符合相应规定。

④ 观感质量应符合要求。

6）地基与基础分部工程验收时应提交下列资料：

① 岩土工程勘察报告。

② 设计文件、图纸会审记录和技术交底资料。

③ 工程测量、定位放线记录。

④ 施工组织设计及专项施工方案。

⑤ 施工记录及施工单位自查评定报告。

⑥ 监测资料。

⑦ 隐蔽工程验收资料。

⑧ 检测与检验报告。

⑨ 竣工图。

7）施工前及施工过程中所进行的检验项目应制作表格，并应做好相应记录，经校审后存档。

8）地基与基础分部工程必须进行验槽，验槽检验要点应符合《建筑地基基础工程施工质量验收标准》（GB 50202—2018）附录 A 的规定。

9）地基基础的标准试件强度评定不满足要求或对试件的代表性有怀疑时，应对实体进行强度检测，当检测结果符合设计要求时，可按合格验收。

10）原材料的质量检验应符合下列规定：

① 钢筋、混凝土等原材料的质量检验应符合设计要求和《混凝土结构工程施工质量验收规范》（GB 50204—2015）的规定。

② 钢材、焊接材料和连接件等原材料及成品的进场、焊接或连接检测应符合设计要求和《钢结构工程施工质量验收标准》（GB 50205—2020）的规定。

③ 砂、石子、水泥、石灰、粉煤灰、矿（钢）渣粉等掺合料及外加剂等原材料的质量、检验项目、检验批和检验方法，应符合国家现行有关标准的规定。

引导问题 2：地基工程验收的相关规定有哪些？

运用知识：

1. 一般规定

1）地基工程的质量验收宜在施工完成并在间歇期后进行，间歇期应符合国家现行标准的有关规定和设计要求。

2）平板静载试验采用的压板尺寸应按设计或有关标准确定。素土和灰土地基、砂和砂石地基、土工合成材料地基、粉煤灰地基、注浆地基、预压地基的静载试验的压板面积不宜小于 1.0m^2；强夯地基静载试验的压板面积不宜小于 2.0m^2。复合地基静载试验的压板尺寸应根据设计置换率经计算确定。

3）进行地基承载力检验时，静载试验最大加载量不应小于设计要求的承载力特征值的 2 倍。

4）进行素土和灰土地基、砂和砂石地基、土工合成材料地基、粉煤灰地基、强夯地基、注浆地基、预压地基的承载力必须达到设计要求。地基承载力的检验数量每 300m^2 不应少于 1 点，超过 3000m^2 部分每 500m^2 不应少于 1 点；每单位工程不应少于 3 点。

5）砂石桩、高压喷射注浆桩、水泥土搅拌桩、土和灰土挤密桩、水泥粉煤灰碎石桩、夯实水泥土桩等复合地基的承载力必须达到设计要求。复合地基承载力的检验数量不应少于总桩数的 0.5%，且不应少于 3 点。有单桩承载力或桩身强度检验要求时，检验数量不应少于总桩数的 0.5%，且不应少于 3 根。

6）其他项目可按检验批抽样。复合地基中增强体的检验数量不应少于总数的 20%。

7）地基处理工程的验收，当采用一种检验方法的检测结果存在不确定性时，应结合其他检验方法进行综合判断。

2. 素土、灰土地基

施工前应检查素土土料、灰土土料、石灰或水泥等的配合比，以及灰土的拌和均匀性；施工中应检查分层铺设的厚度、夯实时的加水量、夯压遍数及压实系数；施工结束后，应进行地基承载力检验。素土、灰土地基质量检验标准应符合表 1-15 的规定。

表 1-15　素土、灰土地基质量检验标准

项目	序号	检查项目	允许值或允许偏差		检查方法
			单位	数值	
主控项目	1	地基承载力	不小于设计值		静载试验
	2	配合比	设计值		检查拌和时的体积比
	3	压实系数	不小于设计值		环刀法
一般项目	1	石灰粒径	mm	≤5	筛析法
	2	土料有机质含量	%	≤5	灼烧减量法
	3	土颗粒粒径	mm	≤15	筛析法
	4	含水率	最优含水率 ±2%		烘干法
	5	分层厚度	mm	±50	水准测量

3. 砂和砂石地基

施工前应检查砂、石等原材料的质量和配合比，以及砂、石拌和的均匀性；施工中应检查分层厚度、分段施工时搭接部分的压实情况、加水量、压实遍数、压实系数；施工结束后，应进行地基承载力检验。砂和砂石地基质量检验标准应符合表 1-16 的规定。

表 1-16　砂和砂石地基质量检验标准

项目	序号	检查项目	允许值或允许偏差		检查方法
			单位	数值	
主控项目	1	地基承载力	不小于设计值		静载试验
	2	配合比	设计值		检查拌和时的体积比或重量比
	3	压实系数	不小于设计值		灌砂法、灌水法
一般项目	1	砂石料有机质含量	%	≤5	灼烧减量法
	2	砂石料含泥量	%	≤5	水洗法
	3	砂石料粒径	mm	≤50	筛析法
	4	分层厚度	mm	±50	水准测量

4. 注浆地基

施工前应检查注浆点位置、浆液配合比、浆液组成材料的性能，以及注浆设备性能；施工中应抽查浆液的配合比及主要性能指标、注浆的顺序及注浆过程中的压力控制等；施工结束后，应进行地基承载力、地基土强度和变形指标检验。注浆地基质量检验标准应符合表 1-17的规定。

表 1-17　注浆地基质量检验标准

<table>
<tr><th rowspan="2">项目</th><th rowspan="2">序号</th><th rowspan="2" colspan="3">检查项目</th><th colspan="2">允许值或允许偏差</th><th rowspan="2">检查方法</th></tr>
<tr><th>单位</th><th>数值</th></tr>
<tr><td rowspan="3">主控项目</td><td>1</td><td colspan="3">地基承载力</td><td colspan="2">不小于设计值</td><td>静载试验</td></tr>
<tr><td>2</td><td colspan="3">处理后地基土的强度</td><td colspan="2">不小于设计值</td><td>原位测试</td></tr>
<tr><td>3</td><td colspan="3">变形指标</td><td colspan="2">设计值</td><td>原位测试</td></tr>
<tr><td rowspan="4">一般项目</td><td rowspan="4">1</td><td rowspan="4">原材料检验</td><td rowspan="4">注浆用砂</td><td>粒径</td><td>mm</td><td><2.5</td><td>筛析法</td></tr>
<tr><td>细度模数</td><td colspan="2"><2.0</td><td>筛析法</td></tr>
<tr><td>含泥量</td><td>%</td><td><3</td><td>水洗法</td></tr>
<tr><td>有机质含量</td><td>%</td><td><3</td><td>灼烧减量法</td></tr>
</table>

（续）

项目	序号	检查项目			允许值或允许偏差		检查方法
					单位	数值	
一般项目	1	原材料检验	注浆用黏土	塑性指数	>14		界限含水率试验
				黏粒含量	%	>25	密度计法
				含砂率	%	<5	洗砂瓶法
				有机质含量	%	<3	灼烧减量法
			粉煤灰	细度模数	不粗于同时使用的水泥		筛析法
				烧失量	%	<3	灼烧减量法
			水玻璃（模数）		3.0～3.3		实验室试验
			其他化学浆液		设计值		检查产品合格证书或抽样送检
	2	注浆材料称量			%	±3	称重
	3	注浆孔位			mm	±50	用钢尺测量
	4	注浆孔深			mm	±100	量测注浆管长度
	5	注浆压力			%	±10	检查压力表读数

引导问题3：基础工程验收的相关规定有哪些？

运用知识：

1. 一般规定

1）扩展基础、筏形与箱形基础、沉井与沉箱，施工前应对放线尺寸进行复核；桩基工程施工前应对放好的轴线和桩位进行复核。群桩桩位的放样允许偏差应为20mm，单排桩桩位的放样允许偏差应为10mm。

2）预制桩（钢桩）的桩位允许偏差应符合表1-18的规定。斜桩倾斜度的偏差应为倾斜角正切值的15%。

表1-18　预制桩（钢桩）的桩位允许偏差

序号	检查项目		允许偏差/mm
1	带有基础梁的桩	垂直基础梁的中心线	≤100+0.01H
		沿基础梁的中心线	≤150+0.01H
2	承台桩	桩数为1～3根的桩基础中的桩	≤100+0.01H
		桩数大于或等于4根的桩基础中的桩	≤1/2桩径+0.01H 或≤1/2边长+0.01H

注：H为桩基础施工面至设计桩顶的距离。

3）灌注桩混凝土强度检验的试件应在施工现场随机抽取。来自同一搅拌站的混凝土，每浇筑50m^{3}必须至少留置1组试件；当混凝土浇筑量不足50m^{3}时，每连续浇筑12h必须至少留置1组试件。对单柱单桩，每根桩应至少留置1组试件。

4）灌注桩的桩径、垂直度及桩位允许偏差应符合表1-19的规定。

表 1-19　灌注桩的桩径、垂直度及桩位允许偏差

<table>
<tr><th>序号</th><th colspan="2">成形方法</th><th>桩径允许偏差/mm</th><th>垂直度允许偏差</th><th>桩位允许偏差/mm</th></tr>
<tr><td rowspan="2">1</td><td rowspan="2">泥浆护壁钻孔桩</td><td>$D<1000$mm</td><td rowspan="2">≥0</td><td rowspan="2">≤1/100</td><td>≤70 +0.01H</td></tr>
<tr><td>$D\geqslant1000$mm</td><td>≤100 +0.01H</td></tr>
<tr><td rowspan="2">2</td><td rowspan="2">套管成孔灌注桩</td><td>$D<500$mm</td><td rowspan="2">≥0</td><td rowspan="2">≤1/100</td><td>≤70 +0.01H</td></tr>
<tr><td>$D\geqslant500$mm</td><td>≤100 +0.01H</td></tr>
<tr><td>3</td><td colspan="2">干成孔灌注桩</td><td>≥0</td><td>≤1/100</td><td>≤70 +0.01H</td></tr>
<tr><td>4</td><td colspan="2">人工挖孔桩</td><td>≥0</td><td>≤1/200</td><td>≤50 +0.005H</td></tr>
</table>

注：H 为桩基础施工面至设计桩顶的距离；D 为设计桩径。

5）工程桩应进行承载力和桩身完整性检验。

6）设计等级为甲级或地质条件复杂时，应采用静载试验的方法对桩基础承载力进行检验，检验桩数不应少于总桩数的 1%，且不应少于 3 根；当总桩数少于 50 根时，不应少于 2 根。在有经验和对比资料的地区，设计等级为乙级、丙级的桩基础可采用高应变法对桩基础进行竖向抗压承载力检测，检测数量不应少于总桩数的 5%，且不应少于 10 根。

7）工程桩的桩身完整性的抽检数量不应少于总桩数的 20%，且不应少于 10 根。每根柱子承台下的桩的抽检数量不应少于 1 根。

2. 无筋扩展基础

施工前应对放线尺寸进行检验；施工中应对砌筑质量、砂浆强度、轴线及标高等进行检验；施工结束后应对混凝土强度、轴线位置、基础顶面标高等进行检验。无筋扩展基础质量检验标准应符合表 1-20 的规定。

表 1-20　无筋扩展基础质量检验标准

<table>
<tr><th rowspan="2">项目</th><th rowspan="2">序号</th><th rowspan="2" colspan="2">检查项目</th><th colspan="4">允许偏差</th><th rowspan="2">检查方法</th></tr>
<tr><th>单位</th><th colspan="3">数量</th></tr>
<tr><td rowspan="7">主控项目</td><td rowspan="5">1</td><td rowspan="5">轴线位置</td><td>砖基础</td><td>mm</td><td colspan="3">≤10</td><td rowspan="5">经纬仪或用钢尺测量</td></tr>
<tr><td rowspan="3">毛石基础</td><td rowspan="3">mm</td><td rowspan="2">毛石砌体</td><td colspan="2">料石砌体</td></tr>
<tr><td>毛料石</td><td>粗料石</td></tr>
<tr><td>≤20</td><td>≤20</td><td>≤15</td></tr>
<tr><td>混凝土基础</td><td>mm</td><td colspan="3">≤15</td></tr>
<tr><td>2</td><td colspan="2">混凝土强度</td><td colspan="4">不小于设计值</td><td>28d 试块强度</td></tr>
<tr><td>3</td><td colspan="2">砂浆强度</td><td colspan="4">不小于设计值</td><td>28d 试块强度</td></tr>
<tr><td rowspan="10">一般项目</td><td rowspan="4">1</td><td colspan="2">L（或 B）≤30</td><td>mm</td><td colspan="3">±5</td><td rowspan="4">用钢尺测量</td></tr>
<tr><td colspan="2">30 < L（或 B）≤60</td><td>mm</td><td colspan="3">±10</td></tr>
<tr><td colspan="2">60 < L（或 B）≤90</td><td>mm</td><td colspan="3">±15</td></tr>
<tr><td colspan="2">L（或 B）>90</td><td>mm</td><td colspan="3">±20</td></tr>
<tr><td rowspan="5">2</td><td rowspan="5">基础顶面标高</td><td>砖基础</td><td>mm</td><td colspan="3">±15</td><td rowspan="5">水准测量</td></tr>
<tr><td rowspan="3">毛石基础</td><td rowspan="3">mm</td><td rowspan="2">毛石砌体</td><td colspan="2">料石砌体</td></tr>
<tr><td>毛料石</td><td>粗料石</td></tr>
<tr><td>±25</td><td>±25</td><td>±15</td></tr>
<tr><td>混凝土基础</td><td>mm</td><td colspan="3">±15</td></tr>
<tr><td>3</td><td colspan="2">毛石砌体厚度</td><td>mm</td><td>+30
0</td><td>+30
0</td><td>+15
0</td><td>用钢尺测量</td></tr>
</table>

注：L 为长度；B 为宽度。

3. 钢筋混凝土扩展基础

施工前应对放线尺寸进行检验；施工中应对钢筋、模板、混凝土、轴线等进行检验；施工结束后应对混凝土强度、轴线位置、基础顶面标高进行检验。钢筋混凝土扩展基础质量检验标准应符合表 1-21 的规定。

表 1-21　钢筋混凝土扩展基础质量检验标准

<table>
<tr><th rowspan="2">项目</th><th rowspan="2">序号</th><th rowspan="2">检查项目</th><th colspan="2">允许偏差</th><th rowspan="2">检查方法</th></tr>
<tr><th>单位</th><th>数值</th></tr>
<tr><td rowspan="2">主控项目</td><td>1</td><td>混凝土强度</td><td colspan="2">不小于设计值</td><td>28d 试块强度</td></tr>
<tr><td>2</td><td>轴线位置</td><td>mm</td><td>≤15</td><td>经纬仪或用钢尺测量</td></tr>
<tr><td rowspan="5">一般项目</td><td rowspan="2">1</td><td>L（或 B）≤30</td><td>mm</td><td>±5</td><td rowspan="4">用钢尺测量</td></tr>
<tr><td>30 < L（或 B）≤60</td><td>mm</td><td>±10</td></tr>
<tr><td rowspan="3">2</td><td>60 < L（或 B）≤90</td><td>mm</td><td>±15</td></tr>
<tr><td>L（或 B）>90</td><td>mm</td><td>±20</td></tr>
<tr><td>基础顶面标高</td><td>mm</td><td>±15</td><td>水准测量</td></tr>
</table>

注：L 为长度；B 为宽度。

4. 筏形与箱形基础

施工前应对放线尺寸进行检验；施工中应对轴线、预埋件、预留洞中心线位置、钢筋位置及钢筋保护层厚度进行检验；施工结束后应对筏形与箱形基础的混凝土强度、轴线位置、基础顶面标高及平整度进行检验。筏形与箱形基础质量检验标准应符合表 1-22 的规定。

表 1-22　筏形与箱形基础质量检验标准

<table>
<tr><th rowspan="2">项目</th><th rowspan="2">序号</th><th rowspan="2">检查项目</th><th colspan="2">允许偏差</th><th rowspan="2">检查方法</th></tr>
<tr><th>单位</th><th>数值</th></tr>
<tr><td rowspan="2">主控项目</td><td>1</td><td>混凝土强度</td><td colspan="2">不小于设计值</td><td>28d 试块强度</td></tr>
<tr><td>2</td><td>轴线位置</td><td>mm</td><td>≤15</td><td>经纬仪或用钢尺测量</td></tr>
<tr><td rowspan="5">一般项目</td><td>1</td><td>基础顶面标高</td><td>mm</td><td>±15</td><td>水准测量</td></tr>
<tr><td>2</td><td>平整度</td><td>mm</td><td>±10</td><td>用 2m 靠尺测量</td></tr>
<tr><td>3</td><td>尺寸</td><td>mm</td><td>+15
−10</td><td>用钢尺测量</td></tr>
<tr><td>4</td><td>预埋件中心位置</td><td>mm</td><td>≤10</td><td>用钢尺测量</td></tr>
<tr><td>5</td><td>预留洞中心线位置</td><td>mm</td><td>≤15</td><td>用钢尺测量</td></tr>
</table>

大体积混凝土施工过程中应检查混凝土的坍落度、配合比、浇筑的分层厚度、坡度以及测温点的设置，上下两层的浇筑搭接时间不应超过混凝土的初凝时间。养护时混凝土结构构件表面以内 50～100mm 位置处的温度与混凝土结构构件内部的温度差值不宜大于 25℃，且与混凝土结构构件表面温度的差值不宜大于 25℃。

5. 泥浆护壁成孔灌注桩

施工前应检验灌注桩的原材料资料及桩位处的地下障碍物处理资料。施工中应对成孔、钢筋笼制作与安装、水下混凝土灌注等各项质量指标进行检查验收；嵌岩桩应对桩端的岩性和入岩深度进行检验。施工结束后应对桩身完整性、混凝土强度及承载力进行检验。泥浆护壁成孔灌注桩质量检验标准应符合表 1-23 的规定。

表 1-23　泥浆护壁成孔灌注桩质量检验标准

项目	序号	检查项目		允许值或允许偏差 单位	允许值或允许偏差 数值	检查方法
主控项目	1	承载力		不小于设计值		静载试验
主控项目	2	孔深		不小于设计值		用测绳或井径仪测量
主控项目	3	桩身完整性		—		钻芯法、低应变法、声波透射法
主控项目	4	混凝土强度		不小于设计值		28d 试块强度或钻芯法
主控项目	5	嵌岩深度		不小于设计值		取岩样或超前钻孔取样
一般项目	1	垂直度		参考《建筑地基基础工程施工质量验收标准》（GB 50202—2018）表 5.1.4		用超声波或井径仪测量
一般项目	2	孔径		参考《建筑地基基础工程施工质量验收标准》（GB 50202—2018）表 5.1.4		用超声波或井径仪测量
一般项目	3	桩位		参考《建筑地基基础工程施工质量验收标准》（GB 50202—2018）表 5.1.4		全站仪或用钢尺测量；开挖前测量护筒，开挖后测量桩中心
一般项目	4	泥浆指标	比重（黏土或砂性土中）	1.10～1.25		用比重计测量，清孔后在距孔底 500mm 处取样
一般项目	4	泥浆指标	含砂率	%	≤8	用洗砂瓶测量
一般项目	4	泥浆指标	黏度	s	18～28	用黏度计测量
一般项目	5	泥浆面标高（高于地下水位）		m	0.5～1.0	目测法
一般项目	6	钢筋笼质量	主筋间距	mm	±10	用钢尺测量
一般项目	6	钢筋笼质量	长度	mm	±100	用钢尺测量
一般项目	6	钢筋笼质量	钢筋材质检验	设计要求		抽样送检
一般项目	6	钢筋笼质量	箍筋间距	mm	±20	用钢尺测量
一般项目	6	钢筋笼质量	笼直径	mm	±10	用钢尺测量
一般项目	7	沉渣厚度	端承桩	mm	≤50	用沉渣仪或重锤测量
一般项目	7	沉渣厚度	摩擦桩	mm	≤150	用沉渣仪或重锤测量
一般项目	8	混凝土坍落度		mm	180～220	用坍落度仪测量
一般项目	9	钢筋笼安装深度		mm	+100 0	用钢尺测量
一般项目	10	混凝土充盈系数		≥1.0		实际灌注量与计算灌注量的比
一般项目	11	桩顶标高		mm	+30 -50	水准测量，需扣除桩顶浮浆层及劣质桩体
一般项目	12	后注浆	注浆终止条件	注浆量不小于设计要求		查看流量表
一般项目	12	后注浆	注浆终止条件	注浆量不小于设计要求 80%，且注浆压力达到设计值		查看流量表，检查压力表读数
一般项目	12	后注浆	水胶比	设计值		实际用水量与水泥等胶凝材料的重量比
一般项目	13	扩底桩	扩底直径	不小于设计值		用井径仪测量
一般项目	13	扩底桩	扩底高度	不小于设计值		用井径仪测量

6. 干作业成孔灌注桩

施工前应对原材料、施工组织设计中制定的施工顺序、主要成孔设备的性能指标、监测仪器、监测方法、保证人员安全的措施或安全专项施工方案等进行检查验收；施工中应检验钢筋笼的质量、混凝土的坍落度、桩位、孔深、桩顶标高等；施工结束后应检验桩的承载力、桩身完整性及混凝土的强度。人工挖孔桩应复验孔底持力层的岩性，嵌岩桩应有桩端持力层的岩性报告。干作业成孔灌注桩质量检验标准应符合表 1-24 的规定。

表 1-24　干作业成孔灌注桩质量检验标准

<table>
<tr><th rowspan="2">项目</th><th rowspan="2">序号</th><th rowspan="2" colspan="2">检查项目</th><th colspan="2">允许值或允许偏差</th><th rowspan="2">检查方法</th></tr>
<tr><th>单位</th><th>数值</th></tr>
<tr><td rowspan="5">主控项目</td><td>1</td><td colspan="2">承载力</td><td colspan="2">不小于设计值</td><td>静载试验</td></tr>
<tr><td>2</td><td colspan="2">孔深及孔底土岩性</td><td colspan="2">不小于设计值</td><td>测量钻杆套管的长度或用测绳检查，检查孔底土的岩性报告</td></tr>
<tr><td>3</td><td colspan="2">桩身完整性</td><td colspan="2">—</td><td>钻芯法（大直径嵌岩桩应钻至桩尖下 500mm）、低应变法或声波透射法</td></tr>
<tr><td>4</td><td colspan="2">混凝土强度</td><td colspan="2">不小于设计值</td><td>28d 试块强度或钻芯法</td></tr>
<tr><td>5</td><td colspan="2">桩径</td><td colspan="2">参考《建筑地基基础工程施工质量验收标准》（GB 50202—2018）表 5.1.4</td><td>井径仪或超声波检测，干作业时用钢尺测量，人工挖孔桩不包括护壁厚</td></tr>
<tr><td rowspan="9">一般项目</td><td>1</td><td colspan="2">桩位</td><td colspan="2">参考《建筑地基基础工程施工质量验收标准》（GB 50202—2018）表 5.1.4</td><td>用全站仪或钢尺测量，基坑开挖前测量护筒，开挖后测量桩中心</td></tr>
<tr><td>2</td><td colspan="2">垂直度</td><td colspan="2">参考《建筑地基基础工程施工质量验收标准》（GB 50202—2018）表 5.1.4</td><td>用经纬仪测量或线锤测量</td></tr>
<tr><td>3</td><td colspan="2">桩顶标高</td><td>mm</td><td>+30
-50</td><td>水准测量</td></tr>
<tr><td>4</td><td colspan="2">混凝土坍落度</td><td>mm</td><td>90～150</td><td>用坍落度仪测量</td></tr>
<tr><td rowspan="5">5</td><td rowspan="5">钢筋笼质量</td><td>主筋间距</td><td>mm</td><td>±10</td><td>用钢尺测量</td></tr>
<tr><td>长度</td><td>mm</td><td>±100</td><td>用钢尺测量</td></tr>
<tr><td>钢筋材质检验</td><td colspan="2">设计要求</td><td>抽样送检</td></tr>
<tr><td>箍筋间距</td><td>mm</td><td>±20</td><td>用钢尺测量</td></tr>
<tr><td>笼直径</td><td>mm</td><td>±10</td><td>用钢尺测量</td></tr>
</table>

引导问题 4：基坑支护工程验收的规定有哪些?

运用知识：

1. 一般规定

1）基坑支护结构在施工前应对放线尺寸进行校核，施工过程中应根据施工组织设计复核各项施工参数，施工完成后宜在养护期后进行质量验收。

2）围护结构施工完成后的质量验收应在基坑开挖前进行，支锚结构的质量验收应在对应的分层土方开挖前进行，验收内容应包括质量和强度检验、构件的几何尺寸、位置偏差及平整度等。

3）基坑开挖过程中，应根据分区分层开挖情况及时对基坑开挖面的围护墙表观质量、支护结构的变形、渗漏水情况以及支撑的竖向支撑构件的垂直度偏差等项目进行检查。

4）除强度或承载力等主控项目外，其他项目应按检验批抽取。

5）基坑支护工程验收应以保证支护结构安全和周围环境安全为前提。

2. 土钉墙

土钉墙支护工程在施工前应对钢筋、水泥、砂、石、机械设备等进行检验。土钉墙支护工程在施工过程中应对放坡系数，土钉位置，土钉孔的直径、深度及角度，土钉杆体长度，注浆配合比，注浆压力及注浆量，喷射混凝土面层的厚度、强度等进行检验。土钉应进行抗拔承载力检验，检验数量不宜少于土钉总数的 1%，且同一土层中的土钉检验数量不应少于 3 根。土钉墙支护质量检验标准应符合表 1-25 的规定。

表 1-25　土钉墙支护质量检验标准

项目	序号	检查项目	允许值或允许偏差		检查方法
			单位	数值	
主控项目	1	抗拔承载力	不小于设计值		土钉抗拔试验
	2	土钉长度	不小于设计值		用钢尺测量
	3	分层开挖厚度	mm	±200	水准测量或用钢尺测量
一般项目	1	土钉位置	mm	±100	用钢尺测量
	2	土钉直径	不小于设计值		用钢尺测量
	3	土钉孔倾斜度	≤3°		测倾角
	4	水胶比	设计值		实际用水量与水泥等胶凝材料的重量比
	5	注浆量	不小于设计值		查看注量表
	6	注浆压力	设计值		检查压力表读数
	7	浆体强度	不小于设计值		试块强度
	8	钢筋网间距	mm	±30	用钢尺测量
	9	土钉面层厚度	mm	±10	用钢尺测量
	10	面层混凝土强度	不小于设计值		28d 试块强度
	11	预留土墩尺寸及间距	mm	±500	用钢尺测量
	12	微型桩桩位	mm	≤50	用全站仪或钢尺测量
	13	微型桩垂直度	≤1/200		用经纬仪测量

3. 锚杆

锚杆在施工前应对钢绞线、锚具、水泥、机械设备等进行检验。锚杆在施工中应对锚杆位置，钻孔的直径、长度及角度，锚杆杆体长度，注浆配合比，注浆压力及注浆量等进行检验。锚杆应进行抗拔承载力检验，检验数量不宜少于锚杆总数的 5%，且同一土层中的锚杆检验数量不应少于 3 根。锚杆质量检验标准应符合表 1-26 的规定。

表 1-26　锚杆质量检验标准

项目	序号	检查项目	允许值或允许偏差		检查方法
			单位	数值	
主控项目	1	抗拔承载力	不小于设计值		锚杆抗拔试验
	2	锚固体强度	不小于设计值		试块强度
	3	预加力	不小于设计值		检查压力表读数
	4	锚杆长度	不小于设计值		用钢尺测量
一般项目	1	钻孔孔位	mm	≤100	用钢尺测量
	2	锚杆直径	不小于设计值		用钢尺测量
	3	钻孔倾斜度	≤3°		测倾角
	4	水胶比（或水泥砂浆配合比）	设计值		实际用水量与水泥等胶凝材料的重量比（实际用水、水泥、砂的重量比）
	5	注浆量	不小于设计值		查看流量表
	6	注浆压力	设计值		检查压力表读数
	7	自由段套管长度	mm	±50	用钢尺测量

引导问题 5：地下水如何控制？

运用知识：

1. 一般规定

1）进行降排水施工前，应检验工程场区的排水系统。排水系统的最大排水能力不应小于工程所需最大排量的 1.2 倍。

2）基坑工程开挖前应验收预降排水时间。预降排水时间应根据基坑面积、开挖深度、工程地质与水文地质条件以及降排水工艺综合确定。减压预降水时间应根据设计要求或减压降水验证试验结果确定。

3）降排水施工过程中，应检验基坑降排水效果是否满足设计要求。分层、分块开挖的土质基坑，开挖前的潜水水位应控制在土层开挖面以下 0.5～1.0m；承压含水层水位应控制在安全水位埋深以下。岩质基坑在开挖施工前，地下水水位应控制在边坡坡脚或坑中的软弱结构面以下。

4）设有截水帷幕的基坑工程，宜通过预降水过程中的坑内外水位变化情况检验帷幕止水的效果。

2. 降排水

采用集水明排的基坑，应检验排水沟、集水井的尺寸。排水时集水井内的水位应低于设计要求水位不小于 0.5m。降水井在施工前，应检验进场材料质量。降水施工材料质量检验标准应符合表 1-27 的规定。

表 1-27　降水施工材料质量检验标准

项目	序号	检查项目	允许值或允许偏差		检查方法
			单位	数值	
主控项目	1	井、滤管材质	设计要求		检查产品合格证书或按设计要求的参数进行现场检测
	2	滤管孔隙率	设计值		测算单位长度滤管的孔隙面积或采用与等长标准滤管的渗透对比法
	3	滤料粒径	$(6\sim12)d_{50}$		筛析法
	4	滤料不均匀系数	≤3		筛析法
一般项目	1	沉淀管长度	mm	+50 0	用钢尺测量
	2	封孔回填土质量	设计要求		现场搓条法检验土性
	3	挡砂网	设计要求		检查产品合格证书或现场量测目数

注：d_{50}为土颗粒的平均粒径。

轻型井点施工质量检验标准应符合表 1-28 的规定。

表 1-28　轻型井点施工质量检验标准

项目	序号	检查项目	允许值或允许偏差		检查方法
			单位	数值	
主控项目	1	出水量	不小于设计值		查看流量表
一般项目	1	成孔孔径	mm	±20	用钢尺测量
	2	成孔深度	mm	+1000 -200	用测绳测量
	3	滤料回填量	不小于设计计算体积的 95%		测算滤料用量且用测绳测量回填高度
	4	黏土封孔高度	mm	≥1000	用钢尺测量
	5	井点管间距	m	0.8~1.6	用钢尺测量

喷射井点施工质量检验标准应符合表 1-29 的规定。

表 1-29　喷射井点施工质量检验标准

项目	序号	检查项目	允许值或允许偏差		检查方法
			单位	数值	
主控项目	1	出水量	不小于设计值		查看流量表
一般项目	1	成孔孔径	mm	+50 0	用钢尺测量
	2	成孔深度	mm	+1000 -200	用测绳测量
	3	滤料回填量	不小于设计计算体积的 95%		测算滤料用量且用测绳测量回填高度
	4	井点管间距	m	2~3	用钢尺测量

管井施工质量检验标准应符合表 1-30 的规定。

表 1-30　管井施工质量检验标准

项目	序号	检查项目		允许值或允许偏差		检查方法
				单位	数值	
主控项目	1	泥浆比重		1.05～1.10		用比重计测量
	2	滤料回填高度		+10% 0		现场搓条法检验土性、测算封填黏土体积、孔口浸水检验密封性
	3	封孔		设计要求		现场检验
	4	出水量		不小于设计值		查看流量表
一般项目	1	成孔孔径		mm	±50	用钢尺测量
	2	成孔深度		mm	±20	用测绳测量
	3	扶中器		设计要求		测量扶中器的高度或厚度、间距，检查数量
	4	活塞洗井	次数	次	≥20	检查施工记录
			时间	h	≥2	检查施工记录
	5	沉淀物高度		≤0.5%井深		用测锤测量
	6	含砂量（体积比）		≤1/20000		现场目测或用含砂量计测量

轻型井点、喷射井点、真空管井降水运行质量检验标准应符合表 1-31 的规定。

表 1-31　轻型井点、喷射井点、真空管井降水运行质量检验标准

项目	序号	检查项目	允许值或允许偏差		检查方法
			单位	数值	
主控项目	1	降水效果	设计要求		量测水位、观测土体固结或沉降情况
一般项目	1	真空负压	MPa	≥0.065	查看真空表
	2	有效井点数	≥90%		现场目测出水情况

减压降水管井运行质量检验标准应符合表 1-32 的规定。

表 1-32　减压降水管井运行质量检验标准

项目	序号	检查项目	允许值或允许偏差		检查方法
			单位	数值	
主控项目	1	观测井水位	+10% 0		量测水位
一般项目	1	安全操作平台	设计及安全要求		现场检查平台的连接稳定性、牢固性、安全防护措施到位率

管井封井质量检验标准应符合表1-33的规定。

表1-33　管井封井质量检验标准

项目	序号	检查项目	允许值或允许偏差		检查方法
			单位	数值	
主控项目	1	注浆量	+10% 0		测量注浆量
	2	混凝土强度	不小于设计值		28d试块强度
	3	内止水钢板焊接质量	满焊，无缝隙		焊缝外观检测、掺水检验
一般项目	1	外止水钢板的宽度、厚度、位置	设计要求		现场量测
	2	细石子粒径	mm	5～10	筛析法或目测
	3	细石子回填量	+10% 0		测算滤料用量且用测绳测量回填高度
	4	混凝土灌注量	+10% 0		测量混凝土用量
	5	24h残存水高度	mm	≤500	量测水位
	6	砂浆封孔	设计要求		外观检验

塑料管井、混凝土管井、钢筋笼滤网井在封井时，应检验管内止水材料回填的密实度和止水效果；穿越基坑底板时，还应按设计要求检验其穿越基坑底板构造的防水效果。

引导问题6：土石方工程验收的规定有哪些?

运用知识：

1. 一般规定

1）在土石方工程开挖施工前，应完成支护结构、地面排水、地下水控制、基坑及周边环境监测、施工条件验收和应急预案准备等工作的验收，合格后方可进行土石方开挖。

2）在土石方工程开挖施工中，应定期测量和校核设计平面位置、边坡坡率和水平标高。平面控制桩和水准控制点应采取可靠措施加以保护，并应定期检查和复测。土石方不应堆在基坑影响范围内。

3）土石方开挖的顺序、方法必须与设计工况和施工方案相一致，并应遵循“开槽支撑、先撑后挖、分层开挖、严禁超挖”的原则。

4）平整后场地的表面坡率应符合设计要求，设计无要求时，沿排水沟方向的坡率不应小于0.02%，平整后的场地表面应逐点检查。土石方工程的标高检查点为每100m^2取1点，且不应少于10点；土石方工程的平面几何尺寸（长度、宽度等）应全数检查；土石方工程的边坡为每20m取1点，且每边不应少于1点。土石方工程的表面平整度检查点为每100m^2取1点，且不应少于10点。

2. 土方开挖

柱基础、基坑、基槽土方开挖工程的质量检验标准应符合表1-34的规定。

表 1-34 柱基础、基坑、基槽土方开挖工程的质量检验标准

项目	序号	检查项目	允许值或允许偏差		检查方法
			单位	数值	
主控项目	1	标高	mm	0 -50	水准测量
	2	长度、宽度（由设计中心线向两边测量）	mm	+200 -50	用全站仪或用钢尺测量
	3	坡率	设计值		目测法或用坡度尺检查
一般项目	1	表面平整度	mm	±20	用 2m 靠尺检测
	2	基底土性	设计要求		目测法或土样分析

3. 土石方回填

填方工程质量检验标准应符合表 1-35、表 1-36 的规定。

表 1-35 柱基础、基坑、基槽、管沟、地（路）面基础层填方工程质量检验标准

项目	序号	检查项目	允许值或允许偏差		检查方法
			单位	数值	
主控项目	1	标高	mm	0 -50	水准测量
	2	分层压实系数	不小于设计值		环刀法、灌水法、灌砂法
一般项目	1	回填土料	设计要求		取样检查或直接鉴别
	2	分层厚度	设计值		水准测量及抽样检查
	3	含水率	最优含水率 ±2%		烘干法
	4	表面平整度	mm	±20	用 2m 靠尺检测
	5	有机质含量	≤5%		灼烧减量法
	6	辗迹重叠长度	mm	500～1000	用钢尺测量

表 1-36 场地平整填方工程质量检验标准

项目	序号	检查项目	允许值或允许偏差			检查方法
			单位	数值		
主控项目	1	标高	mm	人工	±30	水准测量
				机械	±50	
	2	分层压实系数	不小于设计值			环刀法、灌水法、灌砂法
一般项目	1	回填土料	设计要求			取样检查或直接鉴别
	2	分层厚度	设计值			水准测量及抽样检查
	3	含水率	最优含水率 ±4%			烘干法
	4	表面平整度	mm	人工	±20	用 2m 靠尺检测
				机械	±30	
	5	有机质含量	≤5%			灼烧减量法
	6	辗迹重叠长度	mm	500～1000		用钢尺测量

引导问题7：边坡工程验收的规定有哪些？

运用知识：

1. 一般规定

锚杆（索）、挡土墙等可根据与施工方式相一致且便于控制施工质量的原则，按支护类型、施工缝或施工段划分若干检验批。

对边坡工程的质量验收，应在钢筋、混凝土、预应力锚杆、挡土墙等验收合格的基础上，进行质量控制资料的检查及感观质量验收，并对涉及结构安全的材料、试件、施工工艺和结构的重要部位进行见证检测或结构实体检验。边坡工程应进行监控量测。

2. 边坡开挖

边坡开挖质量检验标准应符合表1-37的规定。

表1-37　边坡开挖质量检验标准

项目	序号	检查项目		允许值或允许偏差		检查方法
				单位	数值	
主控项目	1	坡率		设计值		目测法或用坡度尺检查；每20m抽查1处
	2	坡底标高		mm	±100	水准测量
一般项目	1	坡面平整度	土坡	mm	±100	用3m直尺测量；每20m测1处
			岩坡	mm	软岩为±200 硬岩为±350	
	2	平台宽度	土坡	mm	±200	用钢尺测量
			岩坡	mm	软岩为+300 硬岩为+500	
	3	坡脚线偏位	土坡	mm	+500 -100	用经纬仪测量；每20m测2点
			岩坡	mm	软岩为+500 -200	
				mm	硬岩为+800 -250	

二、编制检验批、分项工程质量验收记录

每个小组根据工程案例资料划分的地基与基础工程的子分部、分项、检验批，编制检验批和分项工程质量验收记录，完成表1-38、表1-39。

表 1-38　检验批质量验收记录

________检验批质量验收记录　　　　　　　　　　　　　　　　　　编号：________

单位（子单位）工程名称		分部（子分部）工程名称		分项工程名称	
施工单位		项目负责人		检验批容量	
分包单位		分包单位项目负责人		检验批部位	
施工依据			验收依据		

		验收项目	设计要求及规范规定	最小/实际抽样数量	检查记录	检查结果
主控项目	1					
	2					
	3					
	4					
	5					
	6					
	7					
	8					
	9					
	10					
一般项目	1					
	2					
	3					
	4					
	5					

施工单位检查结果	专业工长： 项目专业质量检查员： 年　月　日
监理单位验收结论	专业监理工程师： 年　月　日

表 1-39　分项工程质量验收记录

________分项工程质量验收记录　　　　　　　　　　　　　　编号：________

单位（子单位）工程名称		分部（子分部）工程名称			
分项工程数量		检验批数量			
施工单位		项目负责人		项目技术负责人	
分包单位		分包单位项目负责人		分包内容	

序号	检验批名称	检验批容量	部位/区段	施工单位检查结果	监理单位验收结论
1					
2					
3					
4					
5					
6					
7					
8					
9					
10					
11					
12					
13					
14					
15					

说明：

施工单位检查结果	项目专业质量检查员： 年　月　日
监理单位验收结论	专业监理工程师： 年　月　日

三、指导老师审查每个小组的验收方案并提出整改建议

整改建议记录：

四、各小组进一步完善验收方案并填写最终的地基与基础分部工程质量验收记录

最终方案记录：

实践成果

1）工作情境模拟操作。

2）××地基与基础分部工程质量验收记录。

典型任务4　地基与基础工程施工组织方案审核评定工作

知识点：

1. 地基与基础工程施工组织方案的编制与审批。
2. 地基与基础工程施工组织方案审核评定。
3. 地基与基础工程施工组织方案的修改、检查。

能力（技能）点：

1. 能够进行地基与基础工程施工组织方案的修改、检查。
2. 能根据给定的施工任务对地基与基础工程施工组织方案进行审核评定。

实践目的

1）培养学生对地基与基础工程施工组织方案进行修改、检查的能力。

2）根据地基与基础工程的施工任务，能够对地基与基础工程施工组织方案进行审核评定。

实践分解任务

1）根据工程案例分析地基与基础工程施工组织方案的编制和审批。

2）根据工程案例并结合规范，对地基与基础工程施工组织方案进行修改、检查。

3）根据工程案例并结合规范，对地基与基础工程施工组织方案进行审核评定。

实践分组

以小组为单位（6~8人为一组），在规定时间内完成上述内容。

实践场地

实训室、机房。

实践实施过程

一、地基与基础工程施工组织方案的编制与审批

引导问题1：地基与基础工程施工组织方案编制和审批的规定有哪些？

运用知识：

根据《建筑施工组织设计规范》（GB/T 50502—2009），施工组织方案的编制和审批应该符合下列规定：

1）地基与基础分部工程施工组织方案应由项目负责人主持编制，可根据需要分阶段编制和审批。

2）地基与基础分部工程施工组织方案应由项目技术负责人审批。

3）重点、难点分部（分项）工程和专项工程施工组织方案应由施工单位技术部门组织相关专家评审，施工单位技术负责人批准。

4）由专业承包单位施工的分部（分项）工程或专项工程的施工组织方案，应由专业承包单位技术负责人或技术负责人授权的技术人员审批；有总承包单位时，应由总承包单位项目技术负责人核准备案。

5）规模较大的分部（分项）工程和专项工程的施工组织方案应按单位工程施工组织设计进行编制和审批。

引导问题2：地基与基础工程中危险性较大的分部（分项）工程有哪些？

运用知识：

《建设工程安全生产管理条例》（国务院令第393号）规定：对下列达到一定规模的危险性较大的分部（分项）工程编制专项施工组织方案，并附具安全验算结果，经施工单位技术负责人、总监理工程师签字后实施：

1）基坑支护与降水工程。

2）土方开挖工程。

3）模板工程。

4）起重吊装工程。

5）脚手架工程。

6）拆除爆破工程。

7）国务院建设行政主管部门或者其他有关部门规定的其他危险性较大的工程。

对以上所列工程中涉及深基坑、地下暗挖工程、高大模板工程的专项施工组织方案，施工单位还应当组织专家进行论证、审查。除上述《建设工程安全生产管理条例》（国务院令第393号）中规定的分部（分项）工程外，施工单位还应根据项目特点和地方政府部门有关规定，对具有一定规模的重点、难点分部（分项）工程进行相关论证。

二、地基与基础工程施工组织方案的修改、检查

引导问题1：地基与基础工程施工组织方案进行动态管理的规定有哪些？

运用知识：

根据《建筑施工组织设计规范》（GB/T 50502—2009），地基与基础工程施工组织方案应实行动态管理，并符合下列规定：

1）项目施工过程中，发生一些特殊情况时，施工组织方案应及时进行修改或补充。

2）经修改或补充的施工组织方案应重新审批后实施。

3）项目施工前应进行施工组织方案的逐级交底；项目施工过程中，应对施工组织方案的执行情况进行检查、分析，并适时调整。

引导问题2：在哪些情况下需要修改或补充地基与基础工程施工组织方案？

运用知识：

1）工程设计有重大修改。当工程设计图纸发生重大修改时，如地基基础的形式发生变化、做法发生重大变化等，需要对施工组织方案进行修改；对工程设计图纸的一般性修改，根据变化情况对施工组织方案进行补充；对工程设计图纸的细微修改或更正，施工组织方案则不需调整。

2）有关法律、法规、规范和标准的实施、修订和废止。当有关法律、法规、规范和标

准开始实施或发生变更，并涉及工程的实施、检查或验收时，施工组织方案需要进行修改或补充。

3）主要施工方法有重大调整。由于主（客）观条件的变化，施工方法有重大变更，原来的施工组织方案已不能正确地指导施工，需要对施工组织方案进行修改或补充。

4）主要施工资源配置有重大调整。当施工资源的配置有重大变更，并且影响到施工方法的变化或对施工进度、质量、安全、环境、造价等造成潜在的重大影响，需对施工组织方案进行修改或补充。

5）施工环境有重大改变。当施工环境发生重大改变，如施工延期造成季节性施工方法发生变化，施工场地变化造成现场布置和施工方式改变等，致使原来的施工组织方案已不能正确地指导施工，需对施工组织方案进行修改或补充。

三、地基与基础工程施工组织方案的审核评定

引导问题1：地基与基础工程进度计划审查的要点有哪些？

运用知识：

工程进度计划是承包企业根据与业主签订的工期合同所做的作业进度安排。工程进度计划安排是否合理，与工程成本有密切关系，监理工程师应加强审核。

1）总工期符合承包的要求，如果合同条件允许分期分批竣工交付使用，应有明确分期交付的时间和分批交付的数量要求。

2）表明各项主要工程（土方工程、基础工程）的开始和结束时间。

3）体现主要工序相互衔接的合理安排。

4）有利于有效利用机械设备，减少机械设备的占用周期。

引导问题2：地基与基础工程施工组织方案审查的要点有哪些？

运用知识：

1. 施工程序审查

施工程序体现了施工步骤的客观规律性，在符合规律的条件下利于保证质量、缩短工期、提高经济效益。

1）做好施工准备后再开工。施工准备包括技术规划准备、现场施工准备、施工队伍及有关组织准备。

2）遵循“先地下、后地上，先土建、后设备，先主体、后围护，先结构、后装修”的原则。

3）施工流向合理。施工空间中的平面和立面都要考虑施工的质量保证与安全保证，要考虑使用的先后，适当分区分段，要与材料、构件的运输方向不发生冲突。

2. 施工机械选择审查

施工机械的选择应遵循切实需要、实际可能、经济合理的原则。审核内容包括对技术条件、经济条件的审查。技术条件是指技术性能、工作效率、工作质量、能源耗费、劳动力的节约、使用安全性和灵活性、通用性和专用性、维修的难易程度、耐用程度等。经济条件是指施工机械的原始价值、使用寿命、使用费用、维修费用等。

3. 主要施工方法审查

1）方法可行、条件允许、符合施工工艺要求。

2）符合施工验收规范和质量检验评定标准的有关要求。

3）方法应力求科学、先进、节约。

4）施工方法与选择的施工机械、划分的流水段相适应。

四、教师审查每个小组的审核评定工作计划及方案，并提出修改建议

指导教师依据《建筑施工组织设计规范》（GB/T 50502—2009）、《建筑施工手册》（第五版）的规定，指导学生做好施工组织方案的审核评定，对学生的审核评定方案提出修改意见。

五、各小组进一步优化并调整方案，确定最终的审核评定方案报告

各小组进一步讨论、优化和修改，确定最终的施工组织方案审核评定方案报告。

实践成果

1）工作情境模拟操作。

2）××地基与基础工程施工组织方案审核表。

学习情境二　砌体工程

案例引入

1. 工程概况

1）工程名称：×××学生公寓。

2）工程地点：×××山海路以南、博文路以西。

3）建设单位：×××学院。

4）建筑性质：学生公寓。

5）结构形式：框架—剪力墙结构。

6）建筑等级：一类高层公共建筑，建筑物设计使用年限为50年。

7）建筑耐火等级：高层为一级；抗震设防烈度为7度。

8）建筑物层数及层高：地上十八层、层高3.6m，建筑高度65.7m。

9）建筑面积：21320.7m^2。

2. 现场情况

本工程位于市内，交通方便，施工场地足够，有利于机械、现场材料的堆放布置。

3. 水文、地质条件、场地、气象情况

1）水文、地质情况。本工程场地地下水稳定水位埋深为11.0~12.6m，为基岩裂隙潜水，有承压性，对混凝土无侵蚀性。地表以下0.7~4.0m为粉质黏土，3.0~6.9m为杂填土，7.4~11.9m为强风化板岩，以下为中风化板岩。本工程持力层为强风化板岩，地基承载力设计值$F=650\text{kPa}$。

2）场地情况。场地基本设防烈度为7度，建筑场地类别属Ⅰ类。

3）气象资料。本地区最高气温34.4℃，最低气温-10.1℃，年平均气温12.2℃，最冷月平均气温-1.4℃，最热月平均气温28.9℃，年降雨量847mm，日最大降雨量240mm，冬期最大冻结深度0.93m，最大积雪厚度为0.37m，常年夏季主导风向为东南风，冬季为北风，四季分明。7、8月份为雨期，冬期施工日期为本年12月25日至次年2月25日，属典型的温带季风性气候。

4. 建筑、结构概况

本工程主要结构为现浇钢筋混凝土框架—剪力墙结构，地下室混凝土强度等级：底板为C40、P8级抗渗混凝土，外墙及消防水池为C45、P10级抗渗混凝土，柱、梁、板、墙为C40级混凝土。地上部分除四层以下柱为C45混凝土外，其余均为C40，梁板混凝土内掺水泥用量10%~12%的PNF膨胀剂，膨胀加强带内掺量为14%。框架填充墙采用加气混凝土砌块；地下室外墙采用高分子PVC防水卷材，120mm厚砖砌体围护。本工程按七度抗震设防，建筑场地类别为Ⅰ类，剪力墙抗震等级为三级，框架抗震等级为四级。

5. 砌筑工程

1）本工程填充墙采用加气混凝土砌块砌筑；与楼板、墙体、梁、柱和其他构件交接处均应做好严密封堵，满足防火要求。

2）采用预拌砂浆进行砌筑、抹灰。

3）不同墙体交接处，应在做饰面前在交接处加铺金属网或在施工中加贴玻璃丝网格布（宽度≥300mm），防止裂缝和保证粉刷质量。

4）所有墙体预留的洞、管道、沟槽等，均应在砌筑时正确留出，遇有消火栓箱等设备箱、柜嵌墙安装时，设备箱、柜不应嵌透墙体，墙体应保留或补砌 80～100mm 厚加气混凝土砌块墙，以满足防火、隔声、防盗要求。

5）所有填充墙上的门窗过梁、构造柱及拉结圈梁等的布置原则、构造方式和施工要求符合规范要求。

6）砖砌门窗墙垛平面图中未特殊注明处，皆为 100mm 宽；当其侧边为钢筋混凝土墙或柱时，门窗垛用同强度等级的素混凝土与墙或柱同时浇筑。与混凝土墙或柱相接的长度 <250mm的隔墙应与混凝土墙或柱同时浇筑。

典型任务 1 砌体工程质量创优施工指导工作

知识点：

1. 砌体类型和构造。
2. 砌体工程质量控制。
3. 砌体工程质量创优施工指导。

能力（技能）点：

1. 能应用施工质量验收规范，对砌体工程进行质量检查。
2. 能根据给定的施工任务对砌体工程进行质量创优施工指导。

实践目的

1）砌体工程质量创优意识培育。

2）编制××工程砌体工程质量创优施工指导书。

3）能通过砌体工程创优做法的具体实施，完成砌体工程质量创优工作。

实践分解任务

1）了解砌体工程的设计要求、砌体类型的分类和设计构造措施。

2）熟悉砌体工程质量控制管理体系的建立、砌体样板的策划。

3）学习砌体工程质量创优关键点的施工做法，能编制砌体工程质量创优施工指导书。

实践分组

以小组为单位（6～8 人为一组），在规定时间内完成上述内容。

实践场地

实训室、机房。

实践实施过程

成立创优小组（6~8人），依据《中国建设工程鲁班奖（国家优质工程）评选办法》（2019年），按照创优总体要求，有针对性地制定创优实施重点内容。每个学生提出自己的砌体工程质量创优施工指导书，小组讨论。

一、编制砌体工程质量创优施工指导书

引导问题1：本工程实际应用的砌体类型是什么？砌体尺寸是什么？

运用知识：

本工程填充墙墙体采用蒸压加气混凝土砌块，砌块强度为A3.5，砌块干密度级别为B06；采用的砌体尺寸主要有600mm×240mm×200mm、600mm×240mm×100mm。

引导问题2：工程质量创优工作实施的总体思路是什么？

运用知识：

工程质量创优工作实施的总体思路是全面策划到位、实现设计意图、执行方案交底、严控工序工艺、符合标准规范、持续改进提高。

引导问题3：砌体工程的质量目标如何制定？施工质量等级划分的标准是什么？

运用知识：

砌体工程施工前应明确质量管理目标，砌体工程施工质量控制等级分为A、B、C三级，见表2-1。

表2-1　砌体工程施工质量控制等级

项目	施工质量控制等级		
	A	B	C
现场质量管理	监督检查制度健全，并严格执行；施工方有在岗专业技术管理人员，人员齐全并持证上岗	监督检查制度基本健全，并能执行；施工方有在岗专业技术管理人员，人员齐全并持证上岗	有监督检查制度，施工方有在岗专业技术管理人员
砂浆、混凝土强度	试块按规定制作，强度满足验收规定，离散性小	试块按规定制作，强度满足验收规定，离散性较小	试块按规定制作，强度满足验收规定，离散性大
砂浆拌和	机械拌和，配合比计量控制严格	机械拌和，配合比计量控制一般	机械或人工拌和，配合比计量控制较差
砌筑工人	中级工以上，其中高级工不少于30%	高级工、中级工总人数不少于70%	初级工以上

注：砂浆、混凝土强度的离散性根据强度标准差确定；配筋砌体不得为C级施工。创优工程应按砌体工程施工质量控制等级A级标准管控，砌筑砂浆应采用预拌砂浆（湿拌砂浆或干混砂浆）。

引导问题4：创优质量管理组织体系如何建立？

运用知识：

1）施工现场的建设、监理、施工等各方责任主体均应建立健全质量管理体系并保持有效运行。

2）施工企业建立砌体工程施工质量管理制度，包括施工标准、验收规定等内容。

3）施工单位按标准配备专职质量管理人员，并且明确现场施工技术负责人和质量负责人，随时提供技术质量管理需求服务。

4）施工单位质量管理部门定期对砌体工程施工质量情况进行检查，要留存工作检查记录或整改通知单，并督促项目部在规定时间内完成质量问题的整改。

引导问题5：砌体施工关键过程质量如何控制？

运用知识：

1）对进场的原材料（砌块、砂浆等）进行见证取样和复检，须合格。同品种、同规格、同等级的砌块，以30000块为一批，不足30000块亦为一批，从中随机抽取50块砌块进行尺寸偏差、外观检验。从外观与尺寸偏差检验合格的砌块中，随机抽取6块砌块制作试件，进行干密度（3组）和强度等级（3组）检验。

砌筑砂浆的验收批，同一类型、强度等级的砂浆试块不应少于3组。

2）对进场的预拌砌筑砂浆及混凝土的种类、强度等级、性能及使用部位经核对后使用。

3）对砌块砌体应按设计图纸和施工规范的要求绘制排块（砖）图、节点组砌详图，并在现场预排。

4）查看砌筑工人的技能证书，分析高级工、中级工的比例，对工人进行详细的施工技术、安全文明交底。

5）做好上道工序的验收，交接检查应完成，水电安装的预留管线隐蔽验收应完成，且经验收合格。

6）对墙体轴线、洞口位置、标高等严格按设计图纸进行放线控制。

7）砌体样板已施工完成，经建设、监理、设计、施工等责任主体验收通过。

8）砌筑过程中施工单位的技术、质量管理人员应进行过程跟踪检查，及时纠正施工中存在的问题。

9）做好完工后的质量验收工作，评价施工质量等级是否符合要求。

10）总结经验，不断改进和提高砌体工程施工质量水平，并留存改进记录。

引导问题6：砌体质量样板计划怎么做？

运用知识：

工程质量样板引路是提升工程施工质量管理的一种行之有效的做法。通常，对操作工人采取口头、文字等方式进行技术交底和岗前培训往往不能达到应有的效果；同时，多数施工现场并未按一定的程序和要求制作用于指导施工的实物质量样板，使得技术交底、岗前培训、质量检查、质量验收等过程缺乏统一直观的判定尺度。全面推行工程质量样板引路，根据工程实际和样板引路工作方案制作实物质量样板，再配上反映施工过程的现场照片、文字说明，可使技术交底和岗前培训内容更加直观、清晰，易于了解和掌握，同时也提供了直观的质量检查和质量验收的判定尺度，使之成为施工质量管理的一项有效措施，有利于加强对工程施工重要工序、关键环节的质量控制，消除工程质量通病，提高工程质量的整体水平。

砌体工程质量样板引路的工序、部位根据本工程的实际情况可从以下方面选择：

1）有代表性部位的砌体的砌筑方法。

2）有代表性门窗洞口的处理。

3）填充墙底部、顶部的处理。

4）构造柱、水平系梁、过梁的处理。

填充墙砌体工程在施工前应制作实物质量样板。制作实物质量样板时应本着因地制宜、减少费用、直观明了的原则，尽可能结合工程实体进行制作。在施工现场光线充足的区域设置实物质量样板集中展示区，展示独立制作的实物质量样板、建筑材料和配件样板以及文字说明材料等。要保证实物质量样板符合有关技术规范和施工图设计文件的要求，实物质量样板需经施工企业相关部门（或委托该工程项目技术负责人）复核确认，建设单位和监理单位同意后方可用于技术交底、岗前培训和质量验收。砌体实物质量样板如图 2-1 所示。

图 2-1　砌体实物质量样板

引导问题 7：本砌体工程质量创优的细部做法有哪些？

运用知识：

1. 砌块排布

填充墙高 2500mm：[240mm(砌块高) + 15mm(灰缝厚)] ×9 + 120mm(圈梁高) + 53mm(一砖厚) + 10mm(砂浆厚) + 22mm(顶部与梁底预留空隙) = 2500mm。

填充墙长 2700mm：[600mm(砌块长) + 15mm(灰缝厚)] ×4 + 200mm(1/3 砌块长) + 20mm(端部竖向灰缝宽) ×2 = 2700mm。

2. 墙体排布图

墙体排布图如图 2-2 所示，砌体墙实体如图 2-3 所示。

3. 顶部与梁（板）底交接处的处理

施工做法：蒸压加气混凝土砌块填充墙在砌筑至梁（板）底时，顶部应提前预留 20mm 左右的间隙，间隔 14d 后每隔 600mm 加塞一块防腐木楔，然后用 1∶3 干硬性水泥砂浆填塞饱满、密实。

4. 填充墙与混凝土交接竖缝的处理

施工做法：砌体砌筑前，在填充墙与混凝土接触面用界面剂甩浆形成毛面，砌筑时与混凝土的交接竖缝处（缝宽 20mm）用膨胀砂浆嵌填密实，如图 2-4 所示。

5. 钢筋混凝土水平系梁防漏浆

施工做法：将双面海绵胶带粘贴于砌块的上端部，水平系梁支模时应挤紧，以减少砂浆撒漏，如图 2-5 所示。

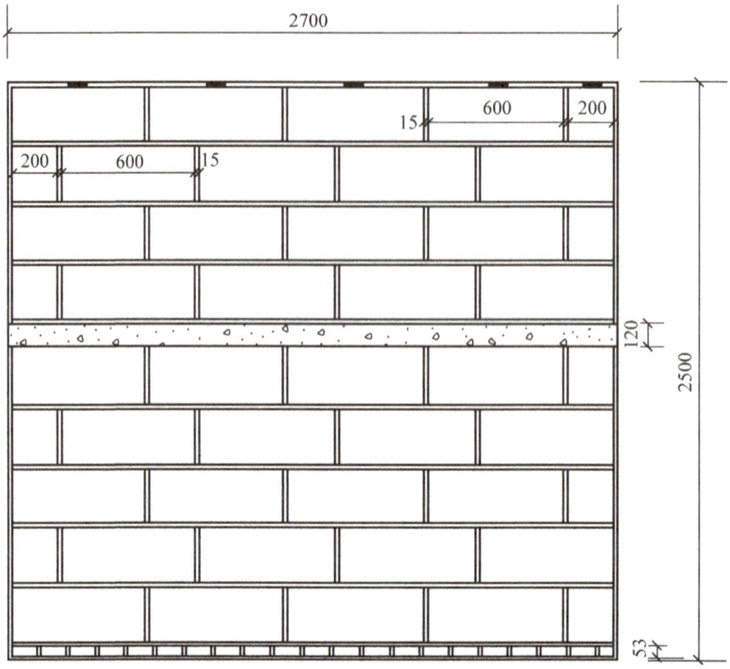

图 2-2　墙体排布图

图 2-3　砌体墙实体

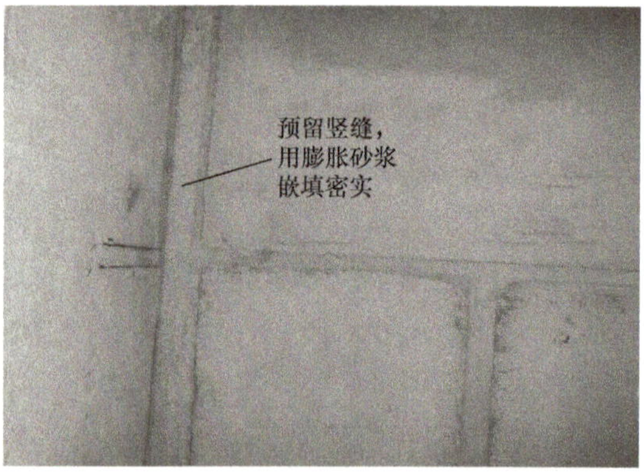

图 2-4　填充墙与混凝土交接竖缝的处理

6. 构造柱马牙槎砌筑、支模、浇筑及实体质量

施工做法：构造柱与砌体连接处砌成马牙槎（图 2-6），马牙槎先退后进，退进尺寸为每边 60mm，高度不大于 300mm。马牙槎在砌筑时要随砌随穿墙孔，穿墙孔的水平距离不大于 600mm，竖向间距不大于 400mm，第一个穿墙孔距板面不大于 200mm。构造柱在支模前，在马牙槎的边缘处粘贴双面海绵胶带，以防漏浆。

图 2-5　圈梁粘贴双面海绵胶带

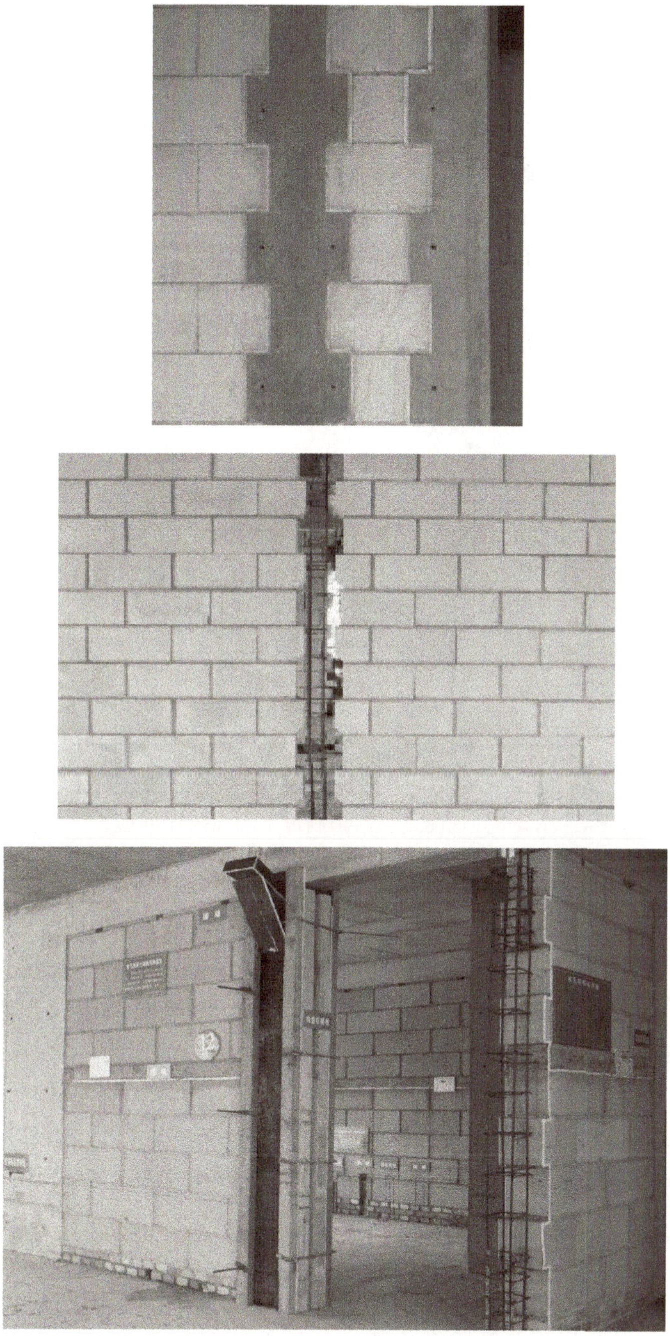

图 2-6　构造柱处砌筑及施工过程和实体图

7. 门窗洞口预埋混凝土预制块

施工做法：根据门窗洞口的尺寸及墙体的材料、规格，现场加工混凝土预制块。施工时按确定的位置随砌随安装预制块，预制块间距在门洞口处不大于 1.2m，在窗洞口处不大于 0.5m。洞口设置混凝土预制块示意如图 2-7 所示。

8. 混凝土过梁中穿线管

施工做法：当有线管穿过过梁时，可采用预制过梁内直接预埋线管或预制过梁内预埋 PVC 导管的方式。根据穿管的位置、规格、数量在过梁底模上开孔或在现浇过梁上预埋套管，开孔或预埋套管的管径应比穿线管大 2mm。开孔或预埋套管的位置应与配电箱上的开孔位置、进管数量、规格相一致。线管应垂直进入配电箱，线管深入过梁下 30mm 固定牢固后补浇混凝土。现浇过梁与预制过梁预埋线管示意如图 2-8 所示。

图 2-7　洞口设置混凝土预制块示意

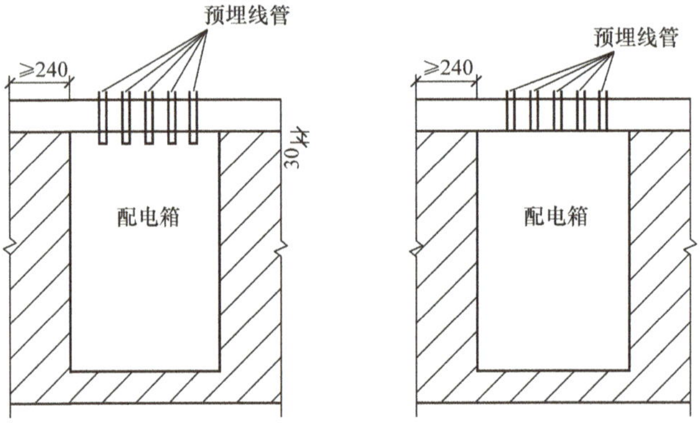

图 2-8　现浇过梁与预制过梁预埋线管示意

9. 墙面管线刻槽及填补

施工做法：在砌体上用切割机进行刻槽，刻槽深度应保证管线埋设后距表面不小于 20mm，且槽宽不大于 100mm。墙面不得开水平槽和斜向槽。线管埋设后用水泥砂浆填补密实，表面与墙面平齐。抹灰前在线槽位置处挂钢丝网，钢丝网每边大于槽宽 100mm。墙面管线埋设及刻槽填补示意如图 2-9 所示。

10. 用水房间墙体底部构造

施工做法：用水房间墙体底部必须设置混凝土挡水台，设计无要求时高度为 200mm（图 2-10），按墙体位置支设模板，与现浇板同时浇筑混凝土挡水台。用水房间楼板支座处翻沿做法如图 2-11 所示。

11. 砌体植筋施工

施工做法：拉结钢筋的植筋孔位应根据块体模数及填充墙的排块设计进行定位。植筋孔洞成孔后，应用毛刷及吹风设备清除孔内粉尘，反复处理不应少于 3 次。注入植筋胶时，不应妨碍孔洞的空气排出，植入钢筋后可有少许胶液溢出。严禁采用钢筋蘸胶后直接塞入孔洞的植入方法。注入植筋胶后，应立即插入钢筋，并应按单一方向边转边插，直至达到规定的深度。植筋胶固化之前，钢筋不得受扰动。填充墙与承重墙、柱、梁的连接钢筋，当采用化学植筋的连接方式时，应进行实体检测，其中锚固钢筋拉拔试验的轴向受拉非破坏承载力检验值应不小于 6.0kN，本工程的实测值均大于 7.2kN。砌体植筋施工如图 2-12 ~ 图 2-15 所示。

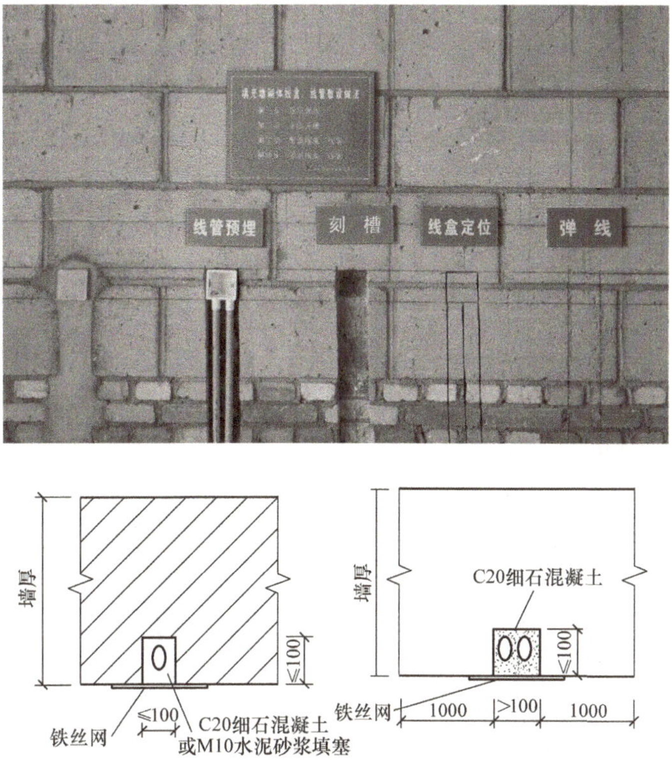

图 2-9　墙面管线埋设及刻槽填补示意

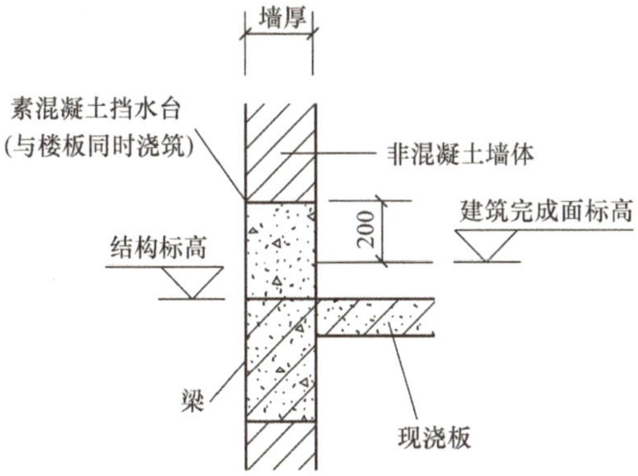

图 2-10　用水房间墙体底部挡水台

图 2-11　用水房间楼板支座处翻沿做法

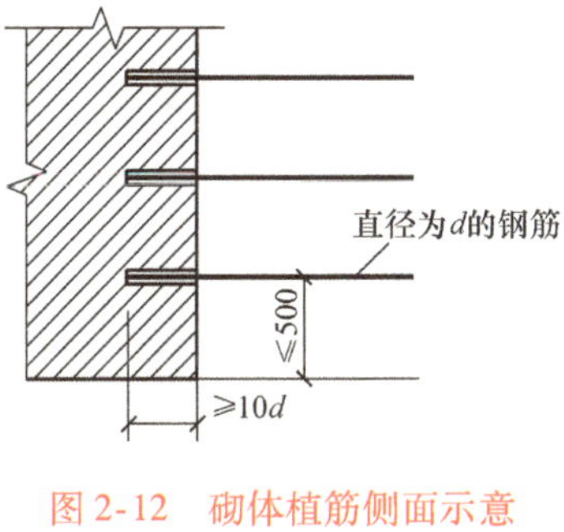

图 2-12　砌体植筋侧面示意

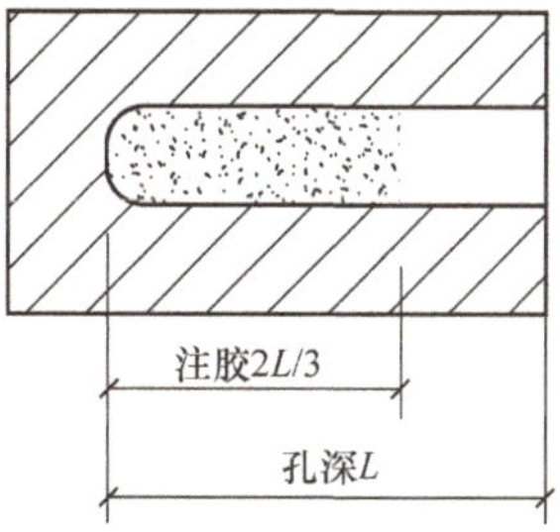

图 2-13　注胶深度示意

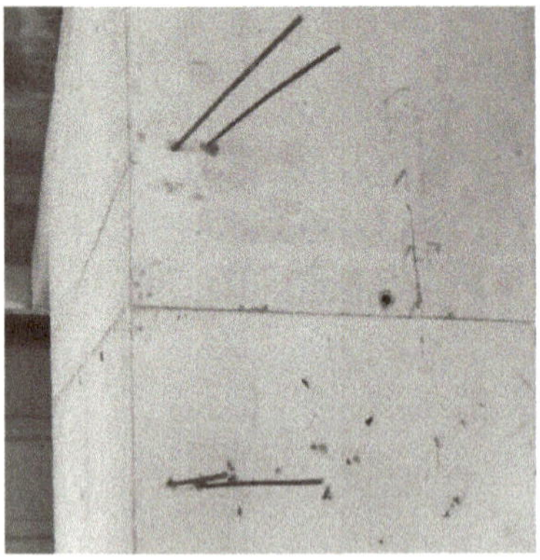

图 2-14　砌体植筋实例

图 2-15　拉结筋拉拔试验实例

12. 砌体穿墙套管预制混凝土砌块应用技术

在砌墙前，利用 BIM 技术进行砌体排列及套管标高定位，按照套管尺寸及对应的砌块皮数进行模具调整，利用再生混凝土进行套管模块制作；制作完成后采用水准仪、红外线水平仪等进行精确定位，并在砌墙过程中将套管模块与砌块皮数进行配合砌筑，使套管模块与砌块的砌筑尺寸相符，底部、顶部应水平统一，要保证套管位置精确，整体美观。预制混凝土砌块套管如图 2-16 所示。

图 2-16　预制混凝土砌块套管

二、教师审查每个小组的工作方案并提出整改建议

指导教师依据《中国建设工程鲁班奖（国家优质工程）评选办法》（2019 年）、创建“鲁班奖”工程实施指南、工程细部做法指导及企业实际案例，审查各小组的方案，提出整改建议。

整改建议记录：

三、各小组进一步优化方案并确定最终方案

最终方案记录：

实践成果

1. 工作情境模拟操作。
2. ××砌体工程质量创优施工指导书。

案例：扫描二维码下载“××砌体工程质量创优施工指导书”。

典型任务 2 砌体工程施工方案编制工作

知识点：

1. 砌体工程有关人力、机械设备的选择和配备。
2. 砌体工程施工工艺。
3. 砌体工程施工方案的编制。

能力（技能）点：

1. 能按照指定的施工任务编制砌体工程施工技术交底记录表。
2. 能够填写砌体工程施工记录。
3. 能根据给定的施工任务编制砌体工程施工方案。

实践目的

1）以实际应用为主，培养学生砌体工程人力、机械设备的选择和配备能力。

2）通过砌体工程施工方案的编制，能对该分部的施工工艺流程进行优化，能进行技术交底和施工记录的填写，能独立编制该分部工程的施工方案。

实践分解任务

1）根据工程实际情况，编制砌体工程人力、机械设备的选择和配备表。

2）根据工程实际情况，优化砌体工程施工工艺。

3）根据工程实际情况，编制砌体工程施工技术交底记录表。

4）根据工程实际情况，能够填写砌体工程施工记录。

5）根据工程实际情况，编制砌体工程施工方案。

实践分组

以小组为单位（6～8 人为一组），在规定时间内完成上述内容。

实践场地

实训室、机房。

实践实施过程

一、编制砌体工程施工方案

引导问题 1：施工方案中的砌体工程概况如何描述？

运用知识：

砌体工程概况应包括工程主要情况、设计简介和工程施工条件等。其中，工程主要情况应包括：分部（分项）工程或专项工程名称，工程参建单位的相关情况，工程的施工范围、施工合同、招标文件或总承包单位对工程施工的重点要求等；设计简介应主要介绍施工范围内的工程设计内容和相关要求；工程施工条件应重点说明与分部（分项）工程或专项工程相关的内容。

引导问题 2：砌体工程如何做好施工安排？

运用知识：

1）工程施工的目标包括进度、质量、安全、环境和成本等，各项目标应满足施工合同、招标文件和总承包单位对工程施工的要求。工程施工顺序及施工流水段应在施工安排中确定。流水施工组织包括各分包队伍的施工任务划分、施工区域划分、流水段划分等，应针对工程的重点和难点进行施工安排，并简述主要管理和技术措施。

2）工程管理的组织机构及岗位职责应在施工安排中确定，并应符合总承包单位的要求。根据分部（分项）工程或专项工程的规模、特点、复杂程度、目标控制和总承包单位的要求设置项目管理机构，该机构中各种专业人员应配备齐全，完善项目管理网络，建立健全岗位责任制。

引导问题 3：砌体工程如何制定施工进度计划？

运用知识：

分部（分项）工程或专项工程的施工进度计划应按照施工安排，并结合总承包单位的施工进度计划进行编制。施工进度计划的编制应内容全面、安排合理、科学实用，在进度计划中应反映出各施工区段或各工序之间的搭接关系、施工期限和开始/结束时间。同时，施工进度计划应能体现和落实总体进度计划的目标控制要求；通过编制分部（分项）工程或专项工程的进度计划，进而可体现总进度计划的合理性。

施工进度计划可采用网络图或横道图表示，并附必要的文字说明。

引导问题 4：砌体工程的施工准备与资源配置计划有哪些？

运用知识：

1）施工准备应包括下列内容：

① 技术准备：包括施工所需技术资料的准备，图纸深化和技术交底的要求，试验检验和测试工作计划，样板制作计划以及与相关单位的技术交接计划，规范、图集、标准、规程的配置，“四新技术”与工法方面的学习等。

② 现场准备：包括生产、生活等临时设施的准备以及与相关单位进行现场交接的计划等。

③ 资金准备：编制资金使用计划等。

2）资源配置计划包括下列内容：

① 劳动力配置计划：确定工程用工量并编制专业工种劳动力计划表，注意与工程总进度计划相对应；劳动力数量要根据定额、经验数据、工期要求等确定；宜用表格或图表的形式直观显示各时段劳动力总数情况。

② 物资配置计划：包括工程材料和设备配置计划、周转材料和施工机具配置计划以及计量、测量和检验仪器配置计划等。

注意，施工方案针对的是分部（分项）工程或专项工程，在施工准备阶段，除了要完成本项工程的施工准备外，还需注重与前后工序的相互衔接。

引导问题5：砌体工程施工方法选择的原则有哪些？对施工工艺有什么要求？

运用知识：

施工方法是指工程施工期间所采用的技术方案、工艺流程、组织措施、检验手段等，它直接影响施工的进度、质量、安全以及工程成本。

1）施工方法选择的原则：

① 方法可行，满足施工工艺要求。

② 符合法律法规、技术标准、规范的要求。

③ 与选择的施工机械和流水组织、进度计划相协调。

2）施工工艺要求：

① 明确砌体工程施工方法并进行必要的技术核算，对主要分项工程（工序）应明确施工工艺要求。

② 对易发生质量通病、易出现安全问题、施工难度大、技术含量高的分项工程（工序）应做出重点说明。

③ 对开发和使用的新技术、新工艺以及采用的新材料、新设备应通过必要的试验或论证并制订实施计划。

④ 对工程中推广应用的新技术、新工艺、新材料和新设备，既可以采用目前国家和地方推广的，也可以根据工程具体情况由企业自主创新。

⑤ 对于企业自主创新的技术和工艺，要制订理论和试验研究实施方案，并进行鉴定和评价工作。

⑥ 对季节性施工应提出具体要求，应根据施工地点的实际气候特点提出具有针对性的施工措施。在施工过程中，还应根据气象部门的预报资料对具体措施进行细化。

引导问题6：砌体工程成品保护措施有哪些？

运用知识：

1）墙体拉结筋、抗震构造钢筋、大模板混凝土墙体钢筋及各种预埋件、暖卫管线、电气管线等，均应注意保护，不得任意拆改或损坏。

2）砂浆稠度应适宜，砌墙时应防止砂浆溅污墙面。

3）在吊放平台脚手架或安装大模板时，指挥人员和起重机司机要认真指挥和操作，防止碰撞已砌好的砖墙。

4）砌筑清水墙体时，在进料口周围应用塑料薄膜或木板等遮盖，以保持墙面洁净。

5）尚未安装楼板或屋面板的墙和柱，当可能遇到大风时，应采取临时支撑等措施，以保证施工中墙体的稳定性。

6）雨期施工时，应有防止基槽浸水和雨水冲刷砂浆的措施；砂浆的稠度应适当减小；每日的砌筑高度不宜超过1.2m，收工时砌体表面应加以覆盖。

7）冬期施工时，砖、石材料应清除冰霜；石灰膏等应防止受冻；采用掺盐抗冻砂浆砌筑，掺盐量、材料加热温度应符合冬期施工技术措施的规定；砂浆的使用温度不应低于5℃。

8）砌块在装运过程中应轻装轻放，计算好每处用量，分别整齐码放。

9）门框安装后，施工时应将门框两侧300～600mm高度范围内钉薄钢板进行保护，防止手推车撞坏。

10）落地的砂浆应及时清除干净，以免与地面黏结，影响地坪施工。构造柱钢筋、圈梁钢筋及板缝钢筋如采用预制钢筋骨架时，应在现场指定地点垫平堆放。

11）往楼板上临时吊放钢筋时，应清理好存放地点垫平放置，以免变形。

12）钢筋在堆放过程中，要保持钢筋表面洁净，不允许有油渍、泥土或其他杂物沾染钢筋；钢筋的储存期不宜过久，以防锈蚀。

13）避免踩踏、碰动已绑好的钢筋；绑扎构造钢筋和圈梁钢筋时，不得将砖墙上的砖和梁底砖碰松动。

14）浇筑混凝土时，不得沾染清水砖墙面。

15）振捣混凝土时，不得碰动钢筋、预埋件。

16）钢筋有踩弯、移位或脱扣时，应及时调整、补好。

17）散落在楼板上的混凝土应及时清理干净。砌块运输和堆放时，应轻吊轻放，空心小型砌块的堆放高度不得超过1.6m，堆垛之间应保持适当的通道。

18）砌块和楼板吊装就位时，要避免冲击已完工的墙体。

19）加气混凝土砌块墙上不得留脚手眼，搭拆脚手架时不得碰撞已砌好的墙体和门窗边角。

20）在加气混凝土墙上剔凿设备孔洞、槽时，应轻凿，要保持砌块完整。砌块如有松动或损坏，应进行补强处理。

21）水电和室内设备安装时，应注意保护墙体，不得随意凿洞。

22）雨期施工应有防雨措施，不得使用湿砌块。雨后施工时，应复核墙体的垂直度。

引导问题7：砌体工程的施工管理计划有哪些？

运用知识：

砌体工程的施工管理计划应包括进度管理计划、质量管理计划、安全管理计划、环境管理计划、成本管理计划以及其他管理计划等内容。各项管理计划的制订，应根据项目的特点有所侧重。

引导问题8：砌体工程现场处置方案应如何编制？

运用知识：

现场处置方案是指生产经营单位根据不同生产安全事故的类型，针对具体场所、装置或者设施所制定的应急处置措施。现场处置方案重点规定事故风险的描述、应急工作职责、应急处置措施和注意事项，应体现自救互救、信息报告和先期处置的特点。事故风险单一、危险性小的生产经营单位，可只编制现场处置方案。

砌体工程现场处置方案的内容具体如下：

1）事故风险的描述：简述事故风险评估的结果（可用列表的形式列在附件中）。

2）应急工作职责：明确应急组织分工和职责。

3）应急处置措施包括但不限于下列内容：

① 应急处置程序：根据可能发生的事故及现场情况，明确事故报警、各项应急措施启动、应急救护人员的引导、事故扩大及同生产经营单位应急预案的衔接程序。

② 现场应急处置措施：针对可能发生的事故从人员救护、工艺操作、事故控制、消防、现场恢复等方面制定明确的应急处置措施。

③ 明确报警负责人、报警电话，上级管理部门、相关应急救援单位的联络方式和联系

人员，以及事故报告的基本要求和内容。

4）注意事项：包括人员防护和自救互救、装备使用、现场安全等方面的内容。

二、教师审查每个小组工作方案并提出整改建议

指导教师依据《建筑施工组织设计规范》（GB/T 50502—2009）、《建设工程项目管理规范》（GB/T 50326—2017）、企业标准等审查各小组的砌体工程施工方案，提出整改建议。

整改建议记录：

三、各小组进一步优化方案并确定最终方案

最终方案记录：

实践成果

1）工作情境模拟操作。

2）××工程砌体工程施工方案。

案例：扫描二维码下载“××工程砌体工程施工方案”。

典型任务 3 砌体分部工程项目验收工作

知识点：

1. 砌体分部工程竣工验收的标准、规范。
2. 砌体分部工程施工质量验收。

能力（技能）点：

1. 能够按照施工质量验收规范填写砌体工程施工质量验收检查表。
2. 能应用施工质量验收规范对砌体分部工程进行质量检查，达到质量验收规范的要求。
3. 能根据给定的施工任务组织相关责任单位进行砌体分部工程项目验收工作。

实践目的

1）以实际应用为主，培养学生职业素养，提高规范意识。

2）熟悉砌体分部工程施工规范、质量验收规范，对砌体分部工程能进行质量验收评定。

实践分解任务

1）了解砌体分部工程质量验收的术语、程序、规定等。

2）熟悉砌体分部工程施工质量控制标准。

3）熟悉砌体分部工程施工质量验收规范。

实践分组

以小组为单位（6~8 人为一组），在规定时间内完成上述内容。

实践场地

实训室、机房。

实践实施过程

一、制订砌体分部工程验收方案

引导问题 1：砌体分部工程质量验收的相关术语主要有哪些？

运用知识：

1）检验：对被检验项目的特征、性能进行量测、检查、试验等，并将结果与标准规定的要求进行比较，以确定项目的每项性能是否合格。

2）进场检验：对进入施工现场的建筑材料、构（配）件、设备及器具，按相关标准的要求进行检验，并对其质量、规格及型号等是否符合要求做出确认。

3）见证检验：施工单位在工程监理单位或建设单位的见证下，按照有关规定从施工现场随机抽取试样，送至具备相应资质的检测机构进行检验。

4）复验：建筑材料、设备等进入施工现场后，在外观质量检查和质量证明文件核查符合要求的基础上，按照有关规定从施工现场抽取试样送至实验室进行检验。

5）检验批：按相同的生产条件或按规定的方式汇总起来供抽样检验用的、由一定数量样本组成的检验体。

6）主控项目：建筑工程中对安全、节能、环境保护和主要使用功能起决定性作用的检验项目。

7）一般项目：除主控项目以外的检验项目。

8）验收：建筑工程质量在施工单位自行检查合格的基础上，由工程质量验收责任方组织，工程建设相关单位参加，对检验批、分项工程、分部工程、单位工程及其隐蔽工程的质量进行抽样检验，对技术文件进行审核，并根据设计文件和相关标准以书面形式对工程质量是否达到合格做出确认。

引导问题 2：建筑工程施工质量控制是如何规定的?

运用知识：

1）建筑工程采用的主要材料、半成品、成品、建筑构（配）件、器具和设备应进行进场检验。凡涉及安全、节能、环境保护和主要使用功能的重要材料、产品，应按各专业工程施工规范、验收规范和设计文件等的规定进行复验，并应经监理工程师检查认可。

2）各施工工序应按施工技术标准进行质量控制，每道施工工序完成后，应经施工单位自检符合规定后才能进行下道工序施工。各专业工种之间的相关工序应进行交接检验，并应记录。对监理单位提出检查要求的重要工序，应经监理工程师检查认可后才能进行下道工序施工。

3）符合下列条件之一时，可按相关专业验收规范的规定适当调整抽样复验、试验的数量，调整后的抽样复验、试验的方案应由施工单位编制，并报监理单位审核确认：

① 同一项目中由相同施工单位施工的多个单位工程，使用同一生产厂家的同品种、同规格、同批次的材料、构（配）件、设备。

② 同一施工单位在现场加工的成品、半成品、构（配）件用于同一项目中的多个单位工程。

③ 在同一项目中，针对同一抽样对象已有检验成果可以重复利用。

4）当专业验收规范对工程中的验收项目未做出相应规定时，应由建设单位组织监理、设计、施工等相关单位制定专项验收要求。涉及安全、节能、环境保护等项目的专项验收要求应由建设单位组织专家论证。

5）建筑工程施工质量应按下列要求进行验收：

① 工程质量验收均应在施工单位自检合格的基础上进行。

② 参加工程施工质量验收的各方人员应具备相应的资格。

③ 检验批的质量应按主控项目和一般项目验收。

④ 对涉及结构安全、节能、环境保护和主要使用功能的试块、试件及材料，应在进场时或施工中按规定进行见证检验。

⑤ 隐蔽工程在隐蔽前应由施工单位通知监理单位进行验收，并应形成验收文件，验收合格后方可继续施工。

⑥ 对涉及结构安全、节能、环境保护和使用功能的重要分部工程，应在验收前按规定

进行抽样检验。

⑦ 工程的观感质量应由验收人员现场检查，并应共同确认。

6）建筑工程施工质量验收合格应符合下列规定：

① 符合工程勘察、设计文件的要求。

② 符合相关专业验收规范的规定。

引导问题3：建筑工程质量是如何进行验收划分的？

运用知识：

1）建筑工程施工质量验收应划分为单位工程、分部工程、分项工程和检验批。

2）单位工程应按下列原则划分：

① 具备独立施工条件并能形成独立使用功能的建筑物或构筑物为一个单位工程。

② 对于规模较大的单位工程，可将其能形成独立使用功能的部分划分为一个子单位工程。

3）分部工程应按下列原则划分：

① 可按专业性质、工程部位确定。

② 当分部工程较大或较复杂时，可按材料种类、施工特点、施工程序、专业系统及类别将分部工程划分为若干个子分部工程。

4）分项工程可按主要工种、材料、施工工艺、设备类别进行划分。

5）检验批可根据施工、质量控制和专业验收的需要，按工程量、楼层、施工段、变形缝进行划分。

6）施工前，应由施工单位制订分项工程和检验批的划分方案，并由监理单位审核。

7）以砌体结构为主体结构分部的子分部工程，砖砌体、混凝土小型空心砌块砌体、石砌体、配筋砌体、填充墙砌体划分为分项工程。

引导问题4：砌体工程质量验收的规定有哪些？

运用知识：

1）检验批质量验收合格应符合下列规定：

① 主控项目的质量经抽样检验均应合格。

② 一般项目的质量经抽样检验合格。当采用计数抽样时，合格点率应符合有关专业验收规范的规定，且不得存在严重缺陷。

③ 具有完整的施工操作依据、质量验收记录。

2）分项工程质量验收合格应符合下列规定：

① 所含检验批的质量均应验收合格。

② 所含检验批的质量验收记录应完整。

3）分部工程质量验收合格应符合下列规定：

① 所含分项工程的质量均应验收合格。

② 质量控制资料应完整。

③ 有关安全、节能、环境保护和主要使用功能的抽样检验结果应符合相应规定。

④ 观感质量应符合要求。

4）当建筑工程施工质量不符合要求时，应按下列规定进行处理：

① 经返工或返修的检验批，应重新进行验收。

② 经有资质的检测机构检测鉴定能够达到设计要求的检验批，应予以验收。

③ 经有资质的检测机构检测鉴定达不到设计要求，但经原设计单位核算认可能够满足安全和使用功能的检验批，可予以验收。

④ 经返修或加固处理的分项工程、分部工程，满足安全及使用功能要求时，可按技术处理方案和协商文件的要求予以验收。

5）工程质量控制资料应齐全完整；当部分资料缺失时，应委托有资质的检测机构按有关标准进行相应的实体检验或抽样试验。

6）经返修或加固处理仍不能满足安全或重要使用要求的分部工程及单位工程，严禁验收。

引导问题 5：砌体工程质量验收如何组织？

运用知识：

1）检验批应由专业监理工程师组织施工单位项目专业质量检查员、专业工长等人员进行验收。

2）分项工程应由专业监理工程师组织施工单位项目专业技术负责人等人员进行验收。

3）分部工程应由总监理工程师组织施工单位项目负责人和项目技术负责人等人员进行验收。

4）设计单位项目负责人和施工单位的技术部门负责人、质量部门负责人应参加主体结构砌体工程的验收。

引导问题 6：砌体工程的质量标准与验收内容有哪些？

运用知识：

1. 砖砌体工程质量标准

1）砖和砂浆的强度等级必须符合设计要求。

抽检数量：每一生产厂家的砖到现场后，按烧结砖 15 万块、烧结多孔砖、灰砂砖及粉煤灰砖 10 万块各为一个验收批，抽检数量为 1 组。砂浆试块的抽检数量执行《砌体结构工程施工质量验收规范》（GB 50203—2011）的有关规定。

检验方法：检查砖和砂浆试块的试验报告。

2）砌体水平灰缝的砂浆饱满度不得小于 80%；砖柱水平灰缝和竖向灰缝的饱满度不得低于 90%。

抽检数量：每检验批抽查不应少于 5 处。

检验方法：用百格网检查砖底面与砂浆的黏结痕迹面积。每处检测 3 块砖，取其平均值。

3）砖砌体的转角处和交接处应同时砌筑，严禁无可靠措施的内外墙分砌施工。对不能同时砌筑而又必须留置的临时间断处应砌成斜槎，斜槎水平投影长度不小于高度的 2/3。

抽检数量：每检验批抽查 20% 的接槎，且不应少于 5 处。

检验方法：观察检查。

4）非抗震设防及抗震设防烈度为 6 度、7 度地区的临时间断处，当不能留斜槎时，除转角处外可留直槎，但直槎必须做成凸槎。留直槎处应加设拉结筋，拉结筋的数量为每 120mm 墙厚放置 1ϕ6 拉结筋（120mm 厚墙放置 2ϕ6 拉结筋），间距沿墙高不应超过 500mm。拉结筋的埋入长度从留槎处算起每边均不应小于 500mm；对抗震设防烈度为 6 度、7 度的地区，不应小于 1000mm。拉结筋末端应有 90°弯钩。

抽检数量：每检验批抽查 20% 的接槎，且不应少于 5 处。

检验方法：观察和尺量检查。

合格标准：留槎正确，拉结筋设置数量、直径正确，竖向间距偏差不超过100mm，留置长度基本符合规定。

5）砖砌体的位置及垂直度允许偏差应符合表2-2的规定。

表2-2　砖砌体的位置及垂直度允许偏差

项次	项目			允许偏差	检验方法
1	轴线位置偏移			10mm	用经纬仪和尺检查或用其他测量仪器检查
2	垂直度	每层		5mm	用2m托线板检查
		全高	≤10m	10mm	用经纬仪、吊线和尺检查，或用其他测量仪器检查
			>10m	20mm	

抽检数量：轴线查全部承重墙（柱）；外墙垂直度全高查阳角，不应少于4处，每层每20m查一处；内墙按有代表性的自然间抽查10%，但不应少于3间，每间不应少于2处，柱不少于5根。

检验方法：见表2-2。

6）砖砌体组砌方法应正确，应上下错缝、内外搭砌，砖柱不得采用包心砌法。

抽检数量：外墙每20m抽查一处，每处检查3~5m，且不应少于3处；内墙按有代表性的自然间抽查10%，但不应少于3间。

检验方法：观察检查。

合格标准：除符合本条要求外，清水墙、窗间墙无通缝；混水墙中长度大于或等于300mm的通缝每间不超过3处，且不得位于同一面墙体上。

7）砖砌体的灰缝应横平竖直、厚薄均匀；水平灰缝厚度宜为10mm，但不应小于8mm，也不应大于12mm。

抽检数量：每步脚手架施工的砌体，每20m抽查1处。

检验方法：用尺量10皮砖砌体高度折算。

8）砖砌体的一般尺寸允许偏差及检验方法应符合表2-3的规定。

表2-3　砖砌体的一般尺寸允许偏差及检验方法

项次	项目		允许偏差/mm	检验方法	抽检数量
1	基础、墙、柱顶面标高		±15	用水平仪和尺检查	不应少于5处
2	表面平整度	清水墙、柱	5	用2m靠尺和楔形塞尺检查	有代表性的自然间抽查10%，但不应少于3间，每间不应少于2处
		混水墙、柱	8		
3	门窗洞口高、宽（后塞口）		±10	用尺检查	检验批洞口的10%，且不应少于5处
4	外墙上下窗口偏移		20	以底层窗口为准，用经纬仪或吊线检查	检验批洞口的10%，且不应少于5处
5	水平灰缝平直度	清水墙	7	拉5m线和尺检查	有代表性的自然间抽查10%，但不应少于3间，每间不应少于2处
		混水墙	10		
6	清水墙游丁走缝		20	吊线和尺检查，以每层第一皮砖为准	有代表性的自然间抽查10%，但不应少于3间，每间不应少于2处

2. 砖砌体工程质量验收

1）验收应具备的条件：工程完工后，在班组自检合格的基础上，由专职质检员检验后报监理工程师认可，监理工程师（建设单位项目专业技术负责人）组织项目专业质量检查员进行验收。

2）验收应具备的资料：

① 原材料进场合格证明文件或检测报告，以及材料进场复试报告。

② 砂浆强度配合比通知单。

③ 其他完整的施工操作记录及质量检查记录。

3）砖砌体工程检验批质量验收记录表见表 2-4。

表 2-4　砖砌体工程检验批质量验收记录表

工程名称		分项工程名称		验收部位	
施工单位				项目经理	
施工执行标准名称及编号	《砌体结构工程施工质量验收规范》（GB 50203—2011）			专业工长	
分包单位				施工班组长	

质量验收规范的规定			施工单位检查评定记录	监理（建设）单位验收记录
主控项目	1. 砖强度等级	设计要求　MU		
	2. 砂浆强度等级	设计要求　M		
	3. 斜槎留置	5.2.3 条		
	4. 转角、交接处	5.2.3 条		
	5. 直槎拉结钢筋及接槎处理	5.2.4 条		
	6. 砂浆饱满度	≥80%（墙）		
		≥90%（柱）		
一般项目	1. 轴线位移	≤10mm		
	2. 垂直度（每层）	≤5mm		
	3. 组砌方法	5.3.1 条		
	4. 水平灰缝厚度	5.3.2 条		
	5. 竖向灰缝宽度	5.3.2 条		
	6. 基础、墙、柱顶面标高	±15mm 以内		
	7. 表面平整度	≤5mm（清水）		
		≤8mm（混水）		
	8. 门窗洞口高、宽（后塞口）	±10mm 以内		
	9. 窗口偏移	≤20mm		
	10. 水平灰缝平直度	≤7mm（清水）		
		≤10mm（混水）		
	11. 清水墙游丁走缝	≤20mm		

施工单位检查结果评定	项目专业质量检查员：　　　　项目专业质量（技术）负责人： 年　月　日
监理（建设）单位验收结论	监理工程师： （建设单位项目工程师） 年　月　日

3. 混凝土小型空心砌块砌体工程质量标准

1）混凝土小型空心砌块和砂浆的强度等级必须符合设计要求。

抽检数量：每一个生产厂家，每1万块混凝土小型空心砌块至少应抽检一组。用于多层以上基础和底层的混凝土小型空心砌块的抽检数量不应少于2组。砂浆试块的抽检数量执行《砌体结构工程施工质量验收规范》（GB 50203—2011）的有关规定。

检验方法：检查混凝土小型空心砌块和砂浆试块的试验报告。

2）砌体水平灰缝和竖向灰缝的砂浆饱满度，按净面积计算不得低于90%。

抽检数量：每检验批不应少于3处。

检验方法：用专用百格网检测混凝土小型空心砌块与砂浆的黏结痕迹，每处检测3块混凝土小型空心砌块，取其平均值。

3）墙体转角处和纵横墙交接处应同时砌筑。临时间断处应砌成斜槎，斜槎水平投影长度不应小于斜槎高度。

抽检数量：每检验批抽查20%的接槎，且不应少于5处。

检验方法：观察检查。

4）砌体的轴线偏移和垂直度偏差应按《砌体结构工程施工质量验收规范》（GB 50203—2011）的规定执行。

5）墙体的水平灰缝厚度和竖向灰缝宽度为10mm，但不应大于12mm，也不应小于8mm。

抽检数量：每层楼的检测点不应少于3处。

检验方法：用尺量5皮小砌块的高度和2m砌体长度进行折算。

6）混凝土小型空心砌块墙体的一般尺寸允许偏差应按《砌体结构工程施工质量验收规范》（GB 50203—2011）的规定执行。

4. 混凝土小型空心砌块砌体工程质量验收

1）验收应具备的条件：工程完工后，在班组自检合格的基础上，由专职质检员检验后报监理工程师认可，监理工程师（建设单位项目专业技术负责人）组织项目专业质量检查员进行验收。

2）验收应具备的资料：

① 原材料进场合格证明文件或检测报告，以及材料进场复试报告。

② 砂浆强度配合比通知单。

③ 其他完整的施工操作记录及质量检查记录。

3）混凝土小型空心砌块砌体工程检验批质量验收记录表见表2-5。

表 2-5　混凝土小型空心砌块砌体工程检验批质量验收记录表

<table>
<tr><td colspan="2">工程名称</td><td></td><td colspan="5">分项工程名称</td><td colspan="5"></td><td>验收部位</td><td></td></tr>
<tr><td colspan="2">施工单位</td><td colspan="11"></td><td>项目经理</td><td></td></tr>
<tr><td colspan="2">施工执行标准
名称及编号</td><td colspan="11">《砌体结构工程施工质量验收规范》（GB 50203—2011）</td><td>专业工长</td><td></td></tr>
<tr><td colspan="2">分包单位</td><td colspan="11"></td><td>施工班组长</td><td></td></tr>
<tr><td colspan="3">质量验收规范的规定</td><td colspan="10">施工单位检查评定记录</td><td colspan="2">监理（建设）单位验收记录</td></tr>
<tr><td rowspan="10">主控项目</td><td>1. 小砌块强度等级</td><td>设计要求　MU</td><td colspan="10"></td><td rowspan="10" colspan="2"></td></tr>
<tr><td>2. 砂浆强度等级</td><td>设计要求　M</td><td colspan="10"></td></tr>
<tr><td>3. 混凝土强度等级</td><td>设计要求　C</td><td colspan="10"></td></tr>
<tr><td>4. 转角、交接处</td><td>6.2.3 条</td><td colspan="10"></td></tr>
<tr><td>5. 斜槎留置</td><td>6.2.3 条</td><td colspan="10"></td></tr>
<tr><td>6. 施工洞口砌法</td><td>6.2.3 条</td><td colspan="10"></td></tr>
<tr><td>7. 芯柱贯通楼盖</td><td>6.2.4 条</td><td colspan="10"></td></tr>
<tr><td>8. 芯柱混凝土灌实</td><td>6.2.4 条</td><td colspan="10"></td></tr>
<tr><td>9. 水平缝饱满度</td><td>≥90%</td><td></td><td></td><td></td><td></td><td></td><td></td><td></td><td></td><td></td><td></td></tr>
<tr><td>10. 竖向缝饱满度</td><td>≥90%</td><td></td><td></td><td></td><td></td><td></td><td></td><td></td><td></td><td></td><td></td></tr>
<tr><td rowspan="11">一般项目</td><td>1. 轴线位移</td><td>≤10mm</td><td></td><td></td><td></td><td></td><td></td><td></td><td></td><td></td><td></td><td></td><td rowspan="11" colspan="2"></td></tr>
<tr><td>2. 垂直度（每层）</td><td>≤5mm</td><td></td><td></td><td></td><td></td><td></td><td></td><td></td><td></td><td></td><td></td></tr>
<tr><td>3. 水平灰缝厚度</td><td>8～12mm</td><td></td><td></td><td></td><td></td><td></td><td></td><td></td><td></td><td></td><td></td></tr>
<tr><td>4. 竖向灰缝宽度</td><td>8～12mm</td><td></td><td></td><td></td><td></td><td></td><td></td><td></td><td></td><td></td><td></td></tr>
<tr><td>5. 顶面标高</td><td>±15mm 以内</td><td></td><td></td><td></td><td></td><td></td><td></td><td></td><td></td><td></td><td></td></tr>
<tr><td rowspan="2">6. 表面平整度</td><td>≤5mm（清水）</td><td></td><td></td><td></td><td></td><td></td><td></td><td></td><td></td><td></td><td></td></tr>
<tr><td>≤8mm（混水）</td><td></td><td></td><td></td><td></td><td></td><td></td><td></td><td></td><td></td><td></td></tr>
<tr><td>7. 门窗洞口</td><td>±10mm 以内</td><td></td><td></td><td></td><td></td><td></td><td></td><td></td><td></td><td></td><td></td></tr>
<tr><td>8. 窗口偏移</td><td>≤20mm</td><td></td><td></td><td></td><td></td><td></td><td></td><td></td><td></td><td></td><td></td></tr>
<tr><td rowspan="2">9. 水平灰缝平直度</td><td>≤7mm（清水）</td><td></td><td></td><td></td><td></td><td></td><td></td><td></td><td></td><td></td><td></td></tr>
<tr><td>≤10mm（混水）</td><td></td><td></td><td></td><td></td><td></td><td></td><td></td><td></td><td></td><td></td></tr>
<tr><td colspan="2">施工单位检查
结果评定</td><td colspan="13">项目专业
质量检查员：　　　　项目专业质量
（技术）负责人：
年　月　日</td></tr>
<tr><td colspan="2">监理（建设）
单位验收结论</td><td colspan="13">监理工程师：
（建设单位项目工程师）
年　月　日</td></tr>
</table>

5. 石砌体工程质量标准

1）石材及砂浆强度等级必须符合设计要求。

抽检数量：同一产地的石材至少应抽检一组。砂浆试块的抽检数量满足《砌体结构工程施工质量验收规范》（GB 50203—2011）的规定。

检验方法：料石材料检查产品质量证明书，石材、砂浆检查试块试验报告。

2）砌体灰缝的砂浆饱满度不应小于 80%。

抽检数量：每检验批抽查不应少于 5 处。

检验方法：观察检查。

3）石砌体的轴线位置及垂直度允许偏差应符合表 2-6 的规定。

表 2-6　石砌体的轴线位置及垂直度允许偏差

<table>
<tr><th rowspan="4">项次</th><th rowspan="4" colspan="2">项目</th><th colspan="7">允许偏差/mm</th><th rowspan="4">检验方法</th></tr>
<tr><th colspan="2">毛石砌体</th><th colspan="5">料石砌体</th></tr>
<tr><th rowspan="2">基础</th><th rowspan="2">墙</th><th colspan="2">毛料石</th><th colspan="2">粗料石</th><th>细料石</th></tr>
<tr><th>基础</th><th>墙</th><th>基础</th><th>墙</th><th>墙、柱</th></tr>
<tr><td>1</td><td colspan="2">轴线位置</td><td>20</td><td>15</td><td>20</td><td>15</td><td>15</td><td>10</td><td>10</td><td>用经纬仪和尺检查，或用其他测量仪器检查</td></tr>
<tr><td>2</td><td colspan="2">基础和墙砌体顶面标高</td><td>±25</td><td>±15</td><td>±25</td><td>±15</td><td>±15</td><td>±15</td><td>±10</td><td>用水准仪和尺检查</td></tr>
<tr><td>3</td><td colspan="2">砌体厚度</td><td>+30</td><td>+20
-10</td><td>+30</td><td>+20
-10</td><td>+15</td><td>+10
-5</td><td>+10
-5</td><td>用尺检查</td></tr>
<tr><td rowspan="2">4</td><td rowspan="2">墙面垂直度</td><td>每层</td><td>—</td><td>20</td><td>—</td><td>20</td><td>—</td><td>10</td><td>7</td><td rowspan="2">用经纬仪、吊线和尺检查，或用其他测量仪器检查</td></tr>
<tr><td>全高</td><td>—</td><td>30</td><td>—</td><td>30</td><td>—</td><td>25</td><td>10</td></tr>
<tr><td rowspan="2">5</td><td rowspan="2">表面平整度</td><td>清水墙、柱</td><td>—</td><td>—</td><td>—</td><td>20</td><td>—</td><td>10</td><td>5</td><td rowspan="2">细料石用 2m 靠尺和楔形塞尺检查，其他用两根直尺垂直于灰缝拉 2m 线和尺检查</td></tr>
<tr><td>混水墙、柱</td><td>—</td><td>—</td><td>—</td><td>20</td><td>—</td><td>15</td><td>—</td></tr>
<tr><td>6</td><td colspan="2">清水墙水平灰缝平直度</td><td>—</td><td>—</td><td>—</td><td>—</td><td>—</td><td>10</td><td>5</td><td>拉 10m 线和尺检查</td></tr>
</table>

抽检数量：对于外墙，按楼层（或 4m 高以内）每 20m 抽查 1 处，每处取 3 延长米，但不应少于 3 处；对于内墙，按有代表性的自然间抽查 10%，但不应少于 3 间，每间不应少于 2 处，柱子不应少于 5 根。

检验方法：观察检查。

4）石砌体的一般尺寸允许偏差及检验方法应符合表2-7的规定。

表2-7　石砌体的一般尺寸允许偏差及检验方法

<table>
<tr><th rowspan="4">项次</th><th rowspan="4" colspan="2">项目</th><th colspan="7">允许偏差/mm</th><th rowspan="4">检验方法</th></tr>
<tr><th colspan="2" rowspan="2">毛石砌体</th><th colspan="5">料石砌体</th></tr>
<tr><th colspan="2">毛料石</th><th colspan="2">粗料石</th><th>细料石</th></tr>
<tr><th>基础</th><th>墙</th><th>基础</th><th>墙</th><th>基础</th><th>墙</th><th>墙、柱</th></tr>
<tr><td>1</td><td colspan="2">基础和墙砌体顶面标高</td><td>±25</td><td>±15</td><td>±25</td><td>±15</td><td>±15</td><td>±15</td><td>±10</td><td>用水准仪和尺检查</td></tr>
<tr><td>2</td><td colspan="2">砌体厚度</td><td>+30</td><td>+20
-10</td><td>+30</td><td>+20
-10</td><td>+15</td><td>+10
-5</td><td>+10
-5</td><td>用尺检查</td></tr>
<tr><td rowspan="2">3</td><td rowspan="2">表面平整度</td><td>清水墙、柱</td><td>—</td><td>20</td><td>—</td><td>20</td><td>—</td><td>10</td><td>5</td><td rowspan="2">细料石用2m靠尺和楔形塞尺检查，其他用两块直尺垂直于灰缝拉2m线和尺检查</td></tr>
<tr><td>混水墙、柱</td><td>—</td><td>20</td><td>—</td><td>20</td><td>—</td><td>15</td><td>—</td></tr>
<tr><td>4</td><td colspan="2">清水墙水平灰缝平直度</td><td>—</td><td>—</td><td>—</td><td>—</td><td>—</td><td>10</td><td>5</td><td>拉10m线和尺检查</td></tr>
</table>

抽检数量：对于外墙，按楼层（或4m高以内）每20抽查1处，每处取3延长米，但不应少于3处；对于内墙，按有代表性的自然间抽查10%，但不应少于3间，每间不应少于2处，柱子不应少于5根。

检验方法：观察检查。

5）石砌体的组砌形式应符合下列规定：

① 内外搭砌，上下错缝，拉结石、丁砌石交错设置。

② 毛石墙的拉结石每0.7m^2墙面不应少于1块。

抽检数量：对于外墙，按楼层（或4m高以内）每20m抽查1处，每处取3延长米，但不应少于3处；对于内墙，按有代表性的自然间抽查10%，但不应少于3间。

检验方法：观察检查。

6. 石砌体工程质量验收

1）验收应具备的条件：工程完工后，在班组自检合格的基础上，由专职质检员检验后报监理工程师认可，监理工程师（建设单位项目专业技术负责人）组织项目专业质量检查员进行验收。

2）验收应具备的资料：

① 原材料进场合格证明文件或检测报告，以及材料进场复试报告。

② 砂浆强度配合比通知单。

③ 其他完整的施工操作记录及质量检查记录。

3）石砌体工程检验批质量验收记录见表 2-8。

表 2-8 石砌体工程检验批质量验收记录

工程名称			分项工程名称	验收部位	
施工单位				项目经理	
施工执行标准名称及编号	《砌体结构工程施工质量验收规范》（GB 50203—2011）			专业工长	
分包单位				施工班组长	
质量验收规范的规定			施工单位检查评定记录	监理（建设）单位验收记录	
主控项目	1. 石材强度等级	设计要求 MU			
	2. 砂浆强度等级	设计要求 M			
	3. 砂浆饱满度	≥80%			
一般项目	1. 轴线位移	7.3.1 条			
	2. 砌体顶面标高	7.3.1 条			
	3. 砌体厚度	7.3.1 条			
	4. 垂直度（每层）	7.3.1 条			
	5. 表面平整度	7.3.1 条			
	6. 水平灰缝平直度	7.3.1 条			
	7. 组砌形式	7.3.2 条			
施工单位检查结果评定	项目专业质量检查员：		项目专业质量（技术）负责人： 年 月 日		
监理（建设）单位验收结论	监理工程师： （建设单位项目工程师） 年 月 日				

7. 配筋砌体工程质量标准

1）钢筋的品种、规格和数量应符合设计要求。

检验方法：检查钢筋的合格证书、钢筋性能试验报告、隐蔽工程记录。

2）构造柱、芯柱、组合砌体构件、配筋砌体剪力墙构件的混凝土及砂浆的强度等级应符合设计要求。

抽检数量：每个检验批砌体，试块不应少于 1 组，验收批砌体试块不得少于 3 组。

检验方法：检查混凝土或砂浆试块的试验报告。

合格标准：钢筋竖向移位不应超过 100mm，每一马牙槎沿高度方向超过 300mm。钢筋竖向位移和马牙槎偏差每一构造柱不应超过 2 处。

3）构造柱位置及垂直度的允许偏差及检验方法应符合表 2-9 的规定。

表 2-9　构造柱位置及垂直度的允许偏差及检验方法

项次	项目			允许偏差/mm	抽检方法
1	柱中心线位置			10	用经纬仪和尺检查或用其他测量仪器检查
2	柱层间错位			8	用经纬仪和尺检查或用其他测量仪器检查
3	柱垂直度	每层		10	用 2m 托线板检查
		全高	≤10m	15	用经纬仪、吊线和尺检查，或用其他测量仪器检查
			>10m	20	

抽检数量：每检验批抽查 10% 的构造柱，且不少于 5 处。

检验方法：观察检查。

4）对于配筋混凝土小型空心砌块砌体，芯柱混凝土应在装配式楼盖贯通，且不得削弱芯柱的截面尺寸。

抽检数量：每检验批抽查 10% 的构造柱，且不少于 5 处。

检验方法：观察检查。

5）设置在砌体水平灰缝内的钢筋，应居中置于灰缝中。水平灰缝厚度应大于钢筋直径 4mm 以上。砌体外露面砂浆保护层的厚度不应小于 15mm。

抽检数量：每检验批抽检 3 个构件，每个构件检查 3 处。

检验方法：观察检查，辅以钢尺检测。

6）设置在砌体灰缝内的钢筋，防腐保护应符合《砌体结构工程施工质量验收规范》（GB 50203—2011）第 3.0.16 条的规定。

抽检数量：每检验批抽检 10% 的钢筋。

检验方法：观察检查。

合格标准：防腐涂料无漏刷（喷浸），无起皮、脱落现象。

7）网状配筋砌体中，钢筋网及放置间距应符合设计规定。

抽检数量：每检验批抽检 10%，且不应少于 5 处。

检验方法：通过钢筋网成品检查钢筋规格，钢筋网放置间距采用局部剔缝观察，或用探针刺入灰缝内检查，或用钢筋位置测定仪测定。

合格标准：钢筋网沿砌体高度位置超过规定一皮砖厚度不得多于 1 处。

8）配筋砌块砌体剪力墙中，采用搭接接头受力钢筋的搭接长度不应小于 $35d$，且不应少于 300mm。

抽检数量：每检验批中的每类构件抽检 20%（墙、柱、连梁），且不应少于 3 处。

检验方法：用尺检查。

8. 配筋砌体工程质量验收

1）验收应具备的条件：工程完工后，在班组自检合格的基础上，由专职质检员检验后报监理工程师认可，监理工程师（建设单位项目专业技术负责人）组织项目专业质量检查员进行验收。

2）验收应具备的资料：

① 原材料进场合格证明文件或检测报告，以及材料进场复试报告。

② 砂浆强度配合比通知单。

③ 其他完整的施工操作记录及质量检查记录。

配筋砌体工程检验批质量验收记录见表2-10。

表2-10　配筋砌体工程检验批质量验收记录

工程名称			分项工程名称		验收部位	
施工单位					项目经理	
施工执行标准名称及编号	《砌体结构工程施工质量验收规范》（GB 50203—2011）				专业工长	
分包单位					施工班组长	
	质量验收规范的规定		施工单位检查评定记录		监理（建设）单位验收记录	
主控项目	1. 钢筋品种、规格、数量和设置部位	8.2.1条				
	2. 混凝土强度等级	设计要求C				
	3. 马牙槎尺寸	8.2.3条				
	4. 马牙槎拉结筋	8.2.3条				
	5. 钢筋连接	8.2.4条				
	6. 钢筋锚固长度	8.2.4条				
	7. 钢筋搭接长度	8.2.4条				
一般项目	1. 构造柱中心线位置	≤10mm				
	2. 构造柱层间错位	≤8mm				
	3. 构造柱垂直度（每层）	≤10mm				
	4. 灰缝钢筋防腐	8.3.2条				
	5. 网状配筋规格	8.3.3条				
	6. 网状配筋位置	8.3.3条				
	7. 钢筋保护层厚度	8.3.4条				
	8. 凹槽中水平钢筋间距	8.3.4条				
施工单位检查评定结果	项目专业质量检查员：　　项目专业质量（技术）负责人：　　年　月　日					
监理（建设）单位验收结论	监理工程师（建设单位项目工程师）：　　年　月　日					

9. 填充墙砌体工程质量标准

1）烧结空心砖、小砌块和砌筑砂浆的强度等级应符合设计要求。

抽检数量：烧结空心砖每 10 万块作为一个验收批，小砌块每 1 万块作为一个验收批，不足上述数量时按一批计算，抽检数量为 1 组。砂浆试块的抽检数量执行《砌体结构工程施工质量验收规范》（GB 50203—2011）第 4.0.12 条的有关规定。

检验方法：检查烧结空心砖、小砌块的进场复验报告和砂浆试块试验报告。

2）填充墙砌体应与主体结构可靠连接，其连接构造应符合设计要求，未经设计同意，不得随意改变连接构造方法。每一处填充墙与柱的拉结筋的位置超过一皮块体高度的数量不得多于一处。

抽检数量：每个检验批抽查不应少于 5 处。

检验方法：观察检查。

3）填充墙与承重墙、柱、梁的连接钢筋，当采用化学植筋的连接方式时，应进行实体检测。锚固钢筋拉拔试验的轴向受拉非破坏承载力检验值应为 6.0kN。抽检钢筋在检验值作用下，不得出现基材裂缝、钢筋滑移等宏观裂损现象；持荷 2min 期间荷载值降低不大于 5%。检验批验收可按《砌体结构工程施工质量验收规范》（GB 50203—2011）表 B.0.1 通过正常检验一次、二次抽样判定。填充墙砌体植筋锚固力检测记录可按《砌体结构工程施工质量验收规范》（GB 50203—2011）表 C.0.1 填写。

抽检数量：按《砌体结构工程施工质量验收规范》（GB 50203—2011）表 9.2.3 确定。

检验方法：原位试验检查。

4）填充墙砌体尺寸、位置的允许偏差及检验方法应符合表 2-11 的规定。

抽检数量：对表 2-11 中的第 1、第 2 项，在检验批的标准间中随机抽查 10%，但不应少于 3 间；大面积房间和楼道按两个轴线或每 10 延长米一个标准间计数。每间检验不应少于 3 处。对表 2-11 中的第 3、第 4 项，在检验批中抽检 10%，且不应少于 5 处。

5）蒸压加气混凝土砌块砌体和轻集料混凝土小型空心砌块砌体不应与其他块材混砌。

抽检数量：在检验批中抽检 20%，且不应少于 5 处。

检验方法：外观检查。

表 2-11　填充墙砌体尺寸、位置的允许偏差及检验方法

项次	项目		允许偏差/mm	检验方法
1	轴线位移		10	用尺检查
	垂直度	≤3m	5	用 2m 托线板或吊线、尺检查
		>3m	10	
2	表面平整度		8	用 2m 靠尺和楔形塞尺检查
3	门窗洞口高、宽（后塞口）		±5	用尺检查
4	外墙上下窗口偏移		20	用经纬仪或吊线检查

6）填充墙砌体的砂浆饱满度及检验方法应符合表 2-12 的规定。

抽检数量：每步架子不少于 3 处，且每处不应少于 3 块。

表 2-12　填充墙砌体的砂浆饱满度及检验方法

砌体分类	灰缝	饱满度及要求	检验方法
空心砖砌体	水平	≥80%	采用百格网检查块材底面砂浆的黏结痕迹面积
	垂直	填满砂浆，不得有透明缝、瞎缝、假缝	
蒸压加气混凝土砌块和轻集料混凝土小型空心砌块	水平	≥80%	
	垂直	≥80%	

7）填充墙砌体留置的拉结筋或网片的位置应与砌体皮数相符合。拉结筋或网片应置于灰缝中，埋置长度应符合设计要求，竖向位置偏差不应超过一皮高度。

抽检数量：每检验批抽检 20%，且不应少于 5 处。

检验方法：观察与尺量检查。

8）填充墙砌体应错缝搭砌，蒸压加气混凝土砌块的搭砌长度不应小于砌块长度的 1/3；轻集料混凝土小型空心砌块的搭砌长度不应小于 90mm；竖向通缝不应大于 2 皮。

抽检数量：每检验批标准间抽查 10%，且不应少于 3 处。

检验方法：观察与尺量检查。

9）填充墙砌体的灰缝厚度和宽度应正确，空心砖、轻集料混凝土小型空心砌块的砌体灰缝应为 8 ~ 12mm，蒸压加气混凝土砌块砌体的水平灰缝厚度和宽度分别宜为 15mm 和 20mm。

抽检数量：每检验批标准间抽查 10%，且不应少于 3 处。

检验方法：用尺量 5 皮空心砖或砌体的高度和 2m 砌体长度进行折算。

10）填充墙砌体砌至接近梁、板底部时，应留出一定空隙，待填充墙砌筑完并至少间隔 7d 后，再将其补砌挤紧。

抽检数量：每验收批抽查 10% 的填充墙片（每两柱之间的填充墙为 1 个墙片），且不应少于 3 个墙片。

检验方法：观察检查。

10. 填充墙砌体工程质量验收

1）验收应具备的条件：工程完工后，在班组自检合格的基础上，由专职质检员检验后报监理工程师认可，监理工程师（建设单位项目专业技术负责人）组织项目专业质量检查员进行验收。

2）验收应具备的资料：

① 原材料进场合格证明文件或检测报告，以及材料进场复试报告。

② 砂浆强度配合比通知单。

③ 其他完整的施工操作记录及质量检查记录。

3）填充墙砌体工程检验批质量验收记录见表 2-13。

表 2-13　填充墙砌体工程检验批质量验收记录

工程名称		分项工程名称		验收部位	
施工单位				项目经理	
施工执行标准名称及编号	《砌体结构工程施工质量验收规范》（GB 50203—2011）			专业工长	
分包单位				施工班组长	

	质量验收规范的规定			施工单位检查评定记录	监理（建设）单位验收记录
主控项目	1. 块体强度等级		设计要求　MU		
	2. 砂浆强度等级		设计要求　M		
	3. 与主体结构连接		9.2.2 条		
	4. 植筋实体检测		9.2.3 条	见填充墙砌体植筋锚固力检测记录	
一般项目	1. 轴线位移		≤10mm		
	2. 墙面垂直度（每层）	≤3m	≤5mm		
		>3m	≤10mm		
	3. 表面平整度		≤8mm		
	4. 门窗洞口		±10mm		
	5. 窗口偏移		≤20mm		
	6. 水平缝砂浆饱满度		9.3.2 条		
	7. 竖缝砂浆饱满度		9.3.2 条		
	8. 拉结筋、网片位置		9.3.3 条		
	9. 拉结筋、网片埋置长度		9.3.3 条		
	10. 搭砌长度		9.3.4 条		
	11. 灰缝厚度		9.3.5 条		
	12. 灰缝宽度		9.3.5 条		

施工单位检查评定结果	项目专业质量检查员：　　项目专业质量（技术）负责人： 年　月　日
监理（建设）单位验收结论	监理工程师（建设单位项目工程师）： 年　月　日

11. 砌体子分部工程验收

1）砌体子分部工程验收前，应提供下列文件和记录：

① 施工执行的技术标准。

② 原材料的合格证书、产品性能检测报告。

③ 混凝土及砂浆的配合比通知单。

④ 混凝土及砂浆试件的抗压强度试验报告单。

⑤ 施工记录。

⑥ 各检验批主控项目、一般项目的验收记录。

⑦ 施工质量控制资料。

⑧ 重大技术问题的处理文件或修改设计的技术文件。

⑨ 其他必须提供的资料。

2）砌体子分部工程进行验收时，应对砌体工程的观感质量做出总体评价。

3）当砌体工程质量不符合要求时，应按《建筑工程施工质量验收统一标准》（GB 50300—2013）的规定执行。

4）对有裂缝的砌体应按下列情况进行验收：

① 对有可能影响结构安全性的砌体裂缝，应由有资质的检测单位进行检测鉴定；需返修或加固处理的，待返修或加固满足使用要求后进行二次验收。

② 对不影响结构安全性的砌体裂缝，应予以验收；对明显影响使用功能和观感质量的裂缝，应进行处理。

二、指导教师审查每个小组的验收方案并提出整改建议

整改建议记录：

三、各小组进一步完善验收方案并填写最终的砌体分部工程质量验收记录

最终方案记录：

实践成果

1）工作情境模拟操作。

2）××砌体分部工程验收方案。

示例：扫描文前二维码下载“砌体工程项目验收表格”。

典型任务4 砌体工程施工组织方案审核评定工作

知识点：

1. 砌体工程施工组织方案的编制与审批。
2. 砌体工程施工组织方案审核评定。
3. 砌体工程施工组织方案修改、检查。

能力（技能）点：

1. 能够进行砌体工程施工组织方案的修改、检查。
2. 能根据给定的施工任务对砌体工程施工组织方案进行审核评定。

实践目的

1）培养学生对砌体工程施工组织方案进行修改、检查的能力。

2）根据砌体工程的施工任务，能够对砌体工程施工组织方案进行审核评定。

实践分解任务

1）根据工程案例分析砌体工程施工组织方案的编制和审批。

2）根据工程案例并结合规范，对砌体工程施工组织方案进行修改、检查。

3）根据工程案例并结合规范，对砌体工程施工组织方案进行审核评定。

实践分组

以小组为单位（6~8人为一组），在规定时间内完成上述内容。

实践场地

实训室、机房。

实践实施过程

一、砌体工程施工组织方案的编制与审批

引导问题1：砌体工程施工组织方案编制和审批的规定有哪些？

运用知识：

1）施工采用总承包模式时，施工组织方案应由项目专业技术人员组织编制，并根据重要程度和类别，由项目技术负责人或施工单位技术负责人审批。一般的砌体工程施工组织方案由项目技术负责人审批。重点、难点分部（分项）工程和专项工程施工组织方案应由施工单位技术部门组织相关专家评审，施工单位技术负责人批准。

2）由专业承包单位施工的分部（分项）工程或专项工程的施工组织方案，应由专业承包单位技术负责人或技术负责人授权的技术人员审批；有总承包单位时，应由总承包单位项目技术负责人核准备案。

3）规模较大的分部（分项）工程和专项工程的施工组织方案应按单位工程施工组织方案进行编制和审批。

引导问题2：砌体工程施工组织方案审批的要点有哪些？

运用知识：

砌体工程施工组织方案审批的要点包括：

1）制定的方案措施是否有重大缺陷和不足。

2）安全、质量、文明施工等保证措施是否健全、可行。

3）进度计划安排是否合理；材料、机械、劳动力安排是否充足。

4）现场平面布置、工作面安排是否合理，是否便于施工等。

引导问题3：砌体工程施工组织方案的管理流程是什么？

运用知识：

砌体工程施工组织方案的管理流程如图2-17所示。

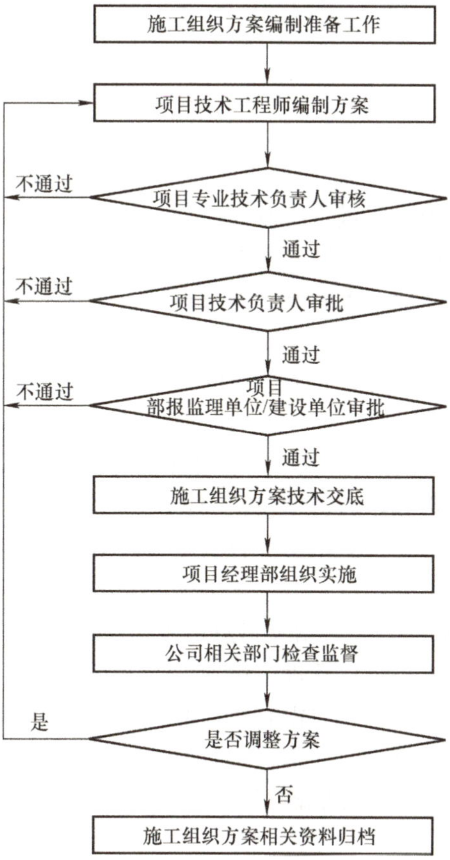

图2-17　砌体工程施工组织方案的管理流程

引导问题4：砌体工程施工组织方案管理的规定有哪些？

运用知识：

1）施工组织方案完成公司内部审批手续后，项目部应填写相应的报审表，然后报监理单位、建设单位审批。

2）施工组织方案经审批完成后，原件由项目部资料员建档管理，复印件做受控编号管理后发放到现场的各相关方。

3）施工组织方案是指导项目施工的规范性、重要性文件，经审批后必须严格执行，不得随意变更或更改。如有重大变更，应征得原方案审批人同意，并办理相应的变更手续。

4）施工单位项目管理及技术管理部门应对施工组织方案的执行情况进行监督检查。

引导问题5：砌体工程施工组织方案进行动态管理的规定有哪些？

运用知识：

根据《建筑施工组织设计规范》（GB/T 50502—2009），砌体工程施工组织方案应实行动态管理，并符合下列规定：

1）项目施工过程中，发生以下情况之一时，施工组织方案应及时进行修改或补充：

① 当工程设计图纸发生重大修改时，如主体结构的形式发生变化、砌体材料或做法发生重大变化等，需要对施工组织方案进行修改；对工程设计图纸的一般性修改，根据变化情况对施工组织方案进行补充；对工程设计图纸的细微修改或更正，施工组织方案则不需调整。

② 当有关法律、法规、规范和标准开始实施或发生变更，并涉及工程的实施、检查或验收时，施工组织方案需进行修改或补充。

③ 由于主（客）观条件的变化，施工方法有重大变更，原来的施工组织方案已不能正确地指导施工，需对施工组织方案进行修改或补充。

④ 当施工资源的配置有重大变更，并且影响到施工方法的变化或对施工进度、质量、安全、环境、造价等造成潜在的重大影响，需对施工组织方案进行修改或补充。

⑤ 当施工环境发生重大改变，如施工延期造成季节性施工方法发生变化，施工场地变化造成现场布置和施工方式改变等，致使原来的施工组织方案已不能正确地指导施工，需对施工组织方案进行修改或补充。

2）经过修改或补充的施工组织方案，原则上需经原审批单位重新审批。

3）施工企业应根据分部分项工程的规模、技术复杂程度、施工组织方案的实施执行情况等确定施工组织方案实施过程中的中间检查制度，对中间检查的时间、次数要有规定，并形成中间检查记录。

4）施工组织方案的中间检查通常由项目总工程师（技术负责人）组织，项目技术工程师、项目责任工程师、分包单位相应管理人员参加。中间检查应对施工方案的落实和执行情况进行检查和评估，根据检查结果，对没有落实的工序应及时补做，对执行不到位的工序或有偏差的工序应及时纠正和改进。

引导问题6：砌体工程施工组织方案从哪些方面进行评定？

运用知识：

砌体工程施工组织方案的评定从以下方面进行：施工管理目标、施工组织部署、施工进度计划及工期保证措施、施工技术措施、施工质量目标及保证措施、文明施工和安全生产防护措施、施工机械配置、施工合理化建议和降低成本措施、工程质量通病防治措施等。

二、教师审查每个小组的审核评定工作计划及方案，并提出修改建议

指导教师依据《建筑施工组织设计规范》（GB/T 50502—2009）《建筑施工手册》（第

五版）的规定，指导学生做好施工组织方案的审核评定，对学生的审核评定方案提出修改意见。

三、各小组进一步优化并调整方案，确定最终的审核评定方案报告

各小组进一步讨论、优化和修改，确定最终的施工组织方案审核评定方案报告。

实践成果

1）工作情境模拟操作。

2）××砌体工程施工组织方案审核表。

学习情境三　钢筋混凝土工程

案例引入

1. 工程概况

1）工程名称：×××学生公寓。

2）工程地点：×××山海路以南、博文路以西。

3）建设单位：×××学院。

4）建筑性质：学生公寓。

5）结构形式：框架—剪力墙结构。

6）建筑等级：一类高层公共建筑，建筑物设计使用年限为50年。

7）建筑耐火等级：高层为一级；抗震设防烈度为7度。

8）建筑物层数及层高：地上十八层、层高3.6m，建筑高度65.7m。

9）建筑面积：21320.7m^2。

2. 现场情况

本工程位于市内，交通方便，施工场地足够，有利于机械、现场材料的堆放布置。

3. 水文、地质条件、场地、气象情况

1）水文、地质情况。本工程场地地下水稳定水位埋深为11.0～12.6m，为基岩裂隙潜水，有承压性，对混凝土无侵蚀性。地表以下0.7～4.0m为粉质黏土，3.0～6.9m为杂填土，7.4～11.9m为强风化板岩，以下为中风化板岩。本工程持力层为强风化板岩，地基承载力设计值$F=650kPa$。

2）场地情况。场地基本设防烈度为7度，建筑场地类别属Ⅰ类。

3）气象资料。本地区最高气温34.4℃，最低气温－10.1℃，年平均气温12.2℃，最冷月平均气温－1.4℃，最热月平均气温28.9℃，年降雨量847mm，日最大降雨量240mm，冬期最大冻结深度0.93m，最大积雪厚度0.37m，常年夏季主导风向为东南风，冬季为北风，四季分明。7、8月份为雨期，冬期施工日期为本年12月25日至次年2月25日，属典型的温带季风性气候。

4. 钢筋混凝土工程

1）现浇钢筋混凝土框架—剪力墙结构，地下室混凝土强度等级：底板为C40、P8级抗渗混凝土，外墙及消防水池为C45、P10级抗渗混凝土，柱、梁、板、墙为C40级混凝土。地上部分除四层以下柱为C45混凝土外，其余均为C40，梁板混凝土内掺水泥用量10%～12%的PNF膨胀剂，膨胀加强带内掺量为14%。

2）本工程基础模板采用竹胶板，柱、梁、板、剪力墙均采用铝合金模板。

3）粗直径钢筋采用等强度剥肋滚压直螺纹连接技术。

4）采用商品混凝土，水平、垂直运输主要采用混凝土输送泵。

典型任务1　钢筋混凝土工程质量创优施工指导工作

知识点：

1. 钢筋混凝土构造要求。
2. 钢筋混凝土工程质量控制。
3. 钢筋混凝土工程质量创优施工指导。

能力（技能）点：

1. 能应用施工质量验收规范对钢筋混凝土工程进行质量检查。
2. 能根据给定的施工任务对钢筋混凝土工程进行质量创优施工指导。

实践目的

1）培养学生工程质量意识。

2）通过编制钢筋混凝土工程质量创优施工指导书，获得质量控制和质量检查方面的知识，并具备相应的能力，进而系统掌握钢筋混凝土工程创优施工的主要内容，并具备指导创优的能力。

实践分解任务

1）根据工程实际情况制定工程质量创优目标。

2）根据工程实际情况成立工程质量创优组织。

3）根据工程实际情况编制钢筋混凝土工程施工注意事项。

4）根据工程实际情况确定钢筋混凝土工程质量控制要求。

5）根据工程实际情况制定钢筋混凝土工程创优组织管理和技术措施。

实践分组

以小组为单位（6～8人为一组），在规定时间内完成上述内容。

实践场地

实训室、机房。

实践实施过程

成立创优小组（6～8人），依据《中国建设工程鲁班奖（国家优质工程）评选办法》（2019年），按照创优总体要求，有针对性地制定创优实施重点内容。每个学生提出自己的钢筋混凝土工程质量创优施工指导书，小组讨论。

一、编制钢筋混凝土工程质量创优施工指导书

引导问题1：如何制定工程质量创优目标？

建立以项目经理为核心，由职能管理机构专职质检人员和管理层与操作层的质检人员组

成的质量管理网络，逐级健全质量责任制；在施工全过程中按照 ISO 9001：2000 质量管理要求，运用全面质量管理的方法指导施工，同时组织开展 QC（质量控制）活动。工程的质量目标：××市建设项目结构优良样板工程、××市优良样板工程、××省优良样板工程、国家优质工程银质奖、国家优质工程金质奖及鲁班奖。

1. 质量方针

顾客至上、优质高效、环保节能、健康安全、持续改进。

2. 质量目标

将单位工程进行质量目标分解，根据质量目标进行重点监控，以分项工程保分部工程，以分部工程保单位工程，实行过程目标控制，实现工程质量一次成优。

本工程质量目标：工序检验合格率 100%，竣工验收合格，争创××省优良样板工程；主体结构工程中的各分项工程一次验收合格率达 100%；在每次的由市（区）质监站工程结构质量初评小组组织的检查中均达到优良标准，且实物的检查综合评分均在 90 分以上。

引导问题 2：如何成立工程质量创优组织？

运用知识：

项目经理部成立质量管理领导小组，由项目经理任组长，项目经理部技术负责人任副组长，成员由项目经理部质检工程师、试验工程师及各分项工程主管工程师组成。项目经理部设专职质检工程师和质检员，保证施工作业始终在质检人员的严格监督管理之下进行。

引导问题 3：钢筋混凝土工程的施工要点有哪些？

（1）模板工程施工要点

1）模板工程应编制专项施工方案。滑模、爬模等工具式模板工程及高大模板支架工程的专项施工方案，应进行技术论证。

2）模板及支架应具有足够的承载力和刚度，并应保证其整体稳固性。

3）模板及支架应保证工程结构和构件各部分形状、尺寸和位置准确，且应便于钢筋安装和混凝土浇筑、养护。

4）模板及支架宜选用质量轻、强度高、耐用的材料；连接件宜选用标准定型产品。

5）接触混凝土的模板表面应平整，并应具有良好的耐磨性和硬度；清水混凝土模板的面板材料应能保证脱模后所需的饰面效果。

6）脱模剂应能有效减小混凝土与模板之间的吸附力，并应有一定的成膜强度，且不应影响脱模后混凝土表面的后期装饰。脱模剂不得污染钢筋和混凝土的接槎处。

7）模板面板背楞的截面高度宜统一；模板制作与安装时，面板拼缝应严密；有防水要求的墙体，其模板对拉螺栓的中部应设止水片，止水片应与对拉螺栓环焊牢固。

8）搁置于支架顶端可调托座上的主梁，可采用木方、木工字梁或截面对称的型钢制作。

9）对现浇多层、高层混凝土结构，上下楼层模板支架的立杆宜对准。模板及支架杆件等应分散堆放。

10）模板安装应保证混凝土结构构件各部分的形状、尺寸和相对位置准确，并应防止漏浆。

11）模板安装应与钢筋安装配合进行，梁、柱节点的模板宜在钢筋安装后再安装；后浇带的模板及支架应独立设置。

12）固定在模板上的预埋件、预留孔和预留洞均不得遗漏，且应安装牢固、位置准确。

13）模板拆除时，可采取先支的后拆、后支的先拆，先拆非承重模板、后拆承重模板的顺序，并应从上而下进行拆除。当混凝土强度能保证其表面及棱角不受损伤时，方可拆除侧模。

14）拆下的模板及支架杆件不得抛掷，应分散堆放在指定地点，并应及时清运。模板拆除后应将其表面清理干净，对变形和损伤部位应进行修复。

（2）钢筋工程施工要点

1）施工过程中应采取防止钢筋混淆、锈蚀或损伤的措施。

2）施工中发现钢筋脆断、焊接性能不良或力学性能显著不正常等现象时，应停止使用该批钢筋，并应对该批钢筋进行化学成分检验或其他专项检验。

3）钢筋加工前应将表面清理干净，表面有颗粒状、片状老锈或损伤的钢筋不得使用。钢筋加工宜在常温状态下进行，加工过程中不应对钢筋进行加热。钢筋弯折应一次到位。

4）钢筋接头宜设置在受力较小处；有抗震设防要求的结构中，梁端、柱端箍筋加密区范围内不宜设置钢筋接头，且不应进行钢筋搭接。同一纵向受力钢筋不宜设置两个或两个以上的接头。接头末端至钢筋弯起点的距离，不应小于钢筋直径的 10 倍。

5）钢筋操作人员应经专业培训合格后才可上岗，钢筋接头的加工应经工艺检验合格后方可进行。焊工应持有钢筋焊工考试合格证，并应按照合格证规定的范围上岗操作。在钢筋焊接施工前，参与该项工程施焊的焊工应进行现场条件下的焊接工艺试验，经试验合格后方可进行焊接。

6）钢筋机械连接应符合《钢筋机械连接技术规程》（JGJ 107—2016）的有关规定，钢筋焊接应符合《钢筋焊接及验收规程》（JGJ 18—2012）的有关规定。

7）钢筋安装应采取防止钢筋受模板内表面及模具内表面的脱模剂污染的措施。

8）钢筋进场时，应检查钢筋的质量证明文件。成型钢筋进场时，应检查成型钢筋的质量证明文件、成型钢筋所用材料质量证明文件及检验报告，并应抽样检验成型钢筋的屈服强度、抗拉强度、伸长率和质量偏差。钢筋调直后，应检查力学性能和单位长度的质量偏差。钢筋加工后，应检查尺寸偏差。钢筋安装后，应检查钢筋的品种、级别、规格、数量及位置。

（3）混凝土工程施工要点

1）采用预拌混凝土时，供应方应提供混凝土配合比通知单、混凝土抗压强度报告、混凝土质量合格证和混凝土运输单。

2）混凝土坍落度、维勃稠度的质量检查应符合《普通混凝土拌合物性能试验方法标准》（GB/T 50080—2016）的有关规定。

3）混凝土浇筑前，施工单位应填报浇筑申请单，并经监理单位签认。

4）混凝土拌合物入模温度不应低于 5℃，且不应高于 35℃。

5）混凝土运输、输送、浇筑过程中严禁加水；混凝土运输、输送、浇筑过程中散落的混凝土严禁用于混凝土结构构件的浇筑。混凝土浇筑和振捣应采取防止模板、钢筋、钢结构、预埋件及其定位件移位的措施。

6）输送泵设置的位置应满足施工要求，场地应平整、坚实，道路应畅通，作业范围内不得有阻碍物，输送泵设置位置应有防范高空坠物的设施。

7）布料设备应与输送泵相匹配，布料设备的混凝土输送管的内径宜与混凝土输送泵管的内径相同。布料设备的数量及位置应根据布料设备的工作半径、施工作业面大小以及施工要求确定。布料设备应安装牢固，且应采取抗倾覆措施。

8）施工缝或后浇带处浇筑混凝土时，施工缝处已浇筑混凝土的强度不应小于 1.2MPa；柱、墙水平施工缝处水泥砂浆接浆层的厚度不应大于 30mm，接浆层水泥砂浆应与混凝土浆液的成分相同。

9）混凝土振捣时应使模板内各个部位混凝土密实、均匀，不应漏振、欠振、过振。采用振动棒振捣混凝土时，应按分层浇筑厚度分别进行振捣，振动棒的前端应插入前一层混凝土中，插入深度不应小于50mm。

10）混凝土浇筑后应及时进行保湿养护：

① 采用硅酸盐水泥、普通硅酸盐水泥或矿渣硅酸盐水泥配制的混凝土，养护时间不应少于7d。

② 采用缓凝型外加剂、大掺量矿物掺合料配制的混凝土，不应少于14d。

③ 抗渗混凝土、强度等级C60及以上的混凝土，养护时间不应少于14d。

④ 后浇带混凝土的养护时间不应少于14d。

引导问题4：钢筋混凝土工程的质量控制程序有哪些？

运用知识：

1. 模板工程质量控制程序

模板工程质量控制程序详见图3-1。

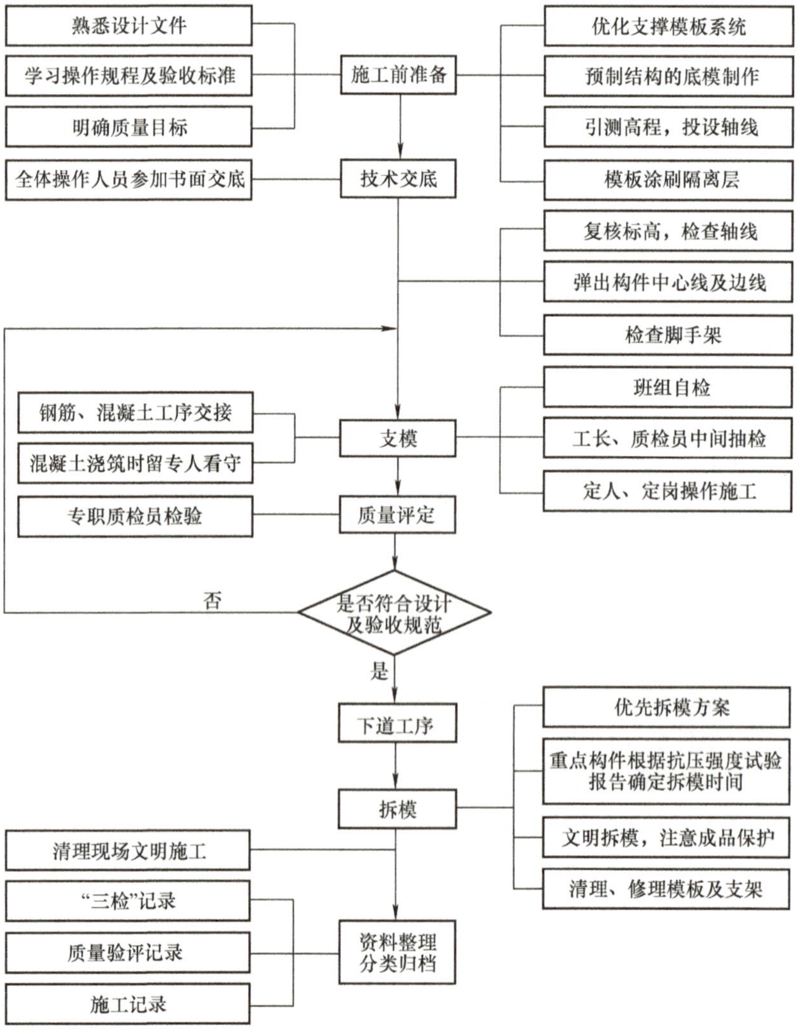

图3-1 模板工程质量控制程序

2. 钢筋工程质量控制程序

钢筋工程质量控制程序详见图 3-2。

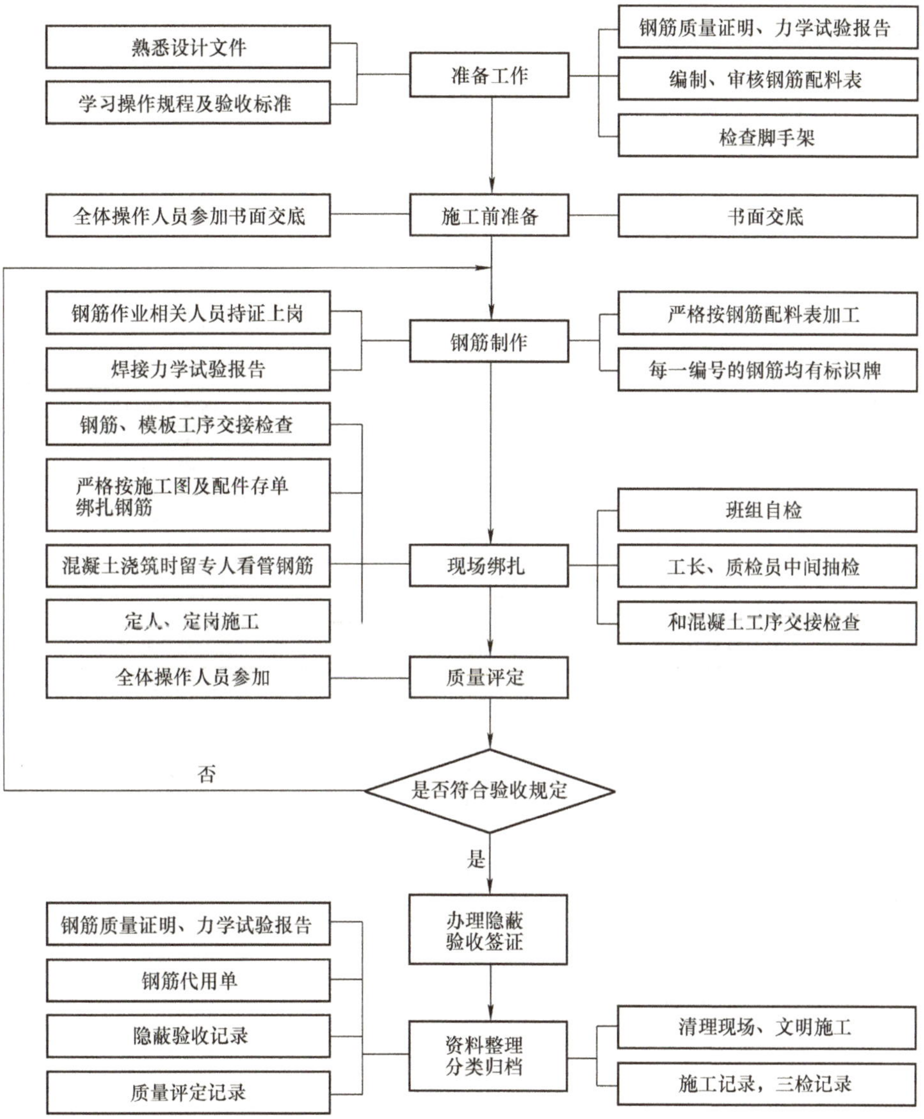

图 3-2　钢筋工程质量控制程序

3. 混凝土工程质量控制程序

混凝土工程质量控制程序详见图 3-3。

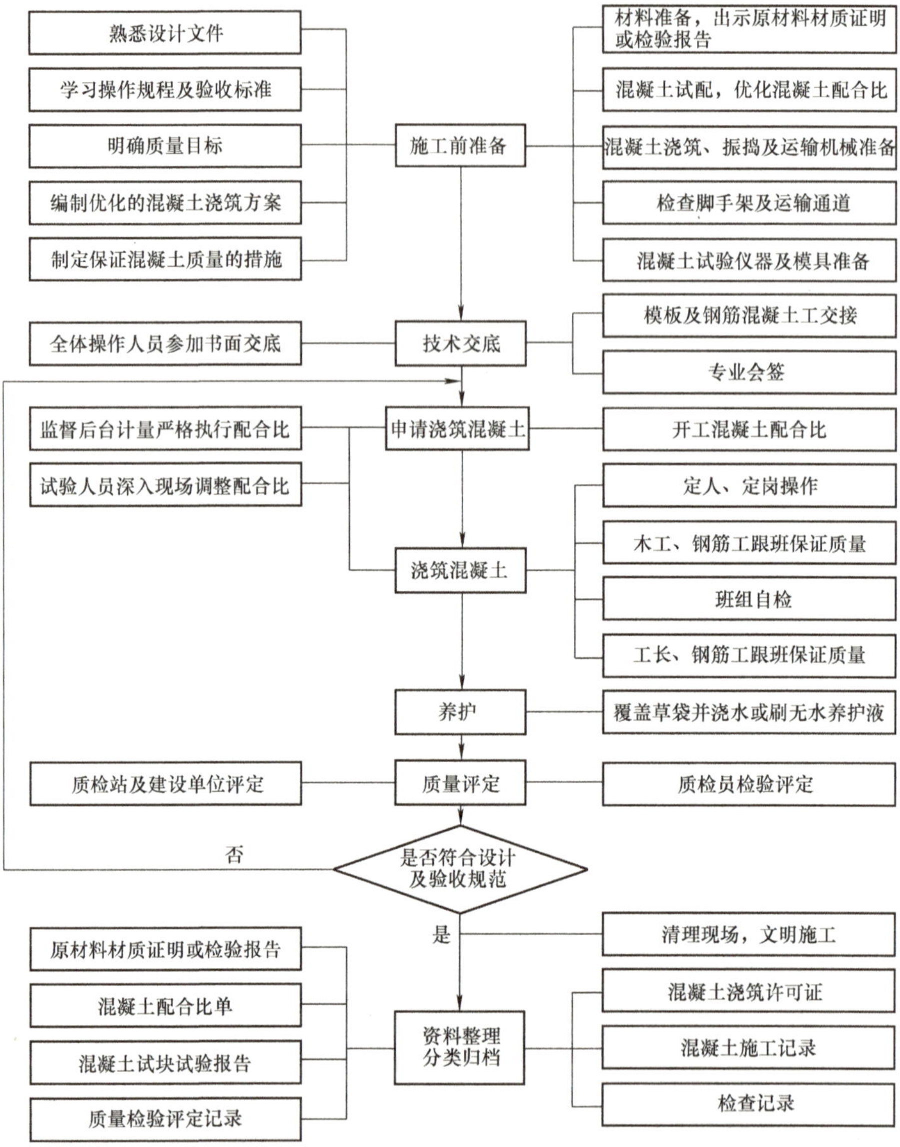

图 3-3　混凝土工程质量控制程序

引导问题 5：如何明确钢筋混凝土工程创优的组织管理措施和技术措施？

运用知识：

1. 组织管理措施

1）定期召开创优实施讲评会议，对照工程创优策划方案检查创优的落实情况和实施效果，落实整改措施。

2）不定期邀请历年“鲁班奖”检查组评委到项目上指导实际施工，加强过程沟通，为评奖创造有利条件。

3）公司工程部利用季度检查，监督、检查创优实施情况，督促创优实施工作。

2. 技术措施

1）“鲁班奖”复查要点。根据历年“鲁班奖”复查的要求和关注点进行梳理，以便有针对性地实施。

2）工程创优实施重点。工程创优总体要求：总体优良、突出亮点、重在细部、杜绝缺陷。根据历年“鲁班奖”复查的要求和关注点，按照创优总体要求，有针对性地制定创优实施重点方案。

二、教师审查每个小组的工作方案并提出整改建议

指导教师依据《中国建设工程鲁班奖（国家优质工程）评选办法》（2019 年）和“鲁班奖”获奖案例审查各小组的方案，提出整改建议。

整改建议记录：

三、各小组进一步优化方案并确定最终方案

最终方案记录：

实践成果

1）工作情境模拟操作。

2）××工程钢筋混凝土工程质量创优施工指导书。

典型任务 2 钢筋混凝土工程施工方案编制工作

知识点：

1. 钢筋混凝土工程有关人力、机械设备的选择和配备。
2. 钢筋混凝土工程施工工艺。
3. 钢筋混凝土工程施工方案的编制。

能力（技能）点：

1. 能按照指定的施工任务编制钢筋混凝土工程施工技术交底记录表。
2. 能够填写钢筋混凝土工程施工记录。
3. 能根据给定的施工任务编制钢筋混凝土工程施工方案。

实践目的

1）以实际应用为主，培养学生钢筋混凝土工程人力、机械设备的选择和配备能力。

2）通过钢筋混凝土工程施工方案的编制，能对该分部的施工工艺流程进行优化，能进行技术交底和施工记录的填写，能独立编制钢筋混凝土工程施工方案。

实践分解任务

1）根据工程实际情况，编制钢筋混凝土工程人力、机械设备的选择和配备表。

2）根据工程实际情况，优化钢筋混凝土工程施工工艺。

3）根据工程实际情况，编制钢筋混凝土工程施工技术交底记录表。

4）根据工程实际情况，能够填写钢筋混凝土工程施工记录。

5）根据工程实际情况，编制钢筋混凝土工程施工方案。

实践分组

以小组为单位（6～8 人为一组），在规定时间内完成上述内容。

实践场地

实训室、机房。

实践实施过程

一、编制钢筋混凝土工程施工方案

成立施工方案编制小组（6～8 人），依据施工图纸、施工组织总设计、《混凝土结构工程施工质量验收规范》（GB 50204—2015）、《建筑施工模板安全技术规范》（JGJ 162—2008）、《钢筋焊接及验收规程》（JGJ 18—2012）、《高层建筑混凝土结构技术规程》（JGJ 3—2010）、《建筑工程施工质量评价标准》（GB/T 50375—2016）等，每个小组编制××工程钢筋混凝土工程施工方案。

引导问题1：如何选择钢筋混凝土工程中的人力、机械设备？

运用知识：

（一）人力安排及保证措施

1）编制人力需用量计划。施工前根据施工进度、施工段划分、专业需要、劳动定额等资料编制切实可行的人力需用量计划，并根据工程实际进展情况，由主管生产的项目副经理负责对各分包单位进入或退出项目施工的人力构成、数量及时间提出指导性计划，并及时调整，避免人力资源的浪费。钢筋混凝土工程施工各阶段劳动力计划见表3-1。

表3-1　钢筋混凝土工程施工各阶段劳动力计划　（单位：人）

工种	第1个月	第2个月	第3个月	第4个月	……
木工					
钢筋工					
泥瓦工					
混凝土工					
防水工					
架子工					
测量工					
机械工					
电工					
电焊工					
……					

2）在施工人员进场前，组织全体施工人员进行技能培训和制度教育，进一步提高业务技术水平和思想素质。

3）加强质量意识教育，组织施工人员学习钢筋混凝土工程涉及的规范、标准、规程。

4）进行施工方案的交底，使施工人员了解钢筋混凝土工程的特点，以熟练、规范的操作高质量地完成额定任务，确保计划用量满足施工生产需要。

5）根据钢筋混凝土工程的特殊要求，做好现场岗位技术培训，提高施工人员的劳动技能。

6）制定合理的激励机制，充分调动施工人员的积极性、创造性。

（二）机械设备配备原则

为保证工程顺利、连续地进行，应根据钢筋混凝土工程施工方案对工程数量、工程进度和工期的要求，按照经济适用、合理配置的原则，安排充足的施工机械及有关运输设备，并且保证状况良好。主要施工机械设备应技术先进、性能可靠，满足施工方案对施工能力和施工质量的要求。对于控制工期的项目和施工中需要连续运转使用的机械设备应考虑一定的备用量，避免因设备故障而影响工期或造成损失。机械设备配备应充分考虑以下几点：

（1）与工程规模相适应　钢筋混凝土工程施工技术复杂，对生产工艺和施工方法要求较高，工程规模较大，机械设备需精心配备，要与工程规模、生产工艺相适应。要选用高效率、低污染的机械设备，以保护环境和改善作业条件，满足工期要求。

（2）与施工方案相适应　以施工方案为前提成套配备机械设备，以满足施工的需要。

（3）与施工管理相适应　按照施工组织安排，统筹规划，合理调配机械设备，确保施工机械的相互匹配和效率的充分发挥。钢筋混凝土工程施工各阶段主要施工机械计划见表3-2。

表3-2　钢筋混凝土工程施工各阶段主要施工机械计划

序号	名称	规格、型号	单位	数量	备注
1	挖掘机				
2	装载机				
3	自卸车				
4	洒水车				
5	雾炮机				
6	钢筋弯曲机				
7	钢筋调直机				
8	数控弯箍机				
9	压路机				
10	洗车台				
11	电焊机				
12	柴油发电机组				
	……				

引导问题2：如何优化钢筋混凝土工程的施工工艺？

运用知识：

（一）模板工程施工工艺

1. 梁模板施工工艺

（1）施工流程

弹梁轴线并复核→搭支模架→调整托梁→设置主梁→安放梁底模板并固定→梁底起拱→扎梁筋→安装侧模板→侧模板拉线、支撑→复核梁模板的尺寸、标高、位置→与相邻模板连接、固定

（2）施工质量控制要点

1）测量放线要准确，轴线误差控制在5mm以内。

2）严格控制支撑体系，应按施工方案搭设。控制纵、横向立杆的间距，以及水平杆的步距。

3）模板应清理干净、拼缝严密，检查模板的标高、空间尺寸。

4）跨度大于4m的梁板按设计要求起拱，设计无具体要求时，按0.1%～0.3%起拱。

（3）施工注意事项

1）根据构件位置在地面弹出控制线，轴线允许误差控制在5mm以内。

2）支撑立杆下应设置垫块，一般标准层板下的立杆间距不得大于1.2m，梁下立杆间距不得大于0.9m。

3）根据建筑标高对模板支撑体系进行标高检查。

4）梁底模板按控制线找正，按施工方案起拱，拼缝处底部设置木方，模板在安装前应先涂刷脱模剂。

5）高度大于600mm的梁必须采用对拉螺杆加固，间距≤500mm；临边梁模板必须使用对拉螺杆加固。梁底第一道支撑横杆距梁、柱节点≤300mm，其余根据立杆间距布置。

6）梁模板内部尺寸误差控制在±5mm以内，相邻板面误差不得超过2mm，表面平整度误差不得超过5mm。

2. 柱墙模板施工工艺

（1）施工流程

放控制线→安装导墙定位筋→绑扎钢筋、立模板→穿套管、对拉螺杆→加木方背楞、双钢管固定→校正、固定

（2）施工质量控制要点

1）测量轴线误差控制在5mm以内，对偏位钢筋进行校正。

2）严格按照施工方案加固柱子。

3）柱下角要封堵严密，混凝土浇筑前可先坐浆处理，以防止漏浆。

4）严格控制模板垂直度，要对阴（阳）角等部位进行重点检查。

（3）施工注意事项

1）根据主控线施放柱子边线及控制线。

2）在贴近模板内侧根据构件边线安装定位筋。

3）钢筋绑扎完毕经隐蔽验收后，封闭柱墙模板，原则上为长边包短边。柱墙模板必须事先涂刷脱模剂。

4）根据模板施工方案在指定位置开孔穿对拉螺杆。

5）木方背楞的间距≤200mm，采用$\phi48$双钢管固定，中间加一道对拉螺杆。

3. 吊模施工工艺

（1）施工流程

弹控制线→制作吊模框架→安放等厚吊模垫块→安装吊模→附加内部支撑→吊模边梁固定

（2）施工质量控制要点

1）控制吊模自身刚度，在四个大角部位采取刚性三角形加固，内部根据净空大小附加顶撑。

2）控制吊模安装标高，底部采用同板厚且提高一个强度等级的混凝土垫块，并对预埋管道做好保护。

3）对吊模进行加固，以控制整体稳固性。

（3）施工注意事项

1）在板底弹出吊模安放位置控制线。

2）根据构件内空尺寸制作吊模框架（应比设计值大10mm，以减小因模板微小变形及位移引起的轴线偏差）。

3）为防止吊模踩踏变形，垫墩的设置位置及间距要求：离转角处10cm，每边均应设置1个垫墩；模板接缝处每边均应设置1个垫墩；中间每间距1m应设置1个垫墩。

4）根据控制线和垫块安放吊模，在四个大角部位采取刚性三角形加固，管道预埋处的上口进行封闭保护。

5）净空大于2m时应设定型木方顶撑。

6）吊模四边可采用钢丝或对拉螺杆定位，相邻两吊模之间用模板条拉结固定。

4. 楼梯模板施工工艺

（1）施工流程

放样→支设平台模板→支设梯段底模板→绑扎楼梯钢筋→支设楼梯外帮侧板→安装踏步→加固、校正

（2）施工质量控制要点

1）按施工方案留设水平施工缝，在梯段混凝土浇筑前将施工缝凿毛，并清理干净。

2）安装卡扣式踏步模板时，踢面板向内倾斜10mm，以保证混凝土浇筑后阳角方正。

3）楼梯模板安装完毕后，仔细检查整体稳定性和方正尺寸，要有防止漏浆的措施。

（3）施工注意事项

1）楼梯模板施工前应根据实际层高放样。

2）随主体梁板支撑体系一并支设平台模板。

3）搭设梯段支撑体系，并铺设梯段底板，板底木方间距为250mm，双排支撑钢管垂直于梯段布置，间距<900mm，中间拉水平斜杆。

4）将预留插筋与楼梯钢筋绑扎连接，底部加保护层垫块。

5）安装卡扣式楼梯外帮侧板，踢面向内倾斜10mm。

6）将踏步模板卡入侧模板内，并在两侧及中部辅以钢丝固定，以增加刚度。

7）楼梯模板两侧采用木方加对拉螺杆紧固，注意要校正楼梯的方正及尺寸。

5. 外墙模板施工工艺

（1）施工流程

弹线控制→预留外墙螺杆→粘贴双面胶→外墙模板安装→内侧模板安装→校正、加固

（2）施工质量控制要点

1）根据层高配置外侧模板，并统一外墙螺杆的预留标高。

2）将外墙模板的内侧底部封堵严密，外侧在模板与墙面之间粘贴双面胶。

3）混凝土浇筑前用同强度等级的水泥砂浆对模板根部进行坐浆处理。

（3）施工注意事项

1）根据层高将外侧模板尺寸及开孔位置标示在明显位置。

2）在先浇混凝土楼板中预埋外墙螺杆，按照施工方案要求从楼面标高往下50～200mm范围内进行预埋。

3）外墙模板与下层柱墙混凝土面之间用双面胶粘贴。

4）外侧模板从楼面标高处向下延伸50～200mm至外墙螺杆处进行安装。

5）内侧模板底部应封堵严密，并采用同强度等级水泥砂浆进行坐浆处理。

6）模板封闭后进行垂直度校正并做加固处理。

（二）钢筋工程施工工艺

1. 钢筋制作要求

1）规范规定对一般结构构件，箍筋弯钩的弯折角度不应小于90°，弯折后平直段长度

不应小于箍筋直径的5倍；对有抗震设防要求或设计有专门要求的结构构件，箍筋弯钩的弯折角度不应小于135°，弯折后平直段长度不应小于箍筋直径的10倍和75mm两者之中的较大值。

2）HPB300钢筋均做180°弯钩，平直段长度不小于3d，弯曲直径D不小于2.5d，如图3-4所示。

3）HRB335、HRB400钢筋需做90°弯钩时，弯曲直径D不小于钢筋直径的5倍，如图3-5所示。

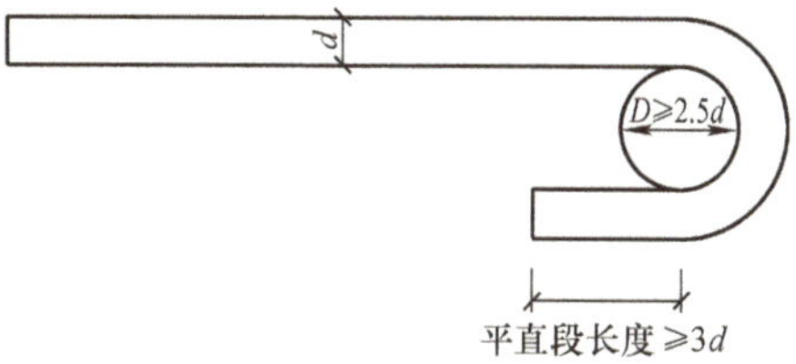

图3-4　HPB300钢筋制作

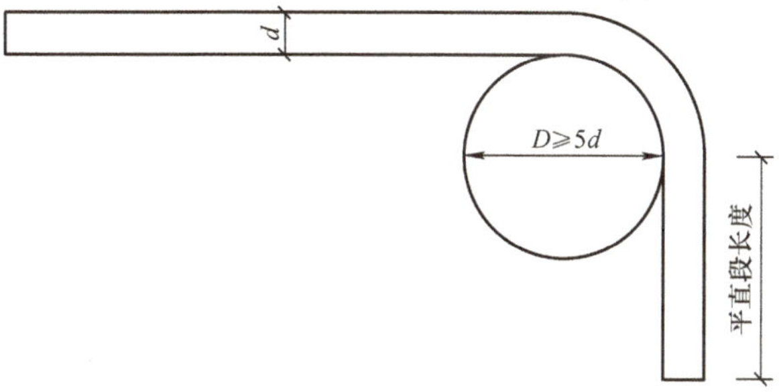

图3-5　HRB335、HRB400钢筋制作

2. 钢筋连接要求

钢筋接头宜设置在受力较小处；有抗震设防要求的结构中，梁端、柱端箍筋加密区范围内不宜设置钢筋接头，且不应进行钢筋搭接。同一纵向受力钢筋不宜设置两个或两个以上接头。接头末端至钢筋弯起点的距离，不应小于钢筋直径的10倍。

（1）绑扎搭接

1）现浇钢筋混凝土楼板钢筋采用搭接连接，接头位于任一接头中心至1.3倍钢筋搭接长度区段内，纵向受拉钢筋的接头面积百分率要求：梁类、板类及墙类构件不宜超过25%，筏形基础不宜超过50%，柱类构件不宜超过50%；当工程中确有必要增大接头面积百分率时，对梁类构件不应大于50%，对其他构件可根据实际情况适当放宽。

2）同一构件内的接头宜分批错开。各接头的横向净间距不应小于钢筋直径，且不应小于25mm。

（2）直螺纹连接

1）连接钢筋时，钢筋规格和连接套的规格应一致，并应确保钢筋和连接套的螺扣干净、完好、无破损。连接钢筋时可用普通扳手拧紧，接头拧紧后检查外露螺扣不应多于一扣，并用涂料做好标志。

2）机械连接接头的混凝土保护层厚度宜符合《混凝土结构设计规范》（GB 50010—2010）中受力钢筋的混凝土保护层最小厚度的规定，且不得小于15mm；接头之间的横向净间距不宜小于25mm。

（3）焊接连接

1）焊接施工前，参与工程的焊工应进行现场条件下的焊接工艺试验，经试验合格后方可进行焊接。焊接过程中，如果钢筋牌号、直径发生变更，应再次进行焊接工艺试验。工艺试验使用的材料、设备、辅料及作业条件均应与实际施工一致。

2）细晶粒热轧钢筋及直径大于28mm的普通热轧钢筋，其焊接参数应经试验确定。余热处理钢筋不宜焊接。

3）电渣压力焊只应使用于柱、墙等构件中竖向受力钢筋的连接。

（4）施工工艺

1）钢筋直螺纹套筒连接施工工艺流程：

母材切割下料→加工丝头→套螺纹、打磨→用通止规对丝头进行检查→丝头成品保护→套筒连接

2）钢筋电弧焊连接施工工艺流程：

清理坡口→选择焊接电流→引弧→控制焊接速度→控制焊接电弧长度→控制焊接角度→收弧、清渣

3）钢筋电渣压力焊连接施工工艺流程：

线路连接→调整弧焊机电流→控制电源→钢筋固定→焊接准备→电渣压力施焊→焊剂回收及焊渣清理

3. 钢筋绑扎

（1）柱子钢筋绑扎

1）工艺流程：

清理作业面→竖向主筋调整→标记箍筋绑扎点→套箍筋→按箍筋位置线绑扎箍筋→保护层垫块绑扎

2）施工要点：

① 根据箍筋间距画好箍筋位置线，然后由下往上绑扎钢筋，箍筋弯头应沿柱子竖向交叉布置，绑扣尾应弯入柱内，最上一个箍筋和最下一个箍筋距离梁底和楼地面分别为50mm。绑扎后箍筋与主筋要垂直。

② 为保证柱钢筋保护层厚度及钢筋位置正确，在柱顶位置的柱筋内侧设一道定距框，定距框用$\phi12$钢筋（也可用$\phi14$、$\phi16$钢筋）制作，如图3-6所示。

③ 竖向钢筋接头位置的控制一般应避开加密区，接头位置应相互错开，箍筋不得套在套筒上，套筒间距为35d。

④ 框架柱保护层厚度使用塑料垫块进行控制。

图3-6　定距框

（2）梁钢筋绑扎

1）工艺流程：

主筋穿好箍筋，按已画好的间距逐个分开→固定主筋→穿次梁主筋并套好箍筋→放主梁架立筋、次梁架立筋→隔一定间距将梁底主筋与箍筋绑扎→绑架立筋→再绑主筋，主梁、次梁同时配合进行绑扎

2）施工要点：

① 梁上部或下部各有两排钢筋时，应保证上下两排钢筋的间距，箍筋的开口在上并相互错开，角部主筋应紧贴箍筋角部，并绑扎牢固，可采用套扣绑扎。

② 框架梁底部保护层厚度使用塑料垫块进行控制。

③ 当梁和柱边平齐时，梁主筋应放置在柱主筋内侧。

④ 框架梁箍筋间距为200mm，加密区的箍筋间距为100mm，梁两端第一个箍筋离柱边不小于50mm。

⑤ 梁与柱交接部位，梁主筋放于柱内侧，柱箍筋按100mm一道配置，梁箍筋离柱边不小于50mm。

⑥ 次梁与主梁同高时，次梁底面钢筋在主梁底面钢筋的上侧，次梁底面钢筋伸入主梁的长度不小于12d。

（3）板钢筋绑扎

1）工艺流程：

核验模板标高→弹钢筋位置线→绑扎底层钢筋→安放垫块→敷设专业管线→安放垫块→标记上层钢筋网间距→绑扎上层钢筋→申报隐蔽工程检查→隐蔽工程检查验收签证→转入下道工序

2）施工要点：

① 清扫模板上的一切杂物，然后在模板上用墨线弹好钢筋间距位置线。

② 按弹好的间距位置线先摆放受力主筋，后摆放分布筋，在上部钢筋绑扎之前做好预埋件、线管、预留孔等专业工种作业。

③ 钢筋绑扎用八字扣，板筋在支座处的锚固应伸至支座中心，且不少于5d。

④ 在双层配筋之间设置垫块以控制上下层钢筋的间距。顶板垫块必须采用定型模具加工，放置间距为1000mm。

（4）剪力墙钢筋绑扎

1）工艺流程：

清理作业面→竖向主筋调整→水平钢筋绑扎→拉筋绑扎→保护垫块绑扎

2）施工要点：

① 清理完作业面后，调整剪力墙竖向钢筋的间距、垂直度及钢筋表面的杂物。

② 按设计要求的间距绑扎剪力墙水平钢筋。

③ 剪力墙钢筋主筋各接触点应全部绑扎。

④ 将事先制作好的垫块在剪力墙的每一面绑扎固定，沿剪力墙高每隔1m设置一道，以控制保护层厚度。

（三）混凝土工程施工工艺

1）混凝土拌合物入模温度不应低于5℃，且不应高于35℃。

2）混凝土运输、输送、浇筑过程中严禁加水。混凝土运输、输送、浇筑过程中散落的混凝土严禁用于混凝土结构构件的浇筑。

3）混凝土应布料均衡。应对模板及支架进行观察和维护，发生异常情况应及时进行处理。混凝土浇筑和振捣应采取防止模板、钢筋、钢构件、预埋件及其定位件移位的措施。

4）混凝土运输要求：

① 商品混凝土供货采用汽车式运输搅拌车时，要检查混凝土运输车的运输路线，要利

于混凝土运输车的通行。每车混凝土的运送时间一般不得超过1h。

② 在混凝土运送过程中，搅拌筒应低速（2～4r/min）转动；到达工地后，搅拌筒应以8～12r/min的转速转动2～3min。待搅拌筒停转后，再使搅拌筒反转卸料。

③ 在出料及卸料部位附近工作时，应注意安全，以免发生意外。使用接长料斗溜槽时，切勿将手伸入溜槽连接处。

④ 黏附在进料斗、搅拌筒口、搅拌筒拖轮等处的混凝土应及时冲洗干净。在铲除混凝土结块时，必须先关闭汽车发动机，停止搅拌筒转动。

5）混凝土浇筑要求：

① 主体混凝土浇筑时按照先墙、柱，再楼梯、吊模，最后梁板的顺序施工。梁和板宜同时浇筑，主（次）梁的楼板顺着次梁方向浇筑，单向板沿着板的长边方向浇筑。起拱和高度大于1m的梁，进行单独浇筑。

② 混凝土泵送施工时，要统一指挥调度，应用无线通信设备进行混凝土地泵搅拌点、运输车与浇筑地点的联络，把握好浇筑与泵送的时间。

③ 浇筑混凝土过程中应有专人对钢筋、模板、支撑系统进行检查，一旦有移位、变形或松动要马上修复。

④ 浇筑混凝土时应按由远到近的原则浇筑。

⑤ 振捣混凝土时，遇有构件截面较小，预留洞、预埋件和梁（柱）节点等处钢筋较密的情况时，要注意振捣棒的作业位置，不能漏振。混凝土浇筑过程中预埋件的位置如有移动，应立即通知水、电安装人员进行修复。振捣棒的插点要均匀，要呈梅花形排列。振捣时要做到快插慢拔，振捣时间以混凝土表面呈现浮浆和不再沉落为准。

6）混凝土施工的一般要求：

① 混凝土自高处自由倾落的高度不得超过2m，当浇筑高度超过3m时必须采用接软管或溜槽的方式进行引流。

② 每个流水段浇筑混凝土应连续进行，如必须间歇，间歇时间必须缩短，必须在浇筑混凝土初凝之前将此层混凝土浇筑完毕。

③ 混凝土浇筑之前要对钢筋、模板、支撑体系、洞口尺寸、预埋件等进行检查，检查无误后方可浇筑。浇筑过程中派专人观察模板、钢筋、洞口、预埋件、插筋等有无移动、变形等情况，发现问题立即处理，并应在已浇筑的混凝土终凝前修正完毕。

④ 墙混凝土浇筑时应注意：混凝土浇筑前先在墙、柱根部铺设一层5～10cm厚的与混凝土内砂浆成分相同的水泥砂浆。墙、柱混凝土均应分层浇筑、振捣，每层厚度不大于50cm，且应一次浇筑至梁板。

引导问题3：如何编制钢筋混凝土工程子分部分项工程施工技术交底记录表?

运用知识：

1. 钢筋混凝土工程所包含的分项工程

根据《建筑工程施工质量验收统一标准》(GB 50300—2013)，钢筋混凝土工程属于分部工程主体结构中的子分部工程，它划分为模板分项工程、钢筋分项工程、混凝土分项工程、预应力分项工程、现浇结构分项工程、装配式结构分项工程。

2. 钢筋混凝土工程各子分部分项工程施工技术交底记录表的组成内容

1）明确技术交底的依据：施工图纸，执行的规范、标准、图集，创优工程要求（如有）等。

2）安全操作注意事项。

3）明确各子分部工程采取的施工工艺及技术要点。

4）做好成品保护的措施。

5）其他注意事项。

引导问题4：如何填写钢筋混凝土工程各子分部分项施工记录？

1）分部工程质量验收记录编号：编号按“建筑工程的分部工程、分项工程划分”［《建筑工程施工质量验收统一标准》（GB 50300—2013）附录B］规定的分部工程代码编写，写在分部分施工记录表的右上角。对于一个工程而言，一个分部只有一个分部工程质量验收记录，所以不编写顺序号，其编号为两位。

2）单位（子单位）工程名称填写全称，如为群体工程，则按群体工程名称－单位工程名称的形式填写，子单位工程标出该部分的位置。另外，子分部工程数量是指本分部工程包含的实际发生的所有子分部工程的数量；分项工程数量是指本分部工程包含的实际发生的所有分项工程的总数量。

3）“子分部工程名称、分项工程名称、检验批数量、施工单位检查结果、监理单位验收结论”栏的填写：

① 填写本分部工程汇总的所有子分部、分项工程，并依次排序，要填写对应的名称、检验批数量，注意要填写齐全。

②“施工单位检查结果”栏，由填表人依据分项工程验收记录填写，填写“符合要求”或“合格”。

③“监理单位验收结论”栏，由填表人依据分项工程验收记录填写，填写“合格”或“符合要求”。

引导问题5：钢筋混凝土工程施工方案的组成内容有哪些？

运用知识：

钢筋混凝土工程施工方案主要包括编制依据、工程概况、组织机构、施工进度计划、施工准备、施工工艺及质量要求、成品保护、安全文明施工、经济比较、应急措施等内容。具体要求如下：

1）编制依据。

2）分项工程概况和施工条件，说明分项工程的具体情况、选择本方案的优点及因素，以及在方案实施前应具备的作业条件。

3）施工总体安排，包括施工准备、劳动力计划、人员安排、施工进度、现场布置及流水阶段的划分等。

4）采用的施工工艺及施工方法，对采取的新工艺、新做法的详细介绍。可以用图表直观说明，可进行必要的计算。

5）明确质量标准，阐明一般项目、主控项目的具体要求，以及允许偏差项目及要求，注明检查工具和检验方法。

6）列出质量管理点及控制措施，分析钢筋混凝土工程的重难点，制定针对性的施工方法及控制措施，做好成品保护。

7）安全文明施工及环保施工措施。

8）应急管理措施，建立安全应急机构。

9）其他注意事项。

二、教师审查每个小组的施工方案并提出整改建议

指导教师依据《建筑工程施工质量验收统一标准》(GB 50300—2013)、《混凝土结构工程施工质量验收规范》(GB 50204—2015)、《混凝土结构工程施工规范》(GB 50666—2011)、《建筑施工组织设计规范》(GB/T 50502—2009）等规范文件审查各小组施工方案，提出整改建议。

整改建议记录：

三、各小组进一步优化方案并确定最终方案

最终方案记录：

实践成果

1）工作情境模拟操作。

2）××工程钢筋混凝土工程施工方案。

典型任务3　钢筋混凝土分部工程项目验收工作

知识点：

1. 钢筋混凝土分部工程竣工验收的标准、规范。

2. 钢筋混凝土分部工程施工质量验收。

能力（技能）点：

1. 能够按照施工质量验收规范填写钢筋混凝土分部工程施工质量验收检查表。

2. 能应用施工质量验收规范对钢筋混凝土分部工程进行质量检查，达到质量验收规范的要求。

3. 能根据给定的施工任务组织相关责任单位进行钢筋混凝土分部工程项目验收工作。

实践目的

1）以实际应用为主，培养学生职业素养，提高规范意识。

2）通过现场验收，获得竣工验收及表格填写知识，理解并系统掌握钢筋混凝土分部工程的验收标准等主要内容。

实践分解任务

1）编制钢筋混凝土分部工程验收流程。

2）进行钢筋混凝土分部工程质量验收。

3）填写钢筋混凝土分部工程施工质量验收检查表。

实践分组

以小组为单位（6~8人为一组），在规定时间内完成上述内容。

实践场地

实训室、机房。

实践实施过程

一、制订钢筋混凝土分部工程验收方案

成立钢筋混凝土分部工程质量验收小组（6~8人），依据《建筑工程施工质量验收统一标准》(GB 50300—2013)，每个小组编制××钢筋混凝土分部工程验收方案，小组内部讨论。

引导问题1：混凝土结构子分部工程验收的流程是什么？

运用知识：

1）分部工程应由总监理工程师组织施工单位项目负责人和项目技术负责人等进行验收。

2）勘察、设计单位的项目负责人和施工单位的技术、质量部门负责人应参加地基与基础分部工程的验收。

3）设计单位项目负责人和施工单位的技术、质量部门负责人应参加主体结构、节能分部工程的验收。

4）检验批应在施工单位自检合格的基础上，由监理工程师组织施工单位项目专业质量检查员、专业工长等进行验收。检验批应经过生产班组的自检、交接检，以及施工单位质量检验部门的专业检查和评定。在施工过程中，前一工序的质量未得到监理单位（建设单位）的检查认可之前不应进行后续工序的施工，以免累积质量缺陷，造成更大损失。

5）分项工程的验收是以检验批为基础进行的。一般情况下，检验批和分项工程两者具有相同或相近的性质，只是批量的大小不同而已。分项工程质量合格的条件是构成分项工程的各检验批的验收资料齐全完整，且各检验批均已验收合格。

引导问题2：混凝土结构子分部工程合格的标准是什么？

运用知识：

混凝土结构子分部工程的质量验收，应在钢筋、预应力、混凝土、现浇结构或装配式结构等相关分项工程验收合格的基础上，进行质量控制资料检查及观感质量验收，并应对涉及结构安全的、有代表性的部位进行结构实体检验。混凝土结构子分部工程施工质量验收应符合下列要求：

1）有关分项工程施工质量验收合格。

2）质量控制资料应完整，符合规范要求。

3）观感质量验收合格。

4）结构实体检验满足设计或标准要求。

引导问题3：模板分项工程的主控项目有哪些？

运用知识：

1）模板及支架材料的技术指标应符合国家现行有关标准和专项施工方案的规定。

2）现浇混凝土结构的模板及支架安装完成后，应按照专项施工方案对下列内容进行检查验收：

① 模板的定位。

② 支架杆件的规格、尺寸、数量。

③ 支架杆件之间的连接。

④ 支架的剪刀撑和其他支撑设置。

⑤ 支架与结构之间的连接设置。

⑥ 支架杆件底部的支撑情况。

引导问题4：模板分项工程的一般项目有哪些？

运用知识：

1）模板安装质量应符合下列要求：

① 模板的接缝应严密。

② 模板内不应有杂物。

③ 模板与混凝土的接触面应平整、清洁。

④ 对清水混凝土构件，应使用能达到设计效果的模板。

2）脱模剂的品种和涂刷方法应符合专项施工方案的要求。脱模剂不得影响结构性能及装饰施工，不得沾染钢筋和混凝土接槎处。

3）模板的起拱应符合《混凝土结构工程施工规范》(GB 50666—2011）的规定，通常跨度超过 4m 时宜起拱，起拱高度宜为梁、板跨度的 1/1000 ~ 3/1000，并应符合设计及施工方案的要求。

4）支架立柱和竖向模板安装在土层上时，应符合下列规定：

① 土层应坚实、平整，其承载力或密实度应符合施工方案的要求。

② 应有防水、排水措施；对冻胀性土，应有预防冻融措施。

③ 支架立柱下应设置垫板，并应符合施工方案的要求。

5）现浇混凝土结构多层连续支模时，上下层模板支架的立柱宜对准。

6）固定在模板上的预埋件、预留孔和预留洞不得遗漏，且应安装牢固。当设计无具体要求时，其位置偏差应符合表 3-3 的规定。

表 3-3　模板分项工程预埋件、预留孔和预留洞允许偏差

项目		允许偏差/mm
预埋钢板中心线位置		3
预埋管、预留孔中心线位置		3
插筋	中心线位置	5
	外露长度	0，+10
预埋件	中心线位置	2
	外露长度	0，+10
预留洞	中心线位置	10
	尺寸	0，+10

7）现浇结构模板安装的尺寸允许偏差应符合表 3-4 的规定。

表 3-4　现浇结构模板安装的尺寸允许偏差

项目		允许偏差/mm	检验方法
轴线位置		5	尺量检查
底模上表面标高		±5	水准仪或拉线、尺量检查
截面内部尺寸	基础	±10	尺量检查
	柱、墙、梁	-5，+4	尺量检查
层高垂直度	≤5m	6	经纬仪或吊线、尺量检查
	>5m	8	经纬仪或吊线、尺量检查
相邻两板表面高低差		2	尺量检查
表面平整度		5	2m 靠尺和塞尺检查

引导问题 5：钢筋隐蔽工程验收的隐蔽项目有哪些？

运用知识：

1）纵向受力钢筋的牌号、规格、数量、位置。

2）钢筋的连接方式、接头位置、接头数量、接头面积百分率、搭接长度、锚固方式及锚固长度。

3）箍筋、横向钢筋的牌号、规格、数量、间距，箍筋弯钩的弯折角度及平直段长度。

4）预埋件的规格、数量、位置。

引导问题 6：钢筋分项工程的主控项目有哪些？

运用知识：

1）钢筋进场时，应按国家现行相关标准的规定抽取试件做屈服强度、抗拉强度、伸长率、弯曲性能和质量偏差等检验，检验结果必须符合相关标准的规定。

2）成型钢筋进场时，应抽取试件做屈服强度、抗拉强度、伸长率和质量偏差等检验，检验结果必须符合相关标准的规定。

3）对于按照一级、二级、三级抗震等级设计的框架和斜撑构件（含梯段）中的纵向受力普通钢筋，应采用 HRB335E、HRB400E、HRB500E、HRBF335E、HRBF400E 或 HRBF500E 钢筋，其强度和最大力下总伸长率的实测值应符合下列规定：

① 钢筋的抗拉强度实测值与屈服强度实测值的比值不应小于 1.25。

② 钢筋的屈服强度实测值与屈服强度标准值的比值不应大于 1.30。

③ 钢筋的最大力下总伸长率不应小于 9%。

4）钢筋弯折的弯弧内直径应符合下列规定：

① 光圆钢筋不应小于钢筋直径的 2.5 倍。

② 335MPa 级、400MPa 级带肋钢筋，不应小于钢筋直径的 4 倍。

③ 500MPa 级带肋钢筋，当直径为 28mm 以下时不应小于钢筋直径的 6 倍，当直径为 28mm 及以上时不应小于钢筋直径的 7 倍。

④ 箍筋弯折处还不应小于纵向受力钢筋直径。

5）箍筋、拉结筋的末端应按设计要求设弯钩，并应符合下列规定：

① 对一般结构构件，箍筋弯钩的弯折角度不应小于 90°，弯折后平直段长度不应小于箍筋直径的 5 倍；对有抗震设防要求或设计有专门要求的结构构件，箍筋弯钩的弯折角度不应小于 135°，弯折后平直段长度不应小于箍筋直径的 10 倍和 75mm 两者之中的较大值。

② 圆形箍筋的搭接长度不应小于其受拉锚固长度，且两末端均应做不小于 135°的弯钩。弯折后平直段长度对一般结构构件不应小于箍筋直径的 5 倍，对有抗震设防要求的结构构件不应小于箍筋直径的 10 倍和 75mm 两者之中的较大值。

③ 拉结筋用作梁、柱复合箍筋中的单肢箍筋或梁腰筋之间的拉结筋时，两端弯钩的弯折角度均不应小于 135°，弯折后平直段长度应符合上述①中对箍筋的有关规定。

6）盘卷钢筋调直后应进行力学性能和质量偏差的检验，其强度应符合国家现行有关标准的规定，其断后伸长率、质量负偏差应符合相关标准的规定。质量负偏差不符合要求时，调直钢筋不得复检。

7）应按《钢筋机械连接技术规程》(JGJ 107—2016)、《钢筋焊接及验收规程》(JGJ

18—2012）的规定抽取钢筋机械连接接头、焊接接头试件做力学性能检验，检验结果应符合相关标准的规定。

8）对机械连接接头，直螺纹接头安装后应按《钢筋机械连接技术规程》（JGJ 107—2016）的规定检验拧紧扭矩；挤压接头应量测压痕直径，其检验结果应符合该规程的相关规定。

9）受力钢筋的牌号、规格、数量必须符合设计要求。

10）纵向受力钢筋的锚固方式和锚固长度应符合设计要求。

引导问题 7：钢筋分项工程的一般项目有哪些？

运用知识：

1）钢筋应平直、无损伤，表面不得有裂纹、油污、颗粒状或片状老锈。

2）钢筋焊接网和焊接骨架的焊点压入深度、开焊点数量、漏焊点数量及尺寸偏差应符合《钢筋焊接及验收规程》（JGJ 18—2012）的有关规定。

3）钢筋锚固板及配件进场时，应按《钢筋锚固板应用技术规程》（JGJ 256—2011）的相关规定进行检验，其检验结果应符合该标准的规定。

4）钢筋加工的形状、尺寸应符合设计要求，其偏差应符合表 3-5 的规定。

表 3-5　钢筋加工的允许偏差

项目	允许偏差/mm
受力钢筋顺长度方向全长的净尺寸	±10
弯起钢筋的弯折位置	±20
箍筋内净尺寸	±5

5）钢筋接头的位置应符合设计和施工方案要求。有抗震设防要求的结构中，梁端、柱端箍筋加密区范围内的钢筋不应进行搭接。

6）应按《钢筋机械连接技术规程》（JGJ 107—2016）、《钢筋焊接及验收规程》（JGJ 18—2012）的规定抽取钢筋机械连接接头、焊接接头的外观进行检查，其质量应符合相关标准的规定。

7）当纵向受力钢筋采用机械连接接头、焊接接头或搭接接头时，钢筋的接头面积百分率应符合设计要求；当设计无具体要求时，应符合《混凝土结构设计规范》（GB 50010—2010）的有关规定。

引导问题 8：混凝土分项工程的主控项目有哪些？

运用知识：

1）水泥进场（厂）时应对其品种、级别、包装或散装仓号、出厂日期等进行检查，并应对水泥的强度、安定性和凝结时间进行复验，其结果应符合《通用硅酸盐水泥》（GB 175—2007）等的规定。当对水泥质量有怀疑或水泥出厂超过三个月时，或快硬硅酸盐水泥出厂超过一个月时，应进行复验并按复验结果使用。

2）混凝土外加剂进场（厂）时应对其品种、性能、出厂日期等进行检查，并对外加剂的相关性能指标进行复验，其结果应符合《混凝土外加剂》（GB 8076—2008）和《混凝土外加剂应用技术规范》（GB 50119—2013）的规定。

3）采用预拌混凝土时，其原材料质量、混凝土制备与质量检验等均应符合《预拌混凝土》(GB/T 14902—2012）的规定。预拌混凝土进场时，应检查混凝土质量证明文件，并抽检混凝土的稠度。

4）当设计有要求时，混凝土中最大氯离子含量和最大碱含量应符合《混凝土结构设计规范》(GB 50010—2010）的规定以及设计要求。

5）结构混凝土的强度等级必须满足设计要求。用于检查结构构件混凝土强度的标准养护试件，应在混凝土的浇筑地点随机抽取。试件取样和留置应符合下列规定：

① 每拌制 100 盘且不超过 $100m^3$ 的同一配合比混凝土，取样不得少于一次。

② 每工作班拌制的同一配合比的混凝土不足 100 盘时，取样不得少于一次。

③ 每次连续浇筑超过 $1000m^3$ 时，同一配合比的混凝土每 $200m^3$ 取样不得少于一次。

④ 每一楼层的同一配合比混凝土，取样不得少于一次。

⑤ 每次取样应至少留置一组试件。

引导问题 9：混凝土分项工程的一般项目有哪些？

运用知识：

1）混凝土用矿物掺合料进场时，应对其品种、性能、出厂日期等进行检查，并对矿物掺合料的相关性能指标进行复验，其结果应符合国家现行有关标准的规定。

2）混凝土原材料中的粗骨料、细骨料质量应符合《普通混凝土用砂、石质量及检验方法标准》(JGJ 52—2006）的规定，使用经过净化处理的海砂应符合《海砂混凝土应用技术规范》(JGJ 206—2010）的规定，再生混凝土骨料应符合《混凝土用再生粗骨料》(GB/T 25177—2010）和《混凝土和砂浆用再生细骨料》(GB/T 25176—2010）的规定。

3）混凝土拌制及养护用水应符合《混凝土用水标准》(JGJ 63—2006）的规定；采用饮用水作为混凝土用水时，可不检验；采用中水、搅拌站清洗水、施工现场循环水等其他水源时，应对其成份进行检验。

4）首次使用的混凝土配合比应进行开盘鉴定，其原材料、强度、凝结时间、稠度应满足设计配合比的要求。工程有要求时，还应检查混凝土耐久性能等指标。

5）有耐久性要求的混凝土，应在施工现场随机抽取试件检查耐久性能，其质量应符合有关规范和设计要求。

6）对有抗冻要求的混凝土，应在施工现场检查混凝土的含气量，其质量应符合有关规范和设计要求。

引导问题 10：现浇结构分项工程的主控项目有哪些？

运用知识：

1）现浇结构的外观质量不应有严重缺陷。

2）现浇结构不应有影响结构性能和使用功能的尺寸偏差；混凝土设备基础不应有影响结构性能和设备安装的尺寸偏差。

对超过尺寸允许偏差要求且影响结构性能、设备安装、使用功能的结构部位，应由施工单位提出技术处理方案，并经设计单位及监理（建设）单位认可后进行处理。对经处理后的部位，应重新验收。

引导问题 11：现浇结构分项工程的一般项目有哪些？

运用知识：

1）现浇结构的外观质量不应有一般缺陷。

2）现浇结构混凝土拆模后的位置和尺寸偏差应符合表3-6的规定。

表3-6　现浇结构混凝土拆模后的位置和尺寸偏差

项目			允许偏差/mm	检验方法
轴线位置	整体基础		15	经纬仪及尺量检查
	独立基础		10	经纬仪及尺量检查
	柱、墙、梁		8	尺量检查
垂直度	柱、墙层高	≤5m	8	经纬仪或吊线、尺量检查
		>5m	10	经纬仪或吊线、尺量检查
	全高（H）		H/1000 且≤30	经纬仪、尺量检查
标高	层高		±10	水准仪或拉线、尺量检查
	全高		±30	水准仪或拉线、尺量检查
截面尺寸			-5，+8	尺量检查
电梯井	中心位置		10	尺量检查
	长、宽尺寸		0，+25	尺量检查
	全高（H）垂直度		H/1000 且≤30	经纬仪、尺量检查
表面平整度			8	2m 靠尺和塞尺检查
预埋件中心位置	预埋板		10	尺量检查
	预埋螺栓		5	尺量检查
	预埋管		5	尺量检查
	其他		10	尺量检查
预留洞、预留孔中心线位置			15	尺量检查

引导问题12：混凝土结构子分部工程质量验收时应提供哪些文件？

运用知识：

1）设计变更文件。

2）原材料质量证明文件和抽样复验报告。

3）预拌混凝土的质量证明文件和抽样复验报告。

4）钢筋接头的试验报告。

5）混凝土工程施工记录。

6）混凝土试件的试验报告。

7）预制构件的质量证明文件和安装验收记录。

8）预应力筋用锚具、连接器的质量证明文件和抽样复验报告。

9）预应力筋安装、张拉及灌浆记录。

10）隐蔽工程验收记录。

11）分项工程验收记录。

12）结构实体检验记录。

13）工程重大质量问题的处理方案和验收记录。

14）其他必要的文件和记录。

引导问题 13：混凝土结构子分部工程检查不合格怎么处理？

运用知识：

《建筑工程施工质量验收统一标准》(GB 50300—2013）中明确提出，当建筑工程施工质量不符合要求时，应按下列规定进行处理：

1）经返工或返修的检验批，应重新进行验收。

2）经有资质的检测机构检测鉴定能够达到设计要求的检验批，应予以验收。

3）经有资质的检测机构检测鉴定达不到设计要求，但经原设计单位核算认可能够满足安全和使用功能的检验批，可予以验收。

4）经返修或加固处理的分项分部工程，满足安全及使用功能要求时，可按技术处理方案和协商文件的要求予以验收。

二、指导教师审查每个小组的验收方案并提出整改建议

整改建议记录：

三、各小组进一步完善验收方案并填写最终的钢筋混凝土分部工程质量验收记录

最终方案记录：

实践成果

1）工作情境模拟操作。

2）××钢筋混凝土分部工程验收方案。

扫描文前二维码下载“钢筋混凝土分部工程项目验收表”。

典型任务 4　钢筋混凝土工程施工组织方案审核评定工作

知识点：

1. 钢筋混凝土工程施工组织方案的编制与审批。
2. 钢筋混凝土工程施工组织方案审核评定。
3. 钢筋混凝土工程施工组织方案修改、检查。

能力（技能）点：

1. 能够进行钢筋混凝土工程施工组织方案的修改、检查。
2. 能根据给定的施工任务对钢筋混凝土工程施工组织方案进行审核评定。

实践目的

1）培养学生对钢筋混凝土工程施工组织方案进行修改、检查的能力。

2）根据钢筋混凝土工程的施工任务，能够对钢筋混凝土工程施工组织方案进行审核评定。

实践分解任务

1）根据工程案例分析钢筋混凝土工程施工组织方案的编制和审批。

2）根据工程案例并结合规范，对钢筋混凝土工程施工组织方案进行修改、检查。

3）根据工程案例并结合规范，对钢筋混凝土工程施工组织方案进行审核评定。

实践分组

以小组为单位（6 ~ 8 人为一组），在规定时间内完成上述内容。

实践场地

实训室、机房。

实践实施过程

一、钢筋混凝土工程施工组织方案的编制与审批

成立施工组织方案编制小组，依据《建筑施工组织设计规范》(GB/T 50502—2009)、《混凝土结构工程施工规范》(GB/T 50666—2011)、《混凝土结构工程施工质量验收规范》(GB 50204—2015)，每个小组编制 × × 钢筋混凝土工程施工组织方案并进行审批。

引导问题 1：钢筋混凝土工程施工组织方案编制和审批的规定有哪些?

运用知识：

根据《建筑施工组织设计规范》(GB/T 50502—2009)，钢筋混凝土工程施工组织方案的

编制和审批应符合下列规定：

1）施工采用总承包模式时，施工组织方案应由项目专业技术人员组织编制，并根据重要程度和类别，由项目技术负责人或施工单位技术负责人审批。一般的钢筋混凝土工程施工组织方案由项目技术负责人审批。重点、难点分部（分项）工程和专项工程施工的方案应由施工单位技术部门组织相关专定评审，施工单位技术负责人批准。

2）由专业承包单位施工的分部（分项）工程或专项工程的施工组织方案，应由专业承包单位技术负责人或技术负责人授权的技术人员审批；有总承包单位时，应由总承包单位项目技术负责人核准备案。

3）规模较大的分部（分项）工程和专项工程的施工组织方案应按单位工程施工组织方案进行编制和审批。

引导问题2：钢筋混凝土工程施工组织方案审批的要点有哪些？

运用知识：

钢筋混凝土工程施工组织方案审批的要点包括：

1）制定的方案措施是否有重大缺陷和不足。

2）安全、质量、文明施工等保证措施是否健全、可行。

3）进度计划安排是否合理；材料、机械、劳动力安排是否充足。

4）现场平面布置、工作面安排是否合理，是否便于施工等。

二、钢筋混凝土工程施工组织方案的修改、检查

引导问题1：钢筋混凝土工程施工组织方案进行动态管理的规定有哪些？

运用知识：

根据《建筑施工组织设计规范》(GB/T 50502—2009)，钢筋混凝土工程施工组织方案应实行动态管理，并符合下列规定：

1）项目施工过程中发生一些特殊情况时，施工组织方案应及时进行修改或补充。

2）经修改或补充的施工组织方案应重新审批后方可实施。

3）项目施工前应进行施工组织方案的逐级交底；项目施工过程中，应对施工组织方案的执行情况进行检查、分析，并适时调整。

引导问题2：在哪些情况下需要修改或补充钢筋混凝土工程施工组织方案？

运用知识：

1）工程设计有重大修改。当工程设计图纸发生重大修改时，如地基基础的形式发生变化、做法发生重大变化等，需要对施工组织方案进行修改；对工程设计图纸的一般性修改，根据变化情况对施工组织方案进行补充；对工程设计图纸的细微修正或更正，施工组织方案则不需调整。

2）有关法律、法规、规范和标准的实施、修订和废止。当有关法律、法规、规范和标准开始实施或发生变更，并涉及工程的实施、检查或验收时，施工组织方案需要进行修改或补充。

3）主要施工方法有重大调整。由于主（客）观条件的变化，施工方法有重大变更，原来的施工组织方案已不能正确地指导施工，需要对施工组织方案进行修改或补充。

4）主要施工资源配置有重大调整。当施工资源的配置有重大变更，并且影响到施工方法的变化或对施工进度、质量、安全、环境、造价等造成潜在的重大影响，需对施工组织方

案进行修改或补充。

5）施工环境有重大改变。当施工环境发生重大改变，如施工延期造成季节性施工方法发生变化，施工场地变化造成现场布置和施工方式改变等，致使原来的施工组织方案已不能正确地指导施工，需对施工组织方案进行修改或补充。

三、钢筋混凝土工程施工组织方案的审核评定

引导问题1：钢筋混凝土工程进度计划审查的要点有哪些？

运用知识：

工程进度计划是承包企业根据与业主签订的工期合同所做的作业进度安排。工程进度计划安排是否合理，与工程成本有密切关系，监理工程师应加强审核。

1）总工期符合承包的要求，如果合同条件允许分期分批竣工交付使用，应有明确分期交付的时间和分批交付的数量要求。

2）表明各项主要工程（模板工程、钢筋工程、混凝土工程）的开始和结束时间。

3）体现主要工序相互衔接的合理安排。

4）有利于有效利用机械设备，减少机械设备的占用周期。

引导问题2：钢筋混凝土工程施工组织方案审查的要点有哪些？

运用知识：

1. 施工程序审查

施工程序体现了施工步骤的客观规律性，在符合规律的条件下利于保证质量、缩短工期、提高经济效益。

1）做好施工准备后再开工。施工准备包括技术规划准备、现场施工准备、施工队伍及有关组织准备。

2）遵循“先地下、后地上，先土建、后设备，先主体、后围护，先结构、后装修”的原则。

3）施工流向合理。施工空间中的平面和立面都要考虑施工的质量保证与安全保证，要考虑使用的先后，适当分区分段，要与材料、构件的运输方向不发生冲突。

2. 施工机械选择审查

施工机械的选择应遵循切实需求、实际可能、经济合理的原则。审核内容包括对技术条件、经济条件的审查。技术条件是指技术性能、工作效率、工作质量、能源耗费、劳动力的节约、使用安全性和灵活性、通用性和专用性、维修的难易程度、耐用程度等。经济条件是指施工机械的原始价值、使用寿命、使用费用、维修费用等。

3. 主要施工方法审查

1）方法可行、条件允许、符合施工工艺要求。

2）符合施工验收规范和质量检验评定标准的有关要求。

3）方法应力求科学、先进、节约。

4）施工方法与选择的施工机械、划分的流水段相适应。

引导问题3：钢筋混凝土工程施工组织方案从哪些方面进行评定？

运用知识：

钢筋混凝土工程施工组织方案的评定从以下方面进行：

1）施工管理目标。

2）施工组织部署。

3）施工进度计划及工期保证措施。

4）施工技术措施。

5）施工质量目标及保证措施。

6）文明施工和安全生产防护措施。

7）施工机械配置。

8）施工合理化建议和降低成本措施。

9）工程质量通病防治措施。

四、教师审查每个小组的审核评定工作计划及方案，并提出修改建议

指导教师依据《建筑施工组织设计规范》(GB/T 50502—2009)、《建筑施工手册》（第五版）的规定，指导学生做好施工组织方案的审核评定，对学生的审核评定方案提出修改意见。

五、各小组进一步优化并调整方案，确定最终的审核评定方案报告

各小组进一步讨论、优化和修改，确定最终的施工组织方案审核评定方案报告。

实践成果

1）工作情境模拟操作。

2）××钢筋混凝土工程施工组织方案审核表。

学习情境四　装配式混凝土结构工程

案例引入

某地上 25 层的高层老年公寓建筑，采用预制装配整体式框架 - 现浇剪力墙结构体系，水平构件采用叠合梁、板，竖向构件采用预制框架柱；楼梯、阳台栏板、空调板等均采用预制装配构件。同时，对预制构件的形式、连接方式进行了改进及创新。围护结构采用轻质复合墙体，整体建筑实现了无砌筑、无抹灰施工。

典型任务 1　装配式混凝土结构工程质量创优施工指导工作

知识点：

1. 装配式混凝土结构构造。
2. 装配式混凝土结构工程质量控制。
3. 装配式混凝土结构工程质量创优施工指导。

能力（技能）点：

1. 能应用施工质量验收规范对装配式混凝土结构工程进行质量检查。
2. 能根据给定的施工任务对装配式混凝土结构工程进行质量创优施工指导。

实践目的

1）培养学生工程质量意识。

2）通过编制装配式混凝土结构工程质量创优施工指导书，获得质量控制和质量检查方面的知识，并具备相应的能力，进而系统掌握装配式混凝土结构工程创优施工的主要内容，并具备指导创优的能力。

实践分解任务

1）装配式混凝土结构构造要求。

2）装配式混凝土结构质量评价标准。

3）装配式混凝土结构质量控制措施。

实践分组

以小组为单位（6 ~ 8 人为一组），在规定时间内完成上述内容。

实践场地

实训室、机房。

实践实施过程

成立创优小组（6~8人），依据《中国建设工程鲁班奖（国家优质工程）评选办法》（2019年），按照创优总体要求，有针对性地制定创优实施重点内容。每个学生提出自己的装配式混凝土结构工程质量创优施工指导书，小组讨论。

一、编制装配式混凝土结构工程质量创优施工指导书

引导问题1：装配式混凝土结构的定义和分类是什么？

运用知识：

装配式混凝土结构是指由预制混凝土构件（包括预制混凝土剪力墙或柱、预制混凝土叠合楼板或梁、预制混凝土楼梯、预制混凝土阳台以及预制混凝土空调板等）通过可靠的连接方式装配而成的混凝土结构。

装配式混凝土建筑根据装配化程度的高低可分为部分装配式和全装配式两大类。部分装配式混凝土建筑的主要构件一般为预制构件，在现场通过现浇混凝土连接，形成装配式结构；全装配式混凝土建筑一般限制为低层或抗震设防要求较低的多层建筑。

装配式混凝土建筑按结构体系可分为装配式混凝土框架结构、装配式混凝土剪力墙结构、装配式混凝土框架–剪力墙结构。

常用的一种装配式混凝土结构是装配整体式混凝土结构，它是指由预制混凝土构件通过可靠的连接方式进行连接，并与现场后浇混凝土、水泥基灌浆料形成整体的装配式混凝土结构，简称装配整体式结构。装配整体式混凝土结构可分为装配整体式框架结构、装配整体式剪力墙结构、装配整体式框架–现浇剪力墙结构、装配整体式框架–现浇核心筒结构、装配整体式部分框支剪力墙结构。

引导问题2：装配式混凝土结构的基本构件有哪些？

运用知识：

装配式混凝土结构的基本构件主要包括柱、梁、剪力墙、楼板、楼梯、阳台、空调板、女儿墙等，这些主要受力构件通常在工厂预制加工完成，待强度等符合规范要求后运输至施工现场进行现场装配施工。

1）预制混凝土柱包括预制混凝土实心柱和预制混凝土矩形柱壳两种形式。

2）预制混凝土梁根据施工工艺不同分为预制实心梁和预制叠合梁。

3）预制混凝土剪力墙按受力性能分为预制实心剪力墙和预制叠合剪力墙。

4）预制混凝土楼板按照制作工艺不同可分为预制混凝土叠合板、预制混凝土实心板、预制混凝土空心板和预制混凝土双T板等。

5）预制混凝土阳台通常包括预制实心阳台和预制叠合阳台。

引导问题3：常见装配整体式混凝土结构的构造、基本组成构件、适用范围、施工流程是什么？

运用知识：

1. 装配整体式框架结构

装配整体式框架结构的全部或部分框架梁、柱采用预制构件，通过各种可靠的方式进行连接，形成整体的装配式混凝土结构体系，如图 4-1 所示。

装配整体式框架结构的基本组成构件：柱、梁、板等。一般情况下，楼盖采用叠合楼板，梁采用预制件，柱既可以预制也可以现浇，梁、柱节点采用现浇。

装配整体式框架结构的适用范围：建筑平面布置灵活，造价较低，主要应用于多层工业厂房、仓库、商场、办公楼、学校等建筑。

装配整体式框架结构的施工流程如图 4-2 所示。

图 4-1　装配整体式框架结构

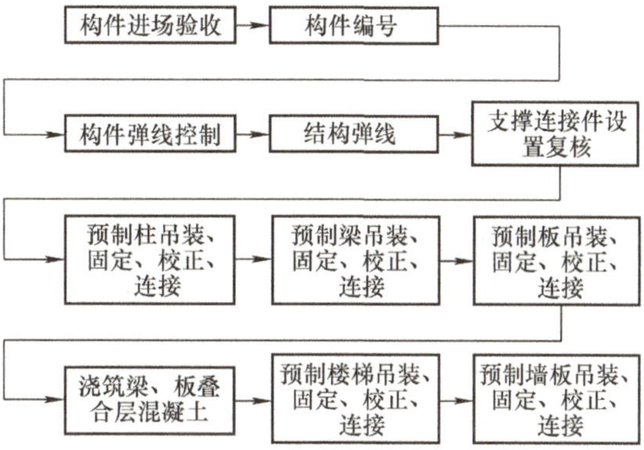

图 4-2　装配整体式框架结构的施工流程

2. 装配整体式剪力墙结构

装配整体式剪力墙结构的全部或部分剪力墙采用预制墙板构件，通过对构件之间连接部位的现场浇筑，形成整体的装配式混凝土结构体系，如图 4-3 所示。

图 4-3　装配整体式剪力墙结构

装配整体式剪力墙结构的基本组成构件：墙、梁、板、楼梯等。一般情况下，楼盖采用叠合楼板，墙为预制墙体，墙端部的暗柱及梁、墙节点采用现浇。

装配整体式剪力墙结构的适用范围：比较适合高层住宅及公寓，满足住宅户型灵活布置的需要，房间内没有梁、柱棱角，整体美观，而且综合造价较低。

装配整体式剪力墙结构的施工流程如图 4-4 所示。

3. 装配整体式框架 – 现浇剪力墙结构

装配整体式框架 – 现浇剪力墙结构的全部或部分框架梁、柱采用预制构件，和现浇混凝土剪力墙共同形成整体的装配式混凝土结构体系，如图 4-5所示。

装配整体式框架 – 现浇剪力墙结构的基本组成构件：墙、柱、梁、板、楼梯等。一般情况下，楼盖采用叠合楼板，梁采用预制件，柱既可以预制也可以现浇，墙为现浇墙体，梁、柱节点采用现浇。

装配整体式框架 – 现浇剪力墙结构的适用范围：既有框架结构布置灵活、使用方便的特点，又有较大的刚度和较强的抗震能力，广泛应用于高层办公建筑和旅馆建筑。

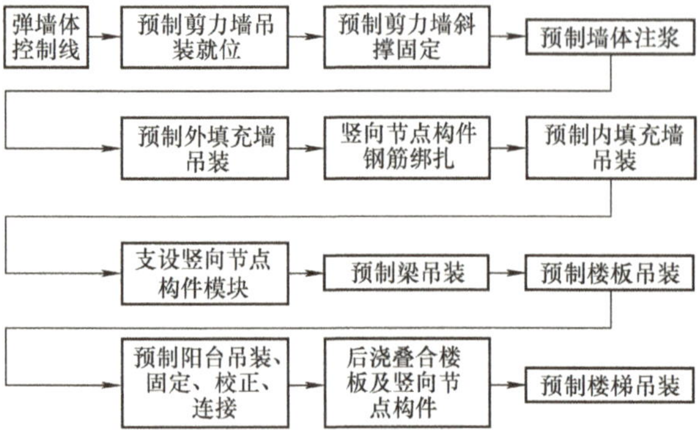

图 4-4　装配整体式剪力墙结构的施工流程

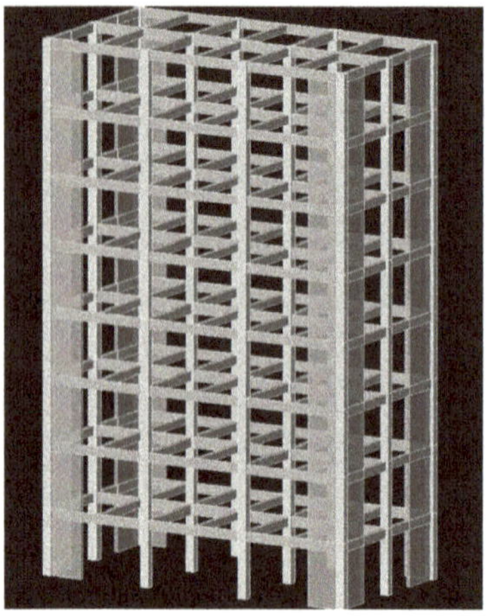

图 4-5　装配整体式框架－现浇剪力墙结构

装配整体式框架－现浇剪力墙结构的施工流程如图 4-6 所示。

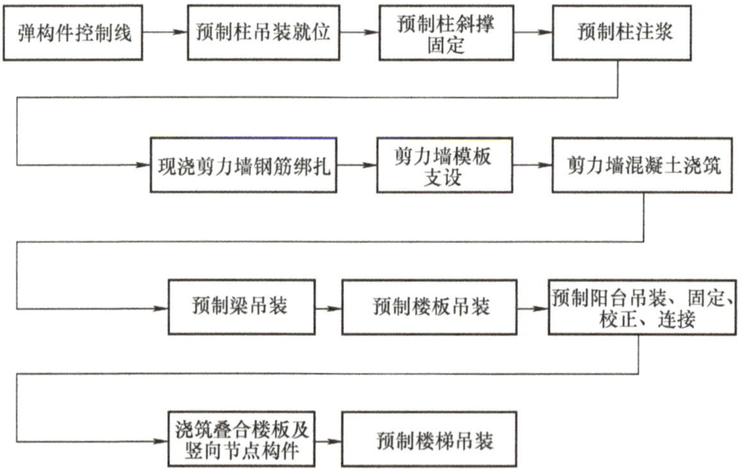

图 4-6　装配整体式框架－现浇剪力墙结构的施工流程

引导问题 4：装配式混凝土结构工程质量创优的依据是什么？

运用知识：

装配式混凝土结构工程质量创优的依据包括：

《中国建设工程鲁班奖（国家优质工程）评选办法》（2019 年）

《装配式混凝土建筑技术标准》（GB/T 51231—2016）

《建筑工程施工质量评价标准》（GB/T 50375—2016 ）

引导问题 5：装配式混凝土结构工程质量评价的内容及分值比重是什么？

运用知识：

根据《建筑工程施工质量评价标准》（GB/T 50375—2016），装配式混凝土结构工程质量评价的内容及分值比重见表 4-1。

表 4-1　装配式混凝土结构工程质量评价的内容及分值比重

工程性能检测项目	40 分
工程质量记录	30 分
允许偏差项目	20 分
观感质量	10 分

引导问题 6：装配式混凝土结构质量控制的措施有哪些？

运用知识：

1. 基本要求

1）装配式混凝土结构预制构件应根据相关标准和设计图纸进行预制构件的深化设计，应满足建筑、结构和机电设备等各专业以及构件制作、运输、安装等各环节的综合要求。

2）混凝土结构预制构件制作应符合绿色制作的要求；装配式混凝土结构施工宜符合绿色施工的相关要求。

3）混凝土结构预制构件制作和装配式混凝土结构安装施工中的安全措施、劳动防护、防火要求等，应符合现行国家、行业和地方标准的规定。

4）宜建立预制混凝土构件生产首件验收制度。预制混凝土构件制作的同类型首个预制构件，建设单位应组织设计单位、施工单位、监理单位、预制混凝土构件制作单位进行验收，合格后方可进行批量生产。当采用驻厂监理时，驻厂监理工程师应在预制构件隐蔽验收部位、混凝土浇筑等关键工序进行旁站监理。

2. 构件制作质量控制措施

1）混凝土结构预制构件制作单位应具备相应的工艺设施和资质，并应有完善的质量管理体系、安全保证体系和必要的检测手段。

2）混凝土结构预制构件制作前，应与设计单位和施工单位沟通，按照设计图纸及施工组织设计技术要求和质量标准制订制作方案并进行技术交底；制作方案应包括制作工艺、过程关键点控制、模具方案、制作计划、技术质量控制措施、成品保护、堆放及运输方案等内容。

3）混凝土结构预制构件起吊或运输前，混凝土强度应符合设计要求。

4）预制构件制作所用的混凝土及其原材料、钢筋、套筒、保温材料、连接件、预埋件、吊具、外墙板接缝处密封材料等应符合设计要求及现行国家或行业相关标准的规定，并按照现行国家或行业相关标准的规定进行进场复检，必要时可根据监管部门要求由具有相应法定检测资质的第三方检测机构进行随机抽查，并提交抽检报告。

5）预制混凝土构件制作前，应根据审查合格的施工图设计文件编制构件设计制作图，并经原施工图设计单位签字确认，委托监理的应经监理单位审查合格后方可进行生产。

6）构件混凝土生产用搅拌站（楼）应符合《建筑施工机械与设备 混凝土搅拌站（楼）》（GB/T 10171—2016）的相关要求，所有计量设备应由计量监督部门进行定期检定，精度必须符合国家标准。混凝土浇筑前应对预制构件的混凝土质量进行检查，并形成混凝土检查验收台账。

3. 构件吊运、存放质量控制措施

1）应根据预制构件的形状、尺寸、质量和作业半径等要求选择吊具和起重设备，所采用的吊具和起重设备及其操作规程，应符合国家现行有关标准及产品应用技术手册的规定。

2）吊点数量、位置应经计算确定，应保证吊具连接可靠，应采取保证起重设备的主钩位置、吊具重心及构件重心在竖直方向上重合的措施。

3）吊索水平夹角不宜小于60°，不应小于45°。

4）应采用慢起、稳升、缓放的操作方式，吊运过程应保持稳定，不得偏斜、摇摆和扭转，严禁吊装构件长时间悬停在空中。

5）吊装大型构件、薄壁构件或形状复杂的构件时，应使用分配梁或分配桁架类吊具，并应采取避免构件变形和损伤的临时加固措施。

6）预制构件存放应符合下列规定：

① 存放场地应平整、坚实，并应有排水措施。

② 存放库区宜实行分区管理和信息化台账管理。

③ 应按照产品品种、规格型号、检验状态分类存放，产品标志应明确、耐久，预埋吊件应朝上，标志应向外。

④ 应合理设置垫块的支点位置，确保预制构件存放稳定，支点宜与起吊点位置一致。

⑤ 与清水混凝土面接触的垫块应采取防沾染措施。

⑥ 预制构件多层叠放时，每层构件间的垫块应上下对齐；预制楼板、叠合板、阳台板和空调板等构件宜平放，叠放层数不宜超过6层；长期存放时，应采取措施控制预应力构件的起拱值和叠合板的翘曲变形。

⑦ 预制柱、梁等细长构件宜平放且用两条垫木支撑。

⑧ 预制内外墙板、挂板宜采用专用支架直立存放，支架应有足够的强度和刚度，薄弱构件、构件的薄弱部位和门窗洞口应采取防止变形开裂的临时加固措施。

4. 构件运输质量控制措施

1）应制订预制构件的运输与堆放方案，其内容应包括运输的时间、次序、堆放场地、运输线路、固定要求、堆放支垫及成品保护措施等。构件运输前应对运输路途上的桥梁和隧道的尺寸、路面和桥面的承载能力、道路转弯半径、限高和障碍物等进行全面调查，确定运输线路。

2）应根据预制构件的种类采取可靠的固定措施。

3）对于超高、超宽、形状特殊的大型预制构件的运输和存放，应制订专门的质量安全保证措施。

4）运输时宜采取如下防护措施：

① 设置柔性垫片以避免预制构件边角部位或链索接触处的混凝土受损伤。

② 用塑料薄膜包裹垫块以避免预制构件的外观受到影响。

③ 墙板上的门窗框、装饰表面和棱角采用塑料贴膜或其他措施加以防护。

④ 竖向薄壁构件设置临时防护支架。

⑤ 装箱运输时，箱内四周采用木材或柔性垫片填实，以支撑牢固。

5）应根据构件特点采用不同的运输方式，托架、靠放架、插放架应进行专门设计，要进行强度、稳定性和刚度验算：

① 外墙板宜采用立式运输，外饰面层应朝外，梁、板、楼梯、阳台宜采用水平运输。

② 采用靠放架立式运输时，构件与地面倾斜角度宜大于80°；构件应对称靠放，每侧不

大于2层，构件层间上部应采用木垫块进行隔离。

③ 采用插放架直立运输时，应采取防止构件倾倒的措施，构件之间应设置隔离垫块。

④ 水平运输时，预制梁、柱构件叠放不宜超过3层，板类构件叠放不宜超过6层。

5. 构件进场工程质量控制措施

1）预制构件进场应提交规定的交付验收材料：

① 出厂合格证。

② 混凝土强度检验报告。

③ 钢筋套筒等其他构件钢筋连接类型的工艺检验报告。

④ 合同要求的其他质量证明文件。

2）构件质量进场检验，应检验构件的外观质量、外形尺寸、预埋件位置偏差。

3）结构构件（是指单独受力构件，如预制楼梯等）应按《混凝土结构工程施工质量验收规范》（GB 50204—2015）的要求进行结构性能检验，构件结构性能检验不合格的构件不得使用。

4）检验批的质量检测需满足如下要求：

① 原材料、构配件和器具等产品的进场复查，应按进场的批次和产品的抽样检验执行。

② 混凝土强度、预制构件结构性能等，应按现行国家和地方有关标准的抽样检验方案执行。

③ 一般项目的合格率应达到80%以上，且不得有严重缺陷。

6. 安装施工质量控制措施

1）安装施工前，应进行测量放线，并设置构件安装定位标志；应复核构件装配位置、节点连接构造及临时支撑方案等；应检查复核吊装设备及吊具处于安全操作状态；应核实现场环境、天气、道路状况等满足吊装施工要求；宜选择有代表性的单元进行预制构件试安装，并应根据试安装结果及时调整、完善施工方案和施工工艺。

2）严格控制装配式结构连接性能检测，主要包括：连接节点部位的后浇混凝土强度、钢筋套筒连接灌注浆体的强度和饱满度、构件接缝部位灌注浆体强度、混凝土保护层厚度以及工程合同约定的其他项目，必要时可做结构原位加载检验。

3）装配整体式混凝土结构的模板及其支撑应根据施工过程中的各种工况进行设计，应具有足够的承载力、刚度和稳定性，能可靠地承受浇筑混凝土的质量、侧压力以及施工荷载。模板与支撑应保证工程结构和构件的定位要求，且各部分形状、尺寸和位置准确。

4）预制构件临时固定措施应符合安全施工的要求。

5）混凝土浇筑完毕后应按施工技术方案及时采取有效的养护措施，并应符合下列规定：

① 应在混凝土浇筑完毕后的12h内及时加以覆盖养护。

② 混凝土浇水养护的时间：对采用硅酸盐水泥、普通硅酸盐水泥或矿渣硅酸盐水泥拌制的混凝土，不得少于7d；对掺用缓凝型外加剂或有抗渗要求的混凝土，不得少于14d。

③ 养护时的浇水次数应能保持混凝土处于湿润状态，混凝土养护用水应与拌制用水相同，当日平均气温低于5℃时不得浇水。

④ 采用塑料布覆盖养护的混凝土，其敞露的全部表面应覆盖严密，并应保持塑料布内有凝结水。

6）固定在模板上的预埋件、预留孔和预留洞均不得遗漏，且应安装牢固，其偏差应符合要求。预制构件宜预留与模板连接用的孔洞、螺栓，预留位置应与模板模数相协调并便于模板安装。

7）装配整体式混凝土结构的现浇部分，应对其主要受力钢筋的数量、规格、间距、保护层厚度及混凝土强度等进行实体检验。

8）预制构件采用套筒灌浆连接或浆锚搭接连接时，连接接头应有有效的型式检验报告，灌浆料的强度、性能应符合国家现行标准、设计文件要求，灌浆应密实、饱满。

9）预制构件采用焊接、螺栓连接等连接方式时，其材料性能及施工质量应符合《钢结构工程施工质量验收标准》（GB 50205—2020）和《钢筋焊接及验收规程》（JGJ 18—2012）的相关规定。

二、教师审查每个小组的工作方案并提出整改建议

指导教师依据《中国建设工程鲁班奖（国家优质工程）评选办法》（2019 年）和“鲁班奖”获奖案例审查各小组的方案，提出整改建议。

整改建议记录：

三、各小组进一步优化方案并确定最终方案

最终方案记录：

实践成果

1）工作情境模拟操作。

2）××装配式混凝土结构工程质量创优施工指导书。

典型任务 2　装配式混凝土结构工程施工方案编制工作

知识点：

1. 装配式混凝土结构工程有关人力、机械设备的选择和配备。
2. 装配式混凝土结构工程施工工艺。
3. 装配式混凝土结构工程施工方案的编制。

能力（技能）点：

1. 能按照指定的施工任务编制装配式混凝土结构工程施工技术交底记录表。
2. 能够填写装配式混凝土结构工程施工记录。
3. 能根据给定的施工任务编制装配式混凝土结构工程施工方案。

实践目的

1）以实际应用为主，培养学生装配式混凝土结构工程人力、机械设备的选择和配备能力。

2）通过装配式混凝土结构工程施工方案的编制，能对该分部的施工工艺流程进行优化，能进行技术交底和施工记录的填写，能独立编制该分部工程的施工方案。

实践分解任务

1）根据工程实际情况，编制装配式混凝土结构工程人力、机械设备的选择和配备表。

2）根据工程实际情况，优化装配式混凝土结构工程施工工艺。

3）根据工程实际情况，编制装配式混凝土结构工程施工技术交底记录表。

4）根据工程实际情况，能够填写装配式混凝土结构工程施工记录。

5）根据工程实际情况，编制装配式混凝土结构工程施工方案。

实践分组

以小组为单位（6~8 人为一组），在规定时间内完成上述内容。

实践场地

实训室、机房。

实践实施过程

一、编制装配式混凝土结构工程施工方案

成立施工方案编制小组（6~8 人），依据《建筑施工组织设计规范》（GB/T 50502—2009）、《装配整体式混凝土结构工程施工与质量验收规程》（DB/T 29—243—2016）、《装配式混凝土结构技术规程》（JGJ 1—2014）、《装配式混凝土建筑技术标准》（GB/T 51231—2016），每个小组编制××工程装配式混凝土结构工程施工方案。

引导问题 1：如何选择和配备装配式混凝土结构工程中的人力、机械设备？

运用知识：

1. 人力资源的选择和配备

2020 年 2 月，人力资源和社会保障部职业技能鉴定中心发布 16 个新职业中，“装配式建筑施工员”正式纳入国家职业分类目录。装配式建筑施工员的定义为：在装配式建筑施工过程中从事构件安装、进度控制和项目现场协调的人员。装配式建筑带来了与以往传统技术完全不同的技术变革：生产工艺由手工变为机械、生产地点由工地变为工厂、施工方式由现场施工变为现场组装、施工人员由农民工为主变为产业工人为主。

（1）装配式混凝土结构工程施工现场作业人员

传统混凝土结构工程主要有测量工、模板工、钢筋工、混凝土工、砌筑工、架子工、抹灰工及管工、电工、通风工、电焊工、弱电工等工种。装配式混凝土结构工程除了上述工种以外，还包括构件制作工、预埋工、智能设备操作工、构件装配工、灌浆工等工种。

1）构件制作工是指使用设备或工具，在预制构件的生产过程中，完成多种构件制作的模具准备与拼装、原料制备、混凝土布料、养护、脱模、转运等工作的作业人员。

2）预埋工是指使用设备或工具，在预制构件生产过程中，完成预埋件检验、放线定位、安装固定、校准检验等工作的作业人员。

3）智能设备操作工是指操作设备、生产线或机具，在钢构件生产过程中，完成构件加工、质量检验、转运及设备维护保养等工作的作业人员。

4）构件装配工是指使用设备或工具，在预制构件的安装过程中，完成预制构件的吊装准备、引导就位、安装校正和临时支撑等工作的作业人员。

5）灌浆工是指使用相关设备或工具，在预制构件的安装过程中，完成构件的灌浆部位检查、施工材料拌和、灌浆腔密封、构件或套筒灌浆、封堵、自检、设备维护和保养等工作的作业人员。

（2）装配式建筑职业从业人员职业技能要求

装配式建筑职业从业人员职业技能等级由低到高可分为：职业技能五级、职业技能四级、职业技能三级、职业技能二级和职业技能一级。

装配式建筑职业从业人员职业技能各等级应符合下列条件：

1）职业技能五级：能运用基本技能完成本职业（工种）的常规工作；能识别本职业（工种）所涉及的常见材料；能操作简单的机械设备并进行例行保养。

2）职业技能四级：能熟练运用基本技能独立完成本职业（工种）的常规工作；能运用专门技能独立或与他人合作完成技术较为复杂的工作；能区分本职业（工种）所涉及的常见材料；能操作常用的机械设备并进行一般的维修。

3）职业技能三级：能熟练运用基本技能和专门技能完成本职业（工种）较为复杂的工作，包括完成部分非常规性工作；能独立处理工作中出现的问题；能指导和培训本等级以下技工；能按照设计要求，合理选用本职业所涉及的材料；能操作较为复杂的机械设备及进行一般的维修。

4）职业技能二级：能熟练运用专门技能和特殊技能完成本职业（工种）复杂的、非常规性的工作；掌握本职业（工种）的关键技术技能，能独立处理和解决技术或工艺难题；具备技术技能方面的创新能力；能指导和培训本等级以下技工；具有一定的技术管理技能；能按照方案要求，合理配置本职业所涉及的材料；能操作复杂的机械设备及进行一般的维修。

5）职业技能一级：能熟练运用专门技能和特殊技能完成本职业各领域复杂的、非常规性工作；掌握本职业的关键技术技能；能独立处理和解决高难度的技术问题或工艺难题；具有较好的技术攻关和工艺革新能力；能组织开展技术改造、技术革新活动；能组织开展系统的专业技术培训；具有较强的技术管理能力。

（3）优化配置人力资源

1）根据工程总体控制计划及工程量、装修的需要合理投入劳动力，结合各阶段的施工需要，随时调整劳动力的投入，且始终处于动态控制中。项目经理部依据各施工进度情况，对各施工队、配合单位的施工任务的工程量及操作工人的技术等级进行比较分析，及时调配劳动力进场作业。

2）项目部进场后，按照各子分部工程的计划施工时间、工作量及时安排劳动力进场，做好前期定位放线、临时建筑搭设工作以及和有关单位的配合工作，以缩短准备周期，迅速打开工作面，使工程建设早日进入正常施工的运行轨道。

3）工程劳动力配备计划应根据招标文件提供的设计图纸以及有关的预算定额、劳动定额和总进度计划编制，并确定工程所需各种技工、普工人数，项目部据此控制劳动力的平衡、调配。

4）管理人员及特殊工种的工人均应持证上岗，对进场施工人员的上岗证、身份证、健康证等证件进行复印，统一登记管理，便于掌握劳动力的流向。

5）装配式混凝土结构工程各阶段劳动力计划见表4-2。

表4-2　装配式混凝土结构工程各阶段劳动力计划　（单位：人）

工种	第1个月	第2个月	第3个月	第4个月	……
木工					
钢筋工					
砌筑工					
混凝土工					
防水工					
架子工					
测量工					
机械设备安装工					
电工					
电焊工					
高处作业吊篮操作工					
灌浆工					
……					

（4）人员培训

根据装配式混凝土结构工程的管理和施工技术特点，对管理人员及作业人员进行专项培训，严禁未培训人员上岗及培训不合格人员上岗；要建立完善的教育和考核制度，通过定期考核和技能竞赛等形式提高职工素质。对于长期从事装配式混凝土结构施工的企业，应逐步建立专业化的施工队伍。

吊装工序施工作业前，应对工人进行专门的吊装作业安全意识培训；构件安装前应对工人进行构件安装专项技术交底，确保构件安装质量一次到位。

钢筋灌浆套筒作业是装配式混凝土结构的关键工序，是有别于现浇混凝土结构的新工艺。施工前应对工人进行专门的灌浆作业技能培训，模拟现场灌浆施工作业流程，提高灌浆工人的质量意识和业务技能，以确保构件灌浆作业的施工质量。

（5）实施劳动力计划的保证措施

1）组织劳务招标，择优选择施工队伍进行构件吊装、构件灌浆、现浇混凝土施工等作业。班组工人应操作技能熟练、施工经验丰富，且吃苦耐劳、作风过硬。

2）项目部组织工程的施工、技术、工期、安全、质量及文明施工等方面的交底工作，使现场的操作工人了解和适应本工程的施工要求。

3）加强对人力的常规管理，做好计划、决策、组织、指挥、监督和调度工作。

4）编制劳动力使用计划，优化劳动组织、劳动分工和协作关系。

2. 机械的选择、配备和管理

装配式混凝土结构的施工组织同传统混凝土结构有较大差异，不仅预制构件较多，而且施工现场仍存在部分现浇混凝土的作业，因此对于施工机械设备的选择既要考虑传统混凝土结构施工的特点，又要考虑预制构件数量多、单件质量大、几何尺寸不规整的装配式混凝土结构工程施工的特点，要科学、合理、安全、经济地选用合适的施工机械设备。

由于装配式混凝土结构工程的预制构件类型多、质量大，形状和重心等差别大，相对于传统建筑业的吊装过程，其吊装用的吊具、索具不应仅仅只是钢丝绳、卡环、卸扣等。为提高挂钩效率，防止被吊构件因重心问题在起吊过程中发生安全事故，应采用更专业化的吊具、索具来协助完成吊装作业。

（1）吊具、索具的选择

1）吊装工具梁。吊装工具梁常用于梁、柱、墙板、叠合板等预制构件的吊装。用吊装工具梁吊运部件时，预制构件的起吊受力比较均匀，有利于构件的安装、校正。

吊装工具梁一般采用钢板、槽钢、工字钢或类似金属材料焊接而成，使用时根据被吊构件的尺寸、质量以及构件上的预留吊环位置，利用卸扣将钢丝绳和构件上的预留吊环连接起来。吊装工具梁上设置有多组圆孔，无论吊装何种构件，均可通过吊装工具梁上的圆孔连接卸扣与钢丝绳进行吊装，保证了吊装安全和吊装效率。

2）千斤顶。千斤顶是一种可用较小的力将重物顶高或移位的简易起重设备，可以用来校正预制构件的安装偏差，也可以顶升和提升构件。常用千斤顶有齿条式、螺旋式和液压式三种形式。

3）吊钩。吊钩是起重机上重要的取物装置之一，要加强对吊钩的使用管理，防止因吊钩损坏和折断发生重大安全事故。吊钩按制造方法可分为锻造吊钩和片式吊钩，其中锻造吊钩又可分为单钩和双钩。在装配式混凝土结构的预制构件吊装施工中，通常采用单钩。

4）手拉葫芦。手拉葫芦适用于小型设备或物体的短距离吊装，以及拉紧缆风绳及拉紧捆绑构件的绳索等，在预制构件吊装中使用比较广泛。由于装配式混凝土结构吊装施工中的塔式起重机、履带式起重机或汽车起重机只能进行初步就位，无法进行预制构件的精确就位，因此手拉葫芦一般用于预制构件吊装初步就位后，由人工操作使预制构件精确就位，解决了大型机械施工精度不足的难题。

5）钢丝绳。钢丝绳是起重吊装作业的重要工具，通常由多层钢丝捻成绳股，再由多股绳股以绳芯为中心捻成，能卷绕成盘。钢丝绳是吊装施工的主要绳索，具有自重轻、强度高、弹性大、韧性好、耐磨、耐冲击、在高速下平稳运动且噪声小、安全可靠等特点。

6）吊索。吊索又称千斤绳，是由钢丝绳制成的，常用来捆绑物体，也可用来连接吊钩、吊环或固定滑轮、卷扬机等吊装机具，因此钢丝绳的允许拉力即为吊索的允许拉力。在使用时，吊索的拉力不应超过其允许拉力。

7）吊装带。目前使用的常规吊装带（合成纤维吊装带）一般采用高强度聚酯长丝制作。吊装带根据外观分为环形穿芯、环形扁平、双眼穿芯、双眼扁平四类。吊装带的吊装能力在1~300t。

8）卸扣。卸扣又称为卡环，是由低碳合金钢锻造后经热处理制成的，是起重吊装作业中普遍使用的连接工具，用于吊索之间或吊索与构件吊环之间的连接。卸扣由弯环与销子两部分组成。

卸扣按外形分类有直形卸扣和椭圆形卸扣；按活动销轴的形式分类有螺栓式卸扣和销子式卸扣。螺栓式卸扣的销子和弯环采用螺纹连接；销子式卸扣的孔眼无螺纹，可直接抽出。螺栓式卸扣使用较多，但在柱子吊装中多采用销子式卸扣。

（2）施工起重吊装机械选择的原则

1）适应性。拟建工程项目的预制率是确定起重吊装机械规格、型号的关键因素，施工机械还要适应建设项目的施工条件和作业内容。

2）高效性。通过对机械功率、技术参数的分析研究，在与项目条件相适应的前提下，尽量选用生产效率高、操作简单方便的吊装机械设备。

3）安全性。选用的施工机械的性能应优越、稳定，安全防护装置要齐全、灵敏可靠。

4）经济性。在选择工程施工机械时，必须权衡工程量与机械费用的关系，尽可能选用低能耗、易保养、易维修的吊装机械设备。吊装机械的工作量、生产效率等要与工程进度及工程量相匹配，尽量避免出现因施工吊装机械设备的作业能力不足导致吊装机械设备利用率降低的情况，或因作业能力超过额定能力而延误工期，给吊装机械的安全使用带来隐患。

5）综合性。有的工程施工情况很复杂，仅仅选择一种起重机械有很大的局限性，可以根据具体工程实际选用多种起重吊装机械配合使用，充分发挥每种机械的优势，达到经济、适用、高效的目的。

（3）施工起重吊装机械选择的依据

1）工程特点。应根据工程建筑物所处具体地点、平面形式、占地面积、结构形式、建筑物长度、建筑物宽度、建筑物高度等因素确定起重吊装机械。

2）施工项目的施工条件。应根据施工工期、现场的道路条件、周边环境条件、基坑开挖深度和范围、基坑支护状况、现场平面布置条件、施工工序等施工项目的施工条件确定起重吊装机械。

3）预制构件特点。应根据建筑物的预制装配率和构件的数量、质量、长度、最终就位位置确定起重吊装机械。

4）其他。在选择起重吊装机械时，要考虑钢管、模板、钢筋、木材、砌体等材料的运输、起吊。

5）工程量。应根据建设工程需要加工运输的工程量确定起重吊装机械。

（4）装配式混凝土结构工程施工起重吊装机械的选型

1）装配式混凝土结构，一般情况下采用的预制构件体型较大，人工很难对其进行吊运安装作业，通常情况下需要采用大型起重吊装机械完成构件的吊运安装工作。装配式混凝土结构工程施工常用起重吊装机械有汽车起重机、履带式起重机和塔式起重机，在实际施工过程中应合理地使用多种吊装设备，使其优势互补，以便于更好地完成各类构件的吊运安装工作，取得最佳的经济、社会和环境效益。

2）对于单体工程建筑总高度不高且外形造型奇特的建筑物，可以优先选择汽车起重机、履带式起重机，优点是起重机位置可灵活移动，进场出场方便。

3）对于单体工程建筑高度较高、外形规整且上下部分基本无变化或变化有规律的建筑物，可以优先选用附着塔式起重机。对于单体工程建筑高度较高、外形不规整、上下部分变化较大，但变化有规律的建筑物，可以选用内爬塔式起重机，其优点是起重量大、位置固定。内爬塔式起重机一般安设在混凝土电梯井内，可随电梯井同步升高。

4）若预制构件几何尺寸较小、质量较轻，也可采用楼面移动式小型起重机等施工单位自行研制的实用型吊装机械进行吊装或就位。

（5）施工起重吊装机械的管理

1）持证制度。施工起重吊装机械的操作人员必须经过技术考核合格并取得操作证后方可独立操作机械，严禁无证操作。主要施工起重吊装机械在使用中实行定人、定机、定岗位责任的制度。

2）技术培训制度。通过进场培训和定期的过程培训，使操作人员做到“四懂三会”，即懂机械原理、懂机械构造、懂机械性能、懂机械用途，会操作、会维修、会排除故障。

3）安全交底制度。严格实行安全交底制度，使操作人员对施工要求、场地环境、气候等安全生产要素有详细的了解，确保机械使用的安全。

4）交接班制度。施工起重吊装机械往往由多人操作，交接班制度非常重要。交接班制度应交接上一班工作的完成情况、机械设备运转情况、备用料具、机械运行记录等内容。

5）施工起重吊装机械的进厂检验。施工项目总承包企业的项目经理部，对进入施工现场的所有机械设备的安装、调试、验收、使用、管理、拆除、退场等负有全面管理的责任，因此项目经理部无论是企业自有的设备还是租赁的设备，以及分包单位自有或者租赁的设备，都要进行全面检查。

6）日常维护保养工作：

① 日常维护保养是保证起重吊装机械安全、可靠运行的前提，在起重吊装机械的日常使用过程中，应严格按照随机文件的规定定期对设备进行维护保养。

② 设备管理部门应严格执行设备的日检、月检和年检，即每个工作日对设备进行一次常规的巡检，每月对易损零（部）件及主要安全保护装置进行一次检查，每年至少进行一次全面检查，保证设备始终处于良好的运行状态。

③ 维护保养工作既可由起重吊装机械的司机、管理人员和维修人员进行，也可以委托具有相应资质的专业单位进行。检查中发现异常情况时，必须及时进行处理，严禁设备带故

障运行，所有检查和处理的情况应及时进行记录。

7）起重吊装机械年检的主要内容：

① 月度检查的所有内容。

② 金属结构的变形、裂纹、腐蚀情况，以及焊缝、铆钉、螺栓等连接情况。

③ 主要零部件的磨损、裂纹、变形等情况。

④ 质量指示、超载报警装置的可靠性和精度。

⑤ 动力系统和控制器的可靠性。

装配式混凝土结构工程施工主要施工机械计划见表4-3。

表4-3　装配式混凝土结构工程施工主要施工机械计划

序号	名称	规格、型号	单位	数量	备注
1	挖掘机				
2	装载机				
3	钢筋弯曲机				
4	钢筋调直机				
5	数控弯箍机				
6	洗车台				
7	电焊机				
8	构件运输车				
9	塔式起重机				
10	汽车起重机				
11	构件灌浆机				

引导问题2：如何优化装配式混凝土结构工程的施工工艺？

运用知识：

1. 预制墙板安装施工工艺

（1）施工流程

基础清理及定位放线→封浆条及垫片安装→预制墙板吊运→预留钢筋插入就位→墙板调整校正→墙板临时固定→砂浆塞缝→PCF板吊装固定→连接节点钢筋绑扎→套筒灌浆→连接节点封模→连接节点混凝土浇筑→接缝防水施工

（2）预制墙板安装应符合的要求

1）预制墙板安装应设置临时斜撑，每件预制墙板安装过程的临时斜撑应不少于2道，临时斜撑宜设置调节装置，支撑点位置距离底板的距离不宜大于板高的2/3，且不应小于板高的1/2。斜支撑的预埋件安装、定位应准确。

2）预制墙板安装时应设置底部限位装置，每件预制墙板底部的限位装置不少于2个，间距不宜大于4m。

3）临时固定措施的拆除应在预制构件与结构可靠连接，且装配式混凝土结构能达到后续施工要求后进行。

4）预制墙板安装过程应符合下列规定：

① 构件底部应设置可调整接缝间隙和底部标高的垫块。

② 钢筋套筒灌浆连接、钢筋锚固搭接连接在灌浆前，应对接缝周围进行封堵。

③ 墙板底部采用坐浆时，其厚度不宜大于20mm。

④ 墙板底部应分区灌浆，分区长度为1～1.5m。

5）预制墙板校核与调整应符合下列规定：

① 预制墙板安装垂直度应满足外墙板面垂直度要求。

② 预制墙板拼缝校核与调整应以竖缝为主、横缝为辅。

③ 预制墙板阳角位置相邻的平整度校核与调整，应以阳角垂直度为基准。

（3）主要安装工艺

1）定位放线。在楼板上根据图纸及定位轴线放出预制墙体定位边线及200mm控制线；同时，在预制墙体吊装前，在预制墙体上放出墙体500mm水平控制线，以便于预制墙体安装过程中精确定位。

2）调整偏位钢筋。预制墙体吊装前，为了便于预制构件快速安装，可使用定位框检查竖向连接钢筋是否偏位，偏位钢筋可用钢筋套管进行校正，以便于后续预制墙体精确安装。

3）预制墙体吊装就位。预制墙板吊装时，为了保证墙体构件整体受力均匀，应采用专用吊梁（模数化通用吊梁）施工。专用吊梁由H型钢焊接而成，根据各预制构件吊装时的不同尺寸、不同起吊点位置、设置模数化吊点，确保预制构件在吊装时的吊装钢丝绳保持竖直。专用吊梁下方设置用于悬挂吊索的专用吊钩，可进行不同类型预制墙体的吊装。

预制墙体吊装过程中，距楼板面1000mm处应减缓下落速度，由操作人员引导墙体降落，操作人员观察连接钢筋是否对孔，直至钢筋与套筒全部连接（预制墙体安装时应按顺时针依次安装，先吊装外墙板，后吊装内墙板）。

4）安装斜向支撑及底部限位装置。预制墙体吊装就位后，先安装斜向支撑，斜向支撑用于固定和调节预制墙体，以确保预制墙体的安装垂直度；再安装预制墙体的底部限位装置，用于加固墙体与主体结构的连接，确保后续灌浆与暗柱混凝土浇筑时不产生位移。墙体通过靠尺校核其垂直度，如有偏位，可调节斜向支撑，确保构件的水平位置及垂直度偏差在5mm以内、相邻墙板构件平整度偏差在5mm以内；此施工过程中要同时检查外墙面上下层的平齐情况，允许误差以不超过3mm为准；如果超过允许误差，要以外墙面上下层错开3mm为准重新进行墙板的水平位置及垂直度调整，最后固定斜向支撑及底部限位装置。

2. 预制柱安装施工工艺

（1）施工流程

标高找平→竖向预留钢筋校正→预制柱吊装→预制柱的安装及校正→灌浆施工

（2）预制柱安装要求

1）预制柱安装前应校核轴线、标高，以及连接钢筋的数量、规格、位置。

2）预制柱安装就位后在两个方向应采用可调斜撑进行临时固定，并进行垂直度调整，同时在柱子四角缝隙处加塞垫片。

3）预制柱的临时支撑，应在套筒连接器内的灌浆料强度达到设计要求后拆除；当设计无具体要求时，混凝土或灌浆料应达到设计强度的75%以上时方可拆除预制柱的临时支撑。

（3）主要安装工艺

1）标高找平。预制柱安装施工前，应通过激光扫平仪和钢尺检查楼板面平整度，可用铁制垫片调整楼层平整度在允许偏差范围内。

2）竖向预留钢筋校正。根据所弹出的柱线，采用钢筋限位框对预留钢筋进行位置复核；对有弯折的预留钢筋应用钢筋校正器进行校正，以确保预制柱的连接质量。

3）预制柱吊装。预制柱吊装采用慢起、快升、缓放的操作方式。塔式起重机应缓缓持力将预制柱吊离存放架，然后快速运至预制柱安装的施工层。在预制柱就位前，应清理安装部位基层，然后将预制柱缓缓吊运至安装部位的正上方。

4）预制柱的安装及校正。塔式起重机将预制柱下落至设计安装位置，下一层预制柱的竖向预留钢筋与预制柱底部的套筒要全部连接；吊装就位后立即加设不少于2根的斜支撑对预制柱进行临时固定，斜支撑与楼面的水平夹角不应小于60°。

根据已弹好的预制柱的安装控制线和标高线，用2m靠尺、吊线检查预制柱的垂直度，并通过可调斜支撑微调预制柱的垂直度。预制柱安装施工时应边安装边校正。

5）灌浆施工。灌浆作业应按产品要求计量灌浆料和水的用量并要搅拌均匀，搅拌时间从开始加水到搅拌结束应不少于5min，然后静置2～3min；每次拌制的灌浆料拌合物应进行流动度的检测，流动度应符合设计要求。搅拌后的灌浆料应在30min内使用完毕。

3. 预制梁安装施工工艺

（1）施工流程

预制梁进场、验收→按图放线→设置梁底支撑→预制梁起吊→预制梁就位微调→接头连接

（2）预制梁安装要求

1）梁吊装顺序应遵循先主梁后次梁、先低后高的原则。

2）预制梁安装就位后应对水平度、安装位置、标高进行检查。根据控制线对梁端和两侧进行精密调整，误差控制在2mm以内。

3）预制梁安装时，主梁和次梁伸入支座的长度与搁置长度应符合设计要求。

4）预制次梁与预制主梁之间的凹槽应在预制楼板安装完成后，采用不低于预制梁混凝土强度等级的材料填实。

5）梁吊装前，柱核心区内先安装一道柱箍筋，梁就位后再安装两道柱箍筋，之后才可进行梁、墙吊装。否则，柱核心区质量无法保证。

6）梁吊装前应将所有梁底的标高进行统计，有交叉部分的梁的吊装方案根据先低后高的顺序安排施工。

（3）主要安装工艺

1）定位放线。用水平仪测量并修正柱顶与梁底标高，要确保标高一致，然后在柱上弹出梁边控制线。

预制梁安装前应复核柱钢筋与梁钢筋的位置、尺寸。对梁钢筋与柱钢筋安装有冲突的，应按经设计部门确认的技术方案调整。梁、柱核心区箍筋的安装应按设计文件要求进行。

2）支撑搭设。梁底支撑采用钢立杆支撑＋可调顶托，可调顶托上铺设100mm×100mm方木，预制梁的标高通过支撑体系的顶丝来调节。

临时支撑位置应符合设计要求。设计无要求时，长度小于或等于4m时应设置不少于2道垂直支撑，长度大于4m时应设置不少于3道垂直支撑。

梁底支撑标高调整宜高出梁底结构标高2mm，应保证支撑充分受力并撑紧支撑架后方可松开吊钩。

叠合梁应根据构件的类型、跨度来确定后浇混凝土支撑件的拆除时间，强度达到设计要求后方可承受全部设计荷载。

3）预制梁吊装。预制梁一般采用两点吊装，预制梁的两个吊点分别位于梁顶两侧距离两端0.2倍梁长位置，由生产厂家预留。现场吊装工具采用双腿锁具或专用吊梁吊住预制梁的两个吊点，然后逐步移向拟定位置，再由人工通过预制梁顶的绳索辅助梁就位。

4）预制梁微调定位。当预制梁初步就位后，两侧借助柱上的梁定位线将梁精确校正。梁的标高通过支撑体系的顶丝来调节，调节的同时需将下部的可调支撑拧紧，然后方可松去吊钩。

5）接头连接。混凝土浇筑前应将预制梁两端键槽内的杂物清理干净，并提前24h浇水湿润。预制梁两端键槽的锚固钢筋在绑扎时，应确保钢筋位置的准确。

预制梁水平钢筋连接为机械连接、钢套筒灌浆连接或焊接连接。

4. 预制楼板安装施工工艺

（1）施工流程

预制板进场、验收→放线→搭设板底独立支撑→预制板吊装→预制板就位→预制板校正定位

（2）预制楼板安装应符合的要求

1）构件安装前应编制支撑方案，支撑架体宜采用可调工具式支撑系统，首层支撑架体的地基必须坚实，架体必须有足够的强度、刚度和稳定性。

2）板底支撑间距不应大于2m，每根支撑之间的高差不应大于2mm，标高偏差不应大于3mm，悬挑板的外端支撑宜比内端支撑调高2mm。

3）预制楼板安装前，应复核预制板构件端部和侧边的控制线以及支撑搭设情况是否满足要求。

4）预制楼板安装应通过微调垂直支撑来控制水平标高。

5）预制楼板安装时，应保证水电预埋管（孔）位置准确。

6）预制楼板吊至梁、墙上方30～50cm后，应调整板位置使板锚固筋与梁箍筋错开，然后根据梁、墙上已放出的板边和板端控制线准确就位，偏差不得大于2mm，累计误差不得大于5mm。板就位后调节支撑立杆，确保所有立杆全部受力。

7）预制叠合楼板吊装应依次铺开，不宜间隔吊装。在混凝土浇筑前，应校正预制构件的外伸预留钢筋，外伸预留钢筋伸入支座时，预留钢筋不得弯折。

8）相邻叠合楼板间的拼缝及预制楼板与预制墙板位置的拼缝应符合设计要求，并有防止开裂的措施。施工集中荷载处或受力较大部位应避开拼接位置。

（3）主要安装工艺

1）定位放线。预制墙体安装完成后，由测量人员根据预制叠合板的板宽放出独立支撑定位线，并安装独立支撑；同时根据叠合板分布图及轴网，利用经纬仪在预制墙体上方弹出板缝位置定位线，板缝位置定位线的允许误差为±10mm。

2）板底支撑架搭设。支撑架体应具有足够的承载能力、刚度和稳定性，应能可靠地承受混凝土构件的自重和施工过程中所产生的荷载及风荷载，支撑立杆下方应铺50mm厚木板。

要确保支撑系统的间距及距离墙、柱、梁边的净距符合系统验算要求，上下层支撑应在

同一直线上。应在可调节顶撑上架设方木，调节好方木顶面至板底设计标高后，开始吊装预制楼板。

3）预制楼板吊装就位。为了避免预制楼板在吊装时因受集中应力作用造成叠合板开裂，预制楼板吊装宜采用专用吊架。

预制叠合板吊装过程中，应在作业层上空500mm处减缓降落速度，由操作人员根据板缝定位线引导楼板降落至独立支撑上。降落时要及时检查板底与预制叠合梁或剪力墙的接缝是否到位，预制楼板钢筋深入墙的长度是否符合要求，直至吊装完成。

5. 预制外挂板安装施工工艺

（1）施工流程

结构标高复核→预埋连接件复检→预制外挂板起吊及安装→安装临时承重件及斜撑→调整预制外挂板的位置、标高、垂直度→安装永久连接件→吊钩解钩

（2）预制外挂板安装要求

1）构件起吊时要严格执行“333制”：先将预制外挂板吊起距离地面300mm的位置后停稳30s，相关人员要确认构件是否水平，如果发现构件倾斜，要停止吊装，放回原来位置重新调整，以确保构件能够水平起吊；另外，还要确认吊具连接是否牢靠，钢丝绳有无交错等，确认无误后可以起吊，所有人员远离构件3m远。

2）构件吊至预定位置附近后，缓缓下放，在距离作业层上方500mm处停止；然后吊装人员手扶预制外挂板，配合起吊设备将构件水平移动至构件吊装位置；就位后缓慢下放，吊装人员通过地面上的控制线将构件尽量控制在边线上，若偏差较大，需重新吊起距地面50mm处，经调整后再次下放，直到偏差满足设计要求时为止。

3）构件就位后，需要进行测量确认，测量指标主要有高度、位置、倾斜度。调整时建议按照“先高度、再位置、后倾斜”的顺序进行。

（3）主要安装工艺

1）安装临时承重件。预制外挂板吊装就位后，在调整好位置和垂直度前，需要通过临时承重件进行临时支撑，临时承重件同时还起到控制吊装标高的作用。

2）安装永久连接件。预制外挂板通过预埋件与下层结构连接，连接形式为焊接及螺栓连接。

6. 内隔墙板安装施工工艺

内隔墙板安装施工工艺流程与预制外挂板大致相同，但要特别注意以下几点：

1）内墙板和内隔墙板也可采用硬塑垫块进行找平，并在PC构件安装之前进行聚合物砂浆坐浆处理，坐浆应密实均匀。一旦墙板就位，聚合物砂浆就把墙板和基层之间的缝隙填塞密实。

2）安装时应注意墙板上预留管线以及预留洞口是否有偏差，如发现有偏差且在吊装完后又不好处理的，应先处理后再安装就位。

3）墙板落位时注意编号位置以及正反面（箭头方向为正面），并根据楼面上所标示的垫块厚度与位置选择合适的垫块将墙板垫平，就位后将墙板底部的缝隙用砂浆填满。

4）墙板就位时应注意墙板上的管线预留孔洞与楼面现浇部分预留管线的对接位置是否准确，如有偏差，墙板应先不要落位，应通知水电安装人员及时处理。

5）墙板处两端如有柱或暗柱，如墙板于柱或暗柱钢筋先施工时，应将柱或暗柱箍筋先

套在柱的主筋内，否则将会增加钢筋施工的难度；如柱钢筋于梁先施工时，柱箍筋应只绑扎到梁底位置，否则墙板无法就位。墙板暗梁底部的纵向钢筋必须放置在柱或剪力墙纵向钢筋的内侧。

6）模板安装完后，应全面检查墙板的垂直度以及位移偏差，以免因为安装模板导致的墙板移动。

7. 预制楼梯安装施工工艺

（1）施工流程

预制楼梯进场、验收→放线→垫片及坐浆料施工→预制楼梯吊装→预制楼梯校正→预制楼梯固定

（2）预制楼梯安装要求

1）预制楼梯安装前应复核楼梯的控制线及标高，并做好标志。

2）预制楼梯支撑应有足够的承载力、刚度及稳定性。楼梯就位后应调节支撑立杆，确保立杆全部受力。

3）预制楼梯吊装应保证上下高差相符、顶面和底面平行，以便于安装。

4）预制楼梯安装位置应准确，当采用预留锚固钢筋方式安装时，应先放置预制楼梯，再与现浇梁或板浇筑连接成整体，并保证预埋钢筋的锚固长度和定位符合设计要求；当预制楼梯与现浇梁或板之间采用预埋件焊接或螺栓孔连接方式时，应先施工现浇梁或板，再搁置预制楼梯进行焊接或螺栓孔灌浆连接。

（3）主要安装工艺

1）放线定位。楼梯间周边梁板叠合层混凝土浇筑完工后，测量并弹出相应楼梯构件端部和侧边的控制线。

2）预制楼梯吊装。预制楼梯一般采用四点吊装，配合手拉葫芦下落并调整索具铁链的长度，使楼梯段的休息平台处于水平位置。一般先试吊预制楼梯板，检查吊点位置是否准确、吊索受力是否均匀等，试吊高度不应超过1m。

预制楼梯吊至梁上方300～500mm后，调整预制楼梯位置使上下平台锚固筋与梁箍筋错开，板边线基本与控制线对应。最后根据已放出的楼梯控制线将构件精确就位，就位时先保证楼梯两侧准确就位，再使用水平尺和手拉葫芦调节楼梯水平。

8. 其他预制构件安装施工工艺

（1）预制阳台板安装要求

1）预制阳台板安装前，测量人员根据阳台板宽度放出竖向独立支撑定位线，并安装独立支撑；同时，在预制叠合板上放出阳台板控制线。

2）当预制阳台板吊装至作业面上空500mm处时，要缓慢降落，要由专业操作工人稳住预制阳台板，并根据叠合板上的控制线引导预制阳台板降落至独立支撑上；再根据预制墙体上的水平控制线及预制叠合板上的控制线，校核预制阳台板水平位置及竖向标高的情况，并通过调节竖向独立支撑来确保预制阳台板满足设计标高要求；然后通过撬棍（撬棍要配合垫木使用，以避免损坏板的边角）调节预制阳台板的水平位移，确保预制阳台板满足设计图纸水平分布的要求。

3）预制阳台板定位完成后，将阳台板钢筋与叠合板钢筋可靠连接固定，预制构件固定完成后方可摘除吊钩。

4）同一构件上的吊点高度不同时，低处吊点采用手拉葫芦进行拉接，起吊后要调平，落位时再用手拉葫芦调整标高。

（2）预制空调板安装要求

1）预制空调板吊装时，板底应采用临时支撑措施。

2）预制空调板与现浇结构连接时，预留锚固钢筋应伸入现浇结构部分，并应与现浇结构连成整体。

3）预制空调板采用插入式吊装方式时，连接位置应设预埋连接件，并应与预制外挂板的预埋连接件连接。空调板与外挂板交接的四周防水槽口应嵌填防水密封胶。

引导问题3：如何编制装配式混凝土结构工程各子分部分项工程的施工技术交底记录表?

运用知识：

1. 装配式混凝土结构工程所包含的子分部、分项工程

装配式混凝土结构工程的施工质量应按子分部工程进行验收，其子分部工程包括模板分项工程、钢筋分项工程、预应力分项工程、混凝土分项工程、现浇结构分项工程和预制结构构件分项工程等。

2. 装配式混凝土结构工程各子分部分项工程施工技术交底记录表的组成内容

1）明确技术交底的依据：施工图纸，执行的规范、标准、图集，创优工程要求（如有）等。

2）安全操作注意事项。

3）明确各子分部工程采取的施工工艺及技术要点。

4）做好成品保护的措施。

5）其他注意事项。

3. 填写装配式混凝土结构工程各子分部分项施工记录

1）分部工程质量验收记录编号：编号按“建筑工程的分部工程、分项工程划分”［《建筑工程施工质量验收统一标准》（GB 50300—2013）附录 B］规定的分部工程代码编写，写在分部分项施工记录表的右上角。对于一个工程而言，一个分部只有一个分部工程质量验收记录，所以不编写顺序号。

2）单位（子单位）工程名称填写全称，如为群体工程，则按群体工程名称－单位工程名称的形式填写，子单位工程标出该部分的位置。另外，子分部工程数量是指本分部工程包含的实际发生的所有子分部工程的数量；分项工程数量是指本分部工程包含的实际发生的所有分项工程的总数量。

3）“子分部工程名称、分项工程名称、检验批数量、施工单位检查结果、监理单位验收结论”栏的填写：

① 填写本分部工程汇总的所有子分部、分项工程，并依次排序，要填写对应的名称、检验批数量，注意要填写齐全。

②“施工单位检查结果”栏，由填表人依据分项工程验收记录填写，填写“符合要求”或“合格”。

③“监理单位验收结论”栏，由填表人依据分项工程验收记录填写，填写“合格”或“符合要求”。

4. 施工安装技术交底

下面以装配整体式框架结构和装配整体式剪力墙结构的施工要点交底来表述装配式混凝土结构工程的施工安装技术交底，分别见表4-4、表4-5。

表4-4　装配整体式框架结构施工要点交底

项目	交底要点
预制柱系统	预留钢筋位置、长度，预制柱的长度、宽度、质量，键槽构造，预制柱吊装，预制柱钢斜撑固定，预留钢筋连接方式，钢筋套筒灌浆工艺
预制叠合梁系统	预制叠合梁的长度、宽度、质量，预制叠合梁吊装，预制叠合梁钢斜撑固定，钢筋套筒灌浆或机械连接工艺
预制叠合板安装系统	预制叠合板的厚度及粗糙面、预制叠合板吊装、板端钢筋搭接或锚固长度
预制外墙挂板安装系统	预埋件设置、预制外墙挂板吊装、钢斜撑固定、连接螺栓固定

表4-5　装配整体式剪力墙结构施工要点交底

项目	交底要点
预制剪力墙系统	预留钢筋位置、长度，预制剪力墙的长度、宽度、质量，键槽构造，预制剪力墙吊装，预制剪力墙斜撑固定方式，预留钢筋连接方式
预制叠合梁系统	预制叠合梁的长度、宽度、质量，预制叠合梁吊装，预制叠合梁斜撑固定方式，钢筋套筒灌浆或机械连接方式
预制叠合板安装系统	预制叠合板的厚度及粗糙面、预制叠合板吊装、预制叠合板端搭接尺寸、钢筋板端搭接或锚固长度
墙板后浇混凝土及叠合板现浇层系统	后浇混凝土配合比及要求、水电暖通线管或线盒布设、后浇混凝土及叠合板现浇工艺

引导问题4：装配式混凝土结构工程施工方案组成的内容有哪些？

运用知识：

1. 装配式混凝土结构工程施工方案的内容

1）工程概况。

2）拆分和深化设计要求。

3）质量要求。

4）工期要求。

5）施工部署。

6）现场堆放场地要求。

7）运输吊装机械选用。

8）预制构件进场时间、预制构件安装工序安排。

9）预制构件安装竖向和斜向支撑的要求。

10）后浇混凝土钢筋、模板和浇筑要求。

11）工程质量保证措施。

12）安全施工及消防措施。

13）绿色施工、现场文明和环境保护施工措施等。

2. 专项安全方案

装配式混凝土结构工程在施工过程中有许多分部分项工序属于危险性较大的分部分项工程，如预制构件起重吊装、起重机械安装拆卸工程等，根据《危险性较大的分部分项工程安全管理规定》（中华人民共和国住房和城乡建设部令第 37 号）的要求，工程属于危险性较大的工程，需要编制专项安全方案。

对于采用非常规起重的设备、方法，且单件起吊重量在 10kN 及以上的起重吊装工程，以及采用起重机械进行安装的工程，其预制构件起重吊装专项安全方案应包括以下内容：

（1）编制依据

简单描述相关法律、法规、规范性文件、标准、规范及图纸（国标图集）、施工组织设计、计算软件等。

（2）工程概况

简单描述工程的名称、位置、建筑面积、结构形式、层高、预制装配率，起重吊装部位，预制构件的质量、数量、形状、几何尺寸，预制构件就位的楼层等；施工平面预制构件现场布置、施工要求和技术保证条件、施工计划进度要求。

（3）施工计划

描述施工进度计划、预制构件生产及分批进场计划、各种材料与设备计划、周转模板及支设工具计划、劳动力计划、预制构件安装计划、后浇混凝土计划等。

（4）预制构件吊装机械情况

描述预制构件运输设备、吊装设备的种类、数量、位置，吊装设备的性能，构件强度验算，吊装设备的运输线路及运输、堆放和拼装工况。

（5）预制构件施工工艺

描述预制构件强度验算，整体、后浇拼装方法，预制构件吊装顺序和起重机械开行路线，预制构件的绑扎、起吊、就位、临时支撑固定及校正方法，预制构件之间的钢筋连接方式和混凝土连接方式，预制构件中水电暖通管线的预留预埋情况，吊装检查验收标准及方法等。

（6）现浇混凝土施工工艺

详细描述同预制构件相邻的墙板的钢筋绑扎、模板支设及固定、现浇混凝土工艺、质量检查验收标准及方法等，现浇混凝土中水电暖通管线同预制构件中预留预埋水电暖通管线的对接方式。

（7）施工安全保证措施

描述施工安全组织措施和技术安全措施，以及危险源辨识及安全应急预案内容。

（8）计算书及图纸情况

描述起重机械的型号选择验算，预制构件的吊装吊点位置、强度、裂缝宽度验算，吊具、吊索、横吊梁的验算，预制构件校正和临时固定的稳定验算，承重结构的强度验算，地基承载力验算等。

描述施工相关图纸，如预制构件深化设计和拆分设计施工图、预制构件场区平面布置图、预制构件吊装就位平面布置图、吊装机械位置图、开行路线图等。

二、教师审查每个小组的施工方案并提出整改建议

指导教师依据《建筑工程施工质量验收统一标准》（GB 50300—2013）、《装配式混凝土

建筑技术标准》（GB/T 51231—2016）、《建筑施工组织设计规范》（GB/T 50502—2009）等规范文件审查各小组施工方案，提出整改建议。

整改建议记录：

三、各小组进一步优化方案并确定最终方案

最终方案记录：

实践成果

1）工作情境模拟操作。

2）××工程装配式混凝土结构工程施工方案。

典型任务3 装配式混凝土结构分部工程项目验收工作

知识点：

1. 装配式混凝土结构分部工程竣工验收的标准、规范。

2. 装配式混凝土结构分部工程施工质量验收。

能力（技能）点：

1. 能够按照施工质量验收规范填写装配式混凝土结构分部工程施工质量验收检查表。

2. 能应用施工质量验收规范对装配式混凝土结构分部工程进行质量检查，达到质量验收规范的要求。

3. 能根据给定的施工任务组织相关责任单位进行装配式混凝土结构分部工程项目验收工作。

实践目的

1）以实际应用为主，培养学生职业素养，提高规范意识。

2）通过现场验收，获得竣工验收及表格填写知识，理解并系统掌握装配式混凝土结构分部工程的验收标准等主要内容。

实践分解任务

1）编制装配式混凝土结构分部工程验收流程。

2）进行装配式混凝土结构分部工程质量验收。

3）填写装配式混凝土结构分部工程施工质量验收检查表。

实践分组

以小组为单位（6~8人为一组），在规定时间内完成上述内容。

实践场地

实训室、机房。

实践实施过程

一、制订装配式混凝土结构分部工程验收方案

成立装配式混凝土结构分部工程质量验收小组（6~8人），依据《建筑工程施工质量验收统一标准》（GB 50300—2013）、《装配式混凝土建筑技术标准》（GB/T 51231—2016），每个小组编制××装配式混凝土结构分部工程验收方案，小组内部讨论。

引导问题1：装配式混凝土结构分部工程的验收流程是什么?

运用知识：

1）分部工程应由总监理工程师组织施工单位项目负责人和项目技术负责人等进行验收。

2）勘察、设计单位的项目负责人和施工单位的技术、质量部门负责人应参加地基与基础分部工程的验收。

3）设计单位项目负责人和施工单位的技术、质量部门负责人应参加主体结构、节能分部工程的验收。

引导问题2：装配式混凝土结构分部工程的合格标准是什么?

运用知识：

装配式混凝土结构子分部工程施工质量验收应符合下列要求：

1）有关分项工程施工质量验收合格。

2）质量控制资料应完整，且符合设计要求。

3）观感质量验收合格。

4）结构实体检验满足设计或标准要求。

引导问题3：装配式混凝土结构子分部工程有哪些?

运用知识：

根据《装配式混凝土建筑技术标准》（GB/T 51231—2016），装配式混凝土结构工程的施工质量应按子分部工程进行验收，其子分部工程包括模板分项工程、钢筋分项工程、预应力分项工程、混凝土分项工程、现浇结构分项工程和预制结构构件分项工程等。

引导问题4：预制构件的主要验收项目有哪些?

运用知识：

1）专业企业生产的预制构件，进场时应检查质量证明文件。

2）预制构件的混凝土外观质量不应有严重缺陷，且不应有影响结构性能和安装、使用功能的尺寸偏差。

3）预制构件表面预贴饰面砖、石材等饰面与混凝土的黏结性能应符合设计和国家现行有关标准的规定。

4）预制构件上的预埋件、预留插筋、预留孔洞、预埋管线等的规格、型号、数量应符合设计要求。

引导问题5：预制构件安装与连接的主要验收项目有哪些?

运用知识：

1）预制构件的临时固定措施应符合设计、专项施工方案要求，以及国家现行有关标准的规定。

2）装配式混凝土结构采用后浇混凝土连接时，构件连接处后浇混凝土的强度应符合设计要求。

3）钢筋采用套筒灌浆连接、浆锚搭接连接时，灌浆应饱满、密实，所有出口均应出浆。

4）钢筋套筒灌浆连接及浆锚搭接连接用的灌浆料强度应符合国家现行有关标准的规定及设计要求。

5）预制构件采用型钢焊接连接时，型钢焊缝的接头质量应满足设计要求，并应符合《钢结构焊接规范》（GB 50661—2011）和《钢结构工程施工质量验收标准》（GB 50205—2020）的有关规定。

6）装配式混凝土结构分项工程的外观质量不应有严重缺陷，且不得有影响结构性能和使用功能的尺寸偏差。

7）外墙板接缝的防水性能应符合设计要求。

引导问题6：结构实体检验应满足哪些要求？

运用知识：

装配式混凝土结构的工程实体检验应由监理单位组织施工单位实施，并见证实施过程。施工单位应制订结构实体检验专项方案，并经监理单位审核批准后实施。除结构位置与尺寸偏差外的结构实体检验项目，应由具有相应资质的检测机构完成。

1）装配式混凝土结构的工程实体检验包括现浇结构性能检验和装配式混凝土结构连接性能检验两部分。

① 现浇结构性能检验应按《混凝土结构工程施工质量验收规范》（GB 50204—2015）的规定执行。

② 装配式混凝土结构当采用套筒灌浆连接时，施工现场灌浆时应同步制作抗拉强度平行加工试件，其抗拉强度应符合设计要求；其他连接性能检验应符合设计要求及工程合同的约定。

2）套筒灌浆连接平行加工试件应符合下列要求：

① 应模拟现场施工条件制作接头试件，并应按接头提供单位提交的施工操作要求制作。试件应同条件养护。

② 同一灌浆单位施工每种钢筋规格的每1000个连接接头应制作不得少于一组试件，单位工程不宜少于10组试件，不得少于3组试件。

引导问题7：装配式混凝土结构子分部工程验收应提供的文件和记录有哪些？

运用知识：

根据《装配式混凝土建筑技术标准》（GB/T 51231—2016），装配式混凝土结构子分部工程在竣工验收时，应提供下列文件和记录：

1）工程设计文件、预制构件安装施工图和加工制作详图。

2）预制构件、主要材料及配件的质量证明文件、进场验收记录、抽样复验报告。

3）预制构件安装施工记录。

4）钢筋套筒灌浆型式检验报告、工艺检验报告和施工检验记录，浆锚搭接连接的施工检验记录。

5）后浇混凝土部位的隐蔽工程检查验收文件。

6）后浇混凝土、灌浆料、坐浆材料的强度检测报告。

7）外墙防水施工质量检验记录。

8）装配式混凝土结构分项工程质量验收文件。

9）装配式混凝土工程重大质量问题的处理方案和验收记录。

10）装配式混凝土工程的其他文件和记录。

引导问题 8：装配式混凝土结构子分部工程在安装施工过程中，验收的隐蔽项目有哪些?

运用知识：

1）混凝土粗糙面的质量，键槽的尺寸、数量、位置。

2）钢筋的牌号、规格、数量、位置、间距，箍筋弯钩的弯折角度及平直段长度。

3）钢筋的连接方式、接头位置、接头数量、接头面积百分率、搭接长度、锚固方式及锚固长度。

4）预埋件、预留管线的规格、数量、位置。

5）预制混凝土构件接缝处防水、防火等构造做法。

6）保温及其节点施工。

7）其他隐蔽项目。

引导问题 9：装配式混凝土结构分部工程检查不合格时怎么处理?

运用知识：

《建筑工程施工质量验收统一标准》（GB 50300—2013）中明确提出，当建筑工程施工质量不符合要求时，应按下列规定进行处理：

1）经返工或返修的检验批，应重新进行验收。

2）经有资质的检测机构检测鉴定能够达到设计要求的检验批，应予以验收。

3）经有资质的检测机构检测鉴定达不到设计要求、但经原设计单位核算认可能够满足安全和使用功能的检验批，可予以验收。

4）经返修或加固处理的分项、分部工程，满足安全及使用功能要求时，可按技术处理方案和协商文件的要求予以验收。

二、指导教师审查每个小组的验收方案并提出整改建议

整改建议记录：

三、各小组进一步完善验收方案并填写最终的装配式混凝土结构分部工程质量验收记录

最终方案记录：

实践成果

1）工作情境模拟操作。

2）××装配式混凝土结构分部工程验收方案。

扫描二维码下载“装配式混凝土结构质量验收记录表”。

典型任务 4　装配式混凝土结构工程施工组织方案审核评定工作

知识点：

1. 装配式混凝土结构工程施工组织方案的编制与审批。
2. 装配式混凝土结构工程施工组织方案审核评定。
3. 装配式混凝土结构工程施工组织方案修改、检查。

能力（技能）点：

1. 能够进行装配式混凝土结构工程施工组织方案的修改、检查。
2. 能根据给定的施工任务对装配式混凝土结构工程施工组织方案进行审核评定。

实践目的

1）培养学生对装配式混凝土结构工程施工组织方案进行修改、检查的能力。

2）根据装配式混凝土结构工程的施工任务，能够对装配式混凝土结构工程施工组织方案进行审核评定。

实践分解任务

1）根据工程案例分析装配式混凝土结构工程施工组织方案的编制和审批。

2）根据工程案例并结合规范，对装配式混凝土结构工程施工组织方案进行修改、检查。

3）根据工程案例并结合规范，对装配式混凝土结构工程施工组织方案进行审核评定。

实践分组

以小组为单位（6 ~ 8 人为一组），在规定时间内完成上述内容。

实践场地

实训室、机房。

实践实施过程

一、装配式混凝土结构工程施工组织方案的编制与审批

成立施工组织方案编制小组，依据《建筑施工组织设计规范》（GB/T 50502—2009）、《装配式混凝土建筑技术标准》（GB/T 51231—2016）、《装配式混凝土结构技术规程》（JGJ 1—2014），每个小组编制 × × 装配式混凝土结构工程施工组织方案并进行审批。

引导问题：装配式混凝土结构工程施工组织方案编制和审批的规定有哪些？

运用知识：

根据《建筑施工组织设计规范》（GB/T 50502—2009），装配式混凝土结构工程施工组织方案的编制和审批应该符合下列规定：

1）装配式混凝土结构工程施工组织方案应由项目负责人主持编制，可根据需要分阶段编制和审批；有总承包单位时，施工组织方案应由总承包单位技术负责人审批；单位工程施工组织方案应由施工单位技术负责人或技术负责人授权的技术人员审批。

2）装配式混凝土结构分部工程施工组织方案应由项目负责人主持编制，可根据需要分阶段编制和审批。

3）装配式混凝土结构分部工程施工组织方案应由项目技术负责人审批。

4）重点、难点分部（分项）工程和专项工程施工组织方案应由施工单位技术部门组织相关专家评审，施工单位技术负责人批准。

5）由专业承包单位施工的分部（分项）工程或专项工程的施工组织方案，应由专业承包单位技术负责人或技术负责人授权的技术人员审批；有总承包单位时，应由总承包单位项目技术负责人核准备案。

6）规模较大的分部（分项）工程和专项工程的施工组织方案应按单位工程施工组织方案进行编制和审批。

二、装配式混装土结构工程施工组织方案的修改、检查

引导问题1：装配式混凝土结构工程施工组织方案进行动态管理的规定有哪些？

运用知识：

根据《建筑施工组织设计规范》（GB/T 50502—2009），装配式混凝土结构工程施工组织方案应实行动态管理，并符合下列规定：

1）项目施工过程中发生一些特殊情况时，施工组织方案应及时进行修改或补充。

2）经修改或补充的施工组织方案应重新审批后方可实施。

3）项目施工前应进行施工组织方案的逐级交底；项目施工过程中，应对施工组织方案的执行情况进行检查、分析，并适时调整。

引导问题2：在哪些情况下需要修改或补充装配式混凝土结构工程施工组织方案？

运用知识：

1）工程设计有重大修改。当工程设计图纸发生重大修改时，如地基基础的形式发生变化、做法发生重大变化等，需要对施工组织方案进行修改；对工程设计图纸的一般性修改，根据变化情况对施工组织方案进行补充；对工程设计图纸的细微修改或更正，施工组织方案则不需调整。

2）有关法律、法规、规范和标准的实施、修订和废止。当有关法律、法规、规范和标准开始实施或发生变更，并涉及工程的实施、检查或验收时，施工组织方案需要进行修改或补充。

3）主要施工方法有重大调整。由于主（客）观条件的变化，施工方法有重大变更，原来的施工组织方案已不能正确地指导施工，需要对施工组织方案进行修改或补充。

4）主要施工资源配置有重大调整。当施工资源的配置有重大变更，并且影响到施工方法的变化或对施工进度、质量、安全、环境、造价等造成潜在的重大影响，需对施工组织方

案进行修改或补充。

5）施工环境有重大改变。当施工环境发生重大改变，如施工延期造成季节性施工方法发生变化，施工场地变化造成现场布置和施工方式改变等，致使原来的施工组织方案已不能正确地指导施工，需对施工组织方案进行修改或补充。

三、装配式混凝土结构工程施工组织方案的审核评定

引导问题1：装配式混凝土结构工程进度计划审查的要点有哪些？

运用知识：

工程进度计划是承包企业根据与业主签订的工期合同所做的作业进度安排。工程进度计划安排是否合理，与工程成本有密切关系，监理工程师应加强审核。

1）总工期符合承包的要求，如果合同条件允许分期分批竣工交付使用，应有明确分期交付的时间和分批交付的数量要求。

2）表明各项主要工程（预制构件制作、预制构件安装、后浇节点预制外墙防水、装饰等）的开始和结束时间。

3）体现主要工序相互衔接的合理安排。

4）有利于有效利用机械设备，减少机械设备的占用周期。

引导问题2：装配式混凝土结构工程施工组织方案审查的要点有哪些？

运用知识：

1. 施工程序审查

施工程序体现了施工步骤的客观规律性，在符合规律的条件下利于保证质量、缩短工期、提高经济效益。

1）做好施工准备后再开工。施工准备包括技术规划准备、现场施工准备、施工队伍及有关组织准备。

2）遵循“先地下、后地上，先土建、后设备，先主体、后围护，先结构、后装修”的原则。

3）施工流向合理。施工空间中的平面和立面都要考虑施工的质量保证与安全保证，要考虑使用的先后，适当分区分段，要与材料、构件的运输方向不发生冲突。

2. 施工机械选择审查

施工机械的选择应遵循切实需要、实际可能、经济合理的原则。审核内容包括对技术条件、经济条件的审查。技术条件是指技术性能、工作效率、工作质量、能源耗费、劳动力的节约、使用安全性和灵活性、通用性和专用性、维修的难易程度、耐用程度等。经济条件是指施工机械的原始价值、使用寿命、使用费用、维修费用等。

3. 主要施工方法审查

1）方法可行、条件允许、符合施工工艺要求。

2）符合施工验收规范和质量检验评定标准的有关要求。

3）方法应力求科学、先进、节约。

4）施工方法与选择的施工机械、划分的流水段相适应。

四、教师审查每个小组的审核评定工作计划及方案，并提出修改建议

指导教师依据《建筑施工组织设计规范》（GB/T 50502—2009）、《建筑施工手册》（第五版）的规定，指导学生做好施工组织方案的审核评定，对学生的审核评定方案提出

修改意见。

五、各小组进一步优化并调整方案，确定最终的审核评定方案报告

各小组进一步讨论、优化和修改，确定最终的施工组织方案审核评定方案报告。

实践成果

1）工作情境模拟操作。

2）××装配式混凝土结构工程施工组织方案审核表。

学习情境五　钢结构工程

案例引入

某单层门式刚架结构，钢柱尺寸为 H500×350×10×16，钢梁为变截面梁；共两跨，跨度分别为 24m 和 21m。本工程主体刚架采用 Q345B 钢，其他构件采用 Q235B 钢，“三通一平”已完成，具备施工条件。

典型任务 1　钢结构工程质量创优施工指导工作

知识点：

1. 钢结构基本构造。
2. 钢结构工程质量控制。
3. 钢结构工程质量创优施工指导。

能力（技能）点：

1. 能应用施工质量验收规范对钢结构工程进行质量检查。
2. 能根据给定的施工任务对钢结构工程进行质量创优施工指导。

实践目的

1）以管理应用为主，培养学生工程质量意识。

2）通过编制钢结构工程质量创优施工指导书，掌握钢结构施工质量检查要点。

实践分解任务

1）钢结构工程质量评价标准。

2）钢结构工程质量控制措施。

3）钢结构工程实体检查要点。

实践分组

以小组为单位（6～8 人为一组），在规定时间内完成以上内容。

实践场地

实训室、机房。

实践实施过程

成立创优小组（6~8人），依据《中国建设工程鲁班奖（国家优质工程）评选办法》（2019年），按照创优总体要求，有针对性地制定创优实施重点内容。每个学生提出自己的钢结构工程质量创优施工指导书，小组讨论。

一、编制钢结构工程质量创优施工指导书

引导问题1：钢结构有哪些结构类型？

运用知识：

钢结构是指将钢板和热轧、冷弯或焊接型材通过连接件连接而成的一种能承受和传递荷载的结构形式。钢结构体系具有自重轻、工厂化制造、安装快捷、施工周期短、抗震性能好、投资回收快、施工污染少等综合优势，与钢筋混凝土结构相比，具有“高、大、轻”三个方面的独特优势。钢结构通常分为轻型钢结构、高层钢结构、空间钢结构等结构类型。

1）轻型钢结构采用轻型H型钢（焊接或轧制，变截面或等截面）制作门形刚架支撑，C型、Z型冷弯薄壁型钢制作檩条和墙梁，压型钢板或轻质夹芯板制作屋面、墙面的围护结构，通过高强度螺栓、普通螺栓及自攻螺钉等连接件和密封材料组装起来，制成低层和多层预制装配式钢结构房屋体系。

2）高层钢结构的层数一般是六层以上（或30m以上），主要采用型钢、钢板连接或焊接制成构件，再经连接、焊接组成结构体系。高层钢结构常用钢框架结构、钢框架－混凝土核心筒结构形式，后者在现代高层、超高层钢结构中应用较为广泛，属于钢－混凝土混合结构。

3）空间钢结构建筑是指空间跨度较大的钢结构建筑，其主要结构形式有网架、网壳、桁架、门式钢架、拉索结构及以上几种结构的组合，主要应用于体育场馆、汽（火）车站、飞机场、大型会议室等需要大空间的公共场所。空间钢结构主要分为网架结构、悬索结构、壳体结构、管桁架结构、膜结构等类型。

引导问题2：钢结构工程质量创优的依据是什么？

运用知识：

钢结构工程质量创优的依据有：

《中国建设工程鲁班奖（国家优质工程）评选办法》（2019年）。

《钢结构工程施工质量验收标准》（GB 50205—2020）。

《建筑工程施工质量评价标准》（GB/T 50375—2016）。

引导问题3：钢结构工程质量评价标准的内容包括哪几部分？

运用知识：

根据《建筑工程施工质量评价标准》（GB/T 50375—2016），钢结构工程质量评价内容及分值比重见表5-1。

表 5-1　钢结构工程质量评价内容及分值比重

质量评价内容	分值
工程性能检测项目	40
工程质量记录项目	30
允许偏差项目	20
观感质量项目	10

引导问题 4：钢结构工程质量评价内容中的工程性能检测项目包括什么内容？评价方法是什么？

运用知识：

1. 工程性能检测项目的内容

工程性能检测项目及对应分值见表 5-2。

表 5-2　工程性能检测项目及对应分值

序号	工程性能检测项目	分值
1	焊缝内部质量	60
2	高强度螺栓连接副紧固质量	
3	防腐涂装	20
4	防火涂装	20

2. 工程性能检测项目评价方法

（1）一般规定

1）检查标准：检查项目的检测指标经一次检测达到设计要求及规范规定的，应为一档，取 100% 的分值；按相关规范规定，经过处理后满足设计要求及规范规定的，应为二档，取 70% 的分值。

2）检查方法：核查性能检测报告。

（2）焊缝内部质量检测评价方法

1）检查标准：设计要求全焊透的一级、二级焊缝应采用无损探伤技术进行内部缺陷的检验，其评定等级、检验等级及检验比例应符合表 5-3 的规定。

表 5-3　焊缝内部质量检测评价方法

焊缝质量等级		一级	二级
内部缺陷超声波探伤	评定等级	Ⅱ	Ⅲ
	检验等级	B 级	B 级
	检验比例	100%	20%
内部缺陷射线探伤	评定等级	Ⅱ	Ⅲ
	检验等级	B 级	B 级
	检验比例	100%	20%

注：焊缝检验返修率不大于 2% 时应为一档，取 100% 的分值；返修率大于 2% 但不大于 5% 时应为二档，取 70% 的分值。所有焊缝经返修后均应达到合格质量标准。

2）检查方法：核查超声波或射线探伤记录。

（3）高强度螺栓连接副紧固质量检测评价方法

1）检查标准：高强度螺栓连接副终拧完成1h后，48h内应进行紧固质量检查，其检查标准应符合表5-4的规定。高强度螺栓连接副紧固质量检测点的优良点数量达到95%及以上，其余点达到合格点时，应为一档，取100%的分值；当检测点的优良点数量达到80%及以上，但不足95%，其余点达到合格点时，应为二档，取70%的分值。

表5-4　高强度螺栓连接副紧固质量检测评价方法

紧固方法	判定结果	
	优良点	合格点
扭矩法紧固	终拧扭矩偏差 $\Delta T \leqslant 5\% T$	终拧扭矩偏差 $5\% T < \Delta T \leqslant 10\% T$
转角法紧固	终拧角度偏差 $\Delta\theta \leqslant 15°$	终拧角度偏差 $15° < \Delta\theta \leqslant 30°$
扭剪型高强度螺栓施工扭矩	尾部梅花头未拧掉比例 $\delta \leqslant 2\%$	尾部梅花头未拧掉比例 $2\% < \delta \leqslant 5\%$

注：T为扭矩法紧固时的终拧扭矩值，θ为终拧扭矩角度值，ΔT、$\Delta\theta$均为绝对值，δ为百分数。

2）检查方法：检查扭矩法或转角法施工的紧固检测报告。

（4）钢结构涂装质量检测评价方法

1）检查标准：钢结构涂装后，应对涂层的干漆膜厚度进行检测，其检测标准应符合表5-5的规定。

表5-5　钢结构涂装质量检测评价方法

涂装类型	判定结果	
	优良点	合格点
防腐涂料	干漆膜总厚度允许偏差 $\Delta \leqslant -10\mu m$	干漆膜总厚度允许偏差 $-25\mu m < \Delta \leqslant -10\mu m$
薄涂型防火涂料	涂层厚度（δ）允许偏差 $\Delta \leqslant -5\% \delta$	涂层厚度（δ）允许偏差 $-10\% \delta < \Delta \leqslant -5\% \delta$
厚涂型防火涂料	90%及以上面积应符合设计厚度，且最薄处厚度不应小于设计厚度的90%	80%及以上面积应符合设计厚度，且最薄处厚度不应小于设计厚度的85%

注：全部涂装的干漆膜厚度检测点的优良点数量达到95%及以上，其余点达到合格点时，应为一档，取100%的分值；当检测点的优良点数量达到80%及以上，但不足95%，其余点达到合格点时，应为二档，取70%的分值。

2）检查方法：核查检测报告。

引导问题5：钢结构工程质量评价内容中的工程质量记录项目包括什么内容？评价方法是什么？

运用知识：

1. 工程质量记录项目的内容

工程质量记录项目及对应分值见表5-6。

表 5-6 工程质量记录项目及对应分值

序号	工程质量记录项目		分值
1	材料合格证、进场验收记录及复试报告	钢材、焊材、紧固连接件的出厂合格证、进场验收记录、复试报告	30
		加工件出厂合格证（出厂检验报告）及进场验收记录	
		防火及防腐涂装材料的出厂合格证、出厂检验报告、进场验收记录，以及耐火极限、涂层附着力试验报告	
2	施工记录	焊接施工记录	30
		预拼装及构件吊装记录	
		网架结构屋面施工记录	
		高强度螺栓连接副施工记录	
		焊缝外观及焊缝尺寸检查记录	
		隐蔽工程验收记录	
3	施工试验	网架结构节点承载力试验记录	40
		高强度螺栓预拉力复验报告及螺栓最小荷载试验报告、高强度大六角头螺栓连接副扭矩系数复试试验报告、摩擦面抗滑移系数检验报告	
		焊接工艺评定报告	
		屋面系统抗风能力试验报告	

2. 工程质量记录项目评价方法

1）检查标准：材料、设备的合格证、进场验收记录及复试报告、施工记录及施工试验记录等资料完整，能满足设计要求及规范规定的，应为一档，取100%的分值；资料基本完整并能满足设计要求及规范规定的，应为二档，取70%的分值。

2）检查方法：核查资料的项目、数量及数据内容。

引导问题6：钢结构工程质量评价内容中的允许偏差项目包括什么内容？评价方法是什么？

1. 允许偏差项目的内容

允许偏差项目及对应分值见表5-7。

表 5-7 允许偏差项目及对应分值

序号	允许偏差项目		分值
1	柱脚底座中心线对定位轴线的偏移或支座锚栓偏移5mm		10
2	结构尺寸	单层结构整体垂直度 $H/1900$，且≤25mm	25
		多层结构整体垂直度（$H/2500+10$），且≤50mm	
		主体结构整体平面弯曲 $L/1500$，且≤25mm	25
3	钢管结构	总拼完成后挠度值≤1.15倍的设计值	40
		屋面工程完成后挠度值≤1.15倍的设计值	

注：表中 H 为高度，L 为跨度。

2. 允许偏差项目评价方法

1）检查标准：检查项目有90%及以上的测点实测值达到规范规定值的，应为一档，取100%的分值；检查项目有80%及以上的测点实测值达到规范规定值，但不足90%的，应为二档，取70%的分值。

2）检查方法：在各相关检验批中随机抽取5个检验批，不足5个的取全部进行核查。

引导问题7：钢结构工程质量评价内容中的观感质量项目包括什么内容？评价方法是什么？

运用知识：

1. 观感质量项目的内容

观感质量项目及对应分值见表5-8。

表5-8 观感质量项目及对应分值

序号	观感质量项目	分值
1	焊缝外观质量	10
2	普通紧固件连接外观质量	10
3	高强度螺栓连接外观质量	10
4	主体钢结构构件表面质量	10
5	钢网架结构表面质量	10
6	普通涂层表面质量	15
7	防火涂层表面质量	15
8	压型金属板安装质量	10
9	钢平台、钢梯、钢栏杆安装外观质量	10

2. 观感质量项目评价方法

1）检查标准：每个检查项目以随机抽取的检查点按“好”“一般”给出评价。项目检查点有90%及以上达到“好”，其余检查点达到“一 般”的，应为一档，取100%的分值；项目检查点有80%及以上达到“好”，但不足90%，其余检查点达到“一般”的，应为二档，取70%的分值。

2）检查方法：核查分部（子分部）工程质量验收资料。

引导问题8：钢结构工程质量创优的质量控制措施有哪些？

1. 钢结构焊接工程

（1）材料质量要求

1）承重结构采用的钢材应具有抗拉强度、伸长率、屈服强度和硫（磷）含量的合格保证，对焊接结构还应具有碳含量的合格保证。

2）钢结构焊接工程中，一般采用焊缝金属与母材等强度的原则选用焊条、焊丝、焊剂等焊接材料。钢结构焊接工程中所用的焊条、焊丝、焊剂、电渣焊熔嘴、焊钉、焊接瓷环和施焊用的保护气体等，必须有出厂质量合格证（质量证明书）等质量证明文件。

3）焊接承重结构及重要的非焊接承重钢结构采用的焊接材料，应按国家现行有关标准进行见证抽样检验，应有复试报告，应具有冷弯试验的合格保证。

4）钢结构焊接材料的出厂质量证明书和复试报告中所列的品种、型号、规格、性能及质量应符合设计和国家现行标准的规定。

5）施工单位对首次采用的钢材、焊接材料、焊接方法、焊后热处理等，应进行焊接工艺评定，并根据符合要求的评定报告确定焊接工艺后方可采用。

6）焊条、焊剂、药芯、焊丝、电渣焊熔嘴和焊接瓷环等在使用前必须按照产品说明书及有关焊接工艺文件的规定进行烘焙。

7）焊条、焊丝和焊剂必须有防潮的措施。

（2）施工过程质量控制

1）焊工应经考试合格并取得合格证书后方可上岗，持证焊工必须在其考试合格项目及其认可范围内施焊。焊工停焊时间超过 6 个月的，应重新考试。

2）施焊前，焊工应复查钢结构的组装质量和焊缝区的处理情况；如不符合要求，应修整合格后方能施焊。

3）对于需要进行焊前预热或者焊后热处理的焊缝，其预热温度或后热温度应符合现行国家有关标准的规定或通过工艺试验确定。预热区应在焊道两侧，每侧宽度均应大于焊件厚度的 1.5 倍以上，且应不小于 100mm；焊后热处理应在焊后立即进行，保温时间根据板厚按每 25mm 板厚 1h 确定。

4）多层焊接应连续施焊，其中每道焊道焊完后应及时清理，如发现有影响质量的缺陷，必须清除后再焊。

5）焊缝出现裂纹时，焊工不得擅自处理，应申报焊接技术负责人查清原因，制订修补措施后方可施焊。

6）严禁在焊缝区以外的母材上打火引弧，在坡口内引（起）弧的局部面积应熔焊一次，且不得留下弧坑。

7）无损检测间隔时间：碳素结构钢应在焊缝冷却到环境温度、低合金高强度结构钢应在完成焊接 24h 后进行焊接无损检测。

8）焊缝施焊后应在工艺规定的焊缝及部位打上焊工钢印。

2. 高强度螺栓连接质量控制措施

（1）材料质量要求

1）钢结构连接用高强度大六角头螺栓连接副、扭剪型高强度螺栓连接副、普通螺栓、铆钉、自攻螺钉、拉铆钉、射钉、锚栓（膨胀型和化学试剂型）、地脚锚栓等紧固标准件，以及螺母、垫圈等标准配件，应具有质量证明书或出厂合格证，其品种、型号、规格及质量应符合设计要求和国家现行有关标准的规定。

2）高强度大六角头螺栓连接副和扭剪型高强度螺栓连接副在出厂时，应分别随箱带有扭矩系数和紧固轴力（预拉力）的检验报告。

3）高强度大六角头螺栓连接副和扭剪型高强度螺栓连接副应分别在施工现场见证随机抽样检验其扭矩系数和紧固轴力，复验报告的资料应符合国家现行有关规范的规定。

4）高强度螺栓连接副应按批号、规格且带包装箱配套供货，包装箱上应注明批号、规格、数量及生产日期。

5）高强度螺栓连接副用螺栓、螺母、垫圈的外表面应涂油保护，不得出现锈蚀和沾染污物，螺栓、螺母的螺纹不应损伤。

6）连接用高强度螺栓应进行表面硬度试验，其中 8.8 级高强度螺栓的硬度应为

HRC21～HRC23；10.9 级高强度螺栓的硬度应为 HRC32～HRC36，且不得有裂纹或损伤。

（2）施工过程质量控制

1）高强度螺栓连接必须对构件的摩擦面进行加工处理。处理好摩擦面的构件，应有保护摩擦面的措施，并不得涂油漆或有污损。构件出厂时必须附有三组与钢构件同一材质、同批制作、同一处理方法和相同的表面状态、同一环境下存放的试件，并用同一性能等级的高强度螺栓连接，用于复验摩擦面抗滑移系数。

2）摩擦面抗滑移系数复验应由制作单位和安装单位分别以制造批为单位进行见证送样试验。

3）高强度螺栓板面之间的接触应平整。

4）施拧及检验用的扭矩扳手在班前应进行校正、标定，班后再进行校验，扭矩扳手的扭矩精度误差应不大于 5%；检验用扭矩扳手的扭矩精度误差应不大于 3%。

5）安装高强度螺栓必须采取初拧（复拧）和终拧工艺。

6）高强度螺栓的紧固顺序应使螺栓群中的所有螺栓都均匀受力，应从节点中间向边缘施拧，初拧和终拧都应按一定的顺序进行。当天安装的螺栓应在当天终拧完毕，其外露螺扣应为 2～3 扣。

7）初拧和终拧的高强度螺栓必须用不同颜色的涂料做出标记，以防漏拧、误拧（扭剪型高强度螺栓不需做出标记）。

8）转角法施工检验：初拧结束后，应在螺母与螺杆端面的相对位置处划出终拧角的起始线和终止线，以待检查，终拧转角偏差在 10°以内为合格。

9）扭矩法施工检验：在螺尾端头和螺母的对应位置划线；检查时，应将螺母回退 60°左右后再拧至原位，测定终拧扭矩值，其偏差在 ±10% 范围内为合格。

10）扭剪型高强度螺栓尾部的梅花头未被拧掉的，应按扭矩法或转角法进行施工及检验。

11）整个施工过程中，高强度螺栓接头的摩擦面和连接副应保持干燥、整洁，不应有飞边、焊接飞溅物、焊疤、污垢等；除设计要求外，摩擦面不应涂漆，紧固作业完成后及时用防锈（腐）涂料封闭摩擦面。

12）高强度螺栓应自由穿入螺栓孔，不应气割扩孔；其最大扩孔量，承压型高强度螺栓为 $d+(1\sim1.5)$mm，摩擦型高强度螺栓为 $d+(1\sim2)$mm，d 为螺栓直径。

3. 钢零件及钢部件加工工程

（1）切割

1）切割前，钢材表面的切割区应清除铁锈、油污等杂质。

2）钢材切割面或剪切面应无裂纹、夹渣、分层和大于 1mm 的缺棱，并应清除边缘上的熔瘤、飞溅物、飞边等。

3）切割或剪切后的零件的宽度、长度偏差应不大于 3.0mm。

4）切割面平面度偏差不大于钢材厚度的 5%，并不大于 2.0mm。

5）切割零件的表面割纹深度不得大于 0.3mm，局部缺口深度应不大于 1.0mm。

6）机械剪切的型钢端部垂直度偏差应不大于 2.0mm。并应清除飞边。

（2）矫正和成型

1）碳素结构钢工作地点的环境温度低于 -16℃，低合金高强度结构钢工作地点的环境

温度低于 -12℃时，不应进行矫正和冷弯曲。

2）碳素结构钢和低合金高强度结构钢允许进行加热矫正，其加热温度不应超过 900℃。加热矫正后的低合金高强度结构钢应自然冷却。

3）当零件采用热加工成型时，加热温度应控制在 900 ~ 1000℃，碳素结构钢在温度下降到 700℃之前、低合金高强度结构钢在温度下降到 800℃之前应结束加工；低合金高强度结构钢应自然冷却。

4）矫正后的钢材表面不应有明显的凹面或损伤，划痕深度不得大于 0.5mm，且不应大于该钢材厚度允许负偏差的 1/2。

5）钢材冷矫正和冷弯曲的最小曲率半径、最小弯曲矢高应符合有关规范的规定。

6）钢材矫正后的允许偏差应符合有关规范的规定。

（3）边缘加工

边缘加工的零件，其宽度、长度的允许偏差为 ±1.0mm；加工边直线度允许偏差为 $l/3000$（l 为加工边长度），且不应大于 2.0mm；相邻两边夹角不应大于 ±6′；加工面垂直度允许偏差不大于钢板厚度的 2.5%，且不应大于 0.5mm；加工面表面粗糙度不应大于 50μm。

（4）制孔

1）A 级、B 级螺栓孔（Ⅰ类孔）加工后应具有 H12 的精度，孔壁表面粗糙度不应大于 12.5μm。当孔直径为 10 ~ 18mm 时，允许偏差为 0.00 ~ +0.18mm；当孔直径为 18 ~ 30mm 时，允许偏差为 0.00 ~ +0.21mm；当孔直径为 30 ~ 50mm 时，允许偏差为 0.00 ~ +0.25mm。

2）C 级螺栓孔（Ⅱ类孔）加工后的孔壁表面粗糙度不应大于 25μm，其孔径的偏差应在 0.0 ~ 1.0mm 之间，圆度偏差应不大于 2.0mm，垂直度偏差控制在 $0.03t$（t 为钢板厚度）且不大于 2.0mm。

3）制孔后，螺栓孔孔距的偏差应符合规范规定。

4）当制孔孔距超差补孔时，应采用与母材材质相匹配的焊条补焊。

5）制孔后应清除孔边飞边。

6）承压型高强度螺栓的螺栓孔直径较螺栓直径大 1 ~ 1.5mm，摩擦型高强度螺栓的螺栓孔直径较螺栓直径大 1 ~ 2mm。

4. 钢结构组装工程

（1）材料与零（部）件质量要求

1）材料的拼接质量：

① 焊接 H 型钢的翼缘板拼接长度不应小于 2 倍的板宽。

② 腹板拼接的宽度不应小于 300mm，长度不应小于 600mm。

2）零（部）件质量：

① 零（部）件表面不允许有结疤、裂纹、折叠和分层等缺陷，钢材表面不得有锈蚀、麻点或划痕。

② 零（部）件尺寸与外观质量应在允许偏差之内。

③ 零（部）件应按构件编号做好标志。

（2）施工过程质量控制

1）拼接缝尺寸：

① 翼缘板只允许长度拼接。

② 翼缘板拼接缝和腹板拼接缝的间距不应小于200mm。

③ 翼缘板拼接长度不应小于2倍的板宽；腹板拼接的宽度不应小于300mm，长度不应小于600mm。

2）表面质量：

① 组装前，连接表面及沿焊缝每边30～50mm范围内的铁锈、飞边、油污必须清除干净。

② 铆接或高强度螺栓连接组装前的叠板应夹紧，用0.3mm的塞尺检查，塞入深度不得大于20mm；接头接缝两边各100mm范围内，间隙不得大于0.3mm。

③ 顶紧接触的部位应有75%的面积紧贴，用0.3mm塞尺检查，其塞入面积之和应小于总面积的25%；边缘最大间隙不应大于0.8mm。

④ 桁架结构杆件的轴线交点错位应控制在3.0mm以下。

3）组装偏差：

① 组装时，应有适当的工具和设备、胎架，以保证组装有足够的精度。

② 组装时，如有隐蔽部位，应经质量控制人员检查认可并签发隐蔽部位验收记录后方可封闭。

③ 焊接H型钢的外型尺寸允许偏差应符合有关规范的规定。

④ 焊接连接制作、组装的尺寸允许偏差应符合有关规范的规定。

⑤ 钢构件外形尺寸应符合《钢结构工程施工质量验收标准》（GB 50205—2020）的有关规定。

⑥ 吊车梁和吊车桁架不应下挠。

4）端部铣平与保护：

① 构件端部铣平时，两端铣平长度的允许偏差为±2.0mm；零件端部铣平时，两端铣平长度偏差为±0.5mm。铣平面的平面度偏差为0.3mm。

② 外露铣平面应进行除锈保护。

5）安装焊缝坡口：

① 安装焊缝坡口可采用气割、刨边、手工打磨和铣加工等方法进行加工。

② 安装焊缝坡口加工的精度除达到相应加工方法的精度要求外，还应满足坡口角度偏差不大于5°的要求，其钝边偏差不应大于1.0mm。

5. 钢结构安装工程

（1）安装前的准备工作要求

1）钢构件在进场时应有产品证明书，其焊接连接、紧固件连接、钢构件制作等分项工程验收应合格。

2）钢结构的主体结构、地下钢结构，以及围护系统构件、吊车梁和钢平台、钢梯、防护栏杆等，在吊装前，应对其制作、装配、运输作业根据设计要求进行检查，主要检查材料质量、钢结构构件的尺寸精度及构件制作质量，并予以记录。验收合格后方可安装。

3）安装的测量校正、高强度螺栓安装、低温下施工及焊接工艺等，应在安装前进行工艺试验或评定，并根据试验报告或评定报告制定相应的施工工艺。

4）验算构件吊装的稳定性，合理选择吊装机械，确定吊装方案。

5）因运输、堆放和吊装等造成的钢结构变形及涂层脱落，应进行矫正和修补。

6）建筑物的定位轴线、基础轴线和标高的测量，支撑面、支座和地脚螺栓的规格及位置误差测量，其偏差应符合规范规定，并做好记录。

7）支撑面应整洁，地脚螺栓（铆栓）的螺纹应受到保护。

（2）安装过程质量控制

1）吊装时应控制施工等活荷载，不得超过构件的承载能力。

2）确定几何位置上的柱、刚架等构件应先吊装在设计图纸规定的位置上，在松开吊钩前应做初步校正并固定牢固。

3）已安装的结构单元在调整时，应考虑外界环境（风、日照）的影响，以防造成变形。吊车梁和轨道的调整应在主要构件固定后进行。

4）设计要求顶紧的节点，相接触的两个平面必须保证有70%紧贴，用0.3mm的塞尺检查，插入深度的面积之和不得大于总面积的30%；边缘最大间隙不得大于0.8mm。

5）垫块组的位置应保证柱子底座的刚度，在方便二次灌浆的情况下应尽量靠近地脚螺栓。每组垫块的数量不应多于5块。

6）承受主要荷载的垫块组，在每个螺栓附近最少布置一组垫块。

7）垫块的布置不应使柱子或底座承受附加荷载。

8）安装偏差的测量，应在结构形成空间单元并连接固定后进行。

9）在形成空间刚度单元后，应及时对柱底板和基础顶部的空隙进行细石混凝土、灌浆料等的二次浇灌。注意：±0.000以下用低强度等级的混凝土浇筑，保护厚度不小于50mm，并高出地面150mm；柱基础混凝土柱脚应高出地面不小于100mm。

10）支撑系统如用圆钢支撑，必须设置拉紧装置。

6. 压型金属板工程

（1）材料质量要求

1）压型金属板及制造压型金属板所采用的原材料，应具备产品质量合格证明文件、中文标识及检验报告，其品种、规格、性能等应符合国家现行标准和设计的要求。

2）压型金属板、泛水板、包角板和零（配）件应具有产品质量合格证明文件、中文标识及检验报告，其品种、规格及防水密封材料的性能等应符合国家现行标准和设计的要求。

3）压型金属板的规格、尺寸及允许偏差、表面质量、涂层质量等应符合设计要求和国家现行标准的规定。

（2）施工过程质量控制

1）轧机的调整：

① 压型金属板成型后，基板不应有裂纹，涂层不应有肉眼可见的裂纹、剥落和擦痕等缺陷。

② 压型金属板表面应干净，不应有明显的凹凸和皱褶。

2）表面搭接：

① 压型金属板的搭接（侧向）长度一般不小于半波长，搭接方向与该地区的主导风向一致。

② 长度方向搭接应在支撑构件上可靠搭接，搭接长度应符合设计要求，且不小于下列规定：截面高度>70mm时，搭接长度为375mm；截面高度≤70mm时，当屋面坡度<1/10

时搭接长度为250mm，当屋面坡度≥1/10 时搭接长度为200mm；墙面板搭接长度为120mm。

③ 屋面板尽量避免四块板在同一部位搭接。

④ 安装施工时应有控制轴线确保板与屋脊的垂直度，以及檐口与屋脊的平行度。

⑤ 组合楼板中，压型金属板与主体结构（梁）的锚固长度应符合设计要求且不小于50mm，连接应可靠。

7. 钢结构涂装工程

（1）材料质量要求

1）钢结构用的防腐涂料稀释剂和固化剂等在出厂时应附有产品证明书，其品种、规格、性能等应符合国家现行标准和设计的要求。

2）钢结构用防火涂料应有生产企业的产品证明书（合格证），其品种和技术性能应符合设计要求，并经过具有资质的检测机构检测，检测结果应符合国家现行有关标准的规定。钢结构用防火涂料生产企业应有生产该产品的生产许可证。

3）涂料应在其有效期内使用。

4）涂料开启：防腐涂料和防火涂料的型号、名称及颜色与其质量证明文件应相匹配，且在产品有效期内；开启后，涂料不应存在结皮、结块、凝胶等现象。

（2）防腐涂料施工过程的质量控制

1）在涂涂料前必须对钢结构表面进行除锈，除锈和涂底层涂料的工作应在质量检查部门对钢结构的制作质量检验合格后方可进行。

2）钢结构表面进行处理达到清洁度要求后，一般在6h 内涂第一道涂料。

3）当涂刷厚度设计无要求时，一般宜涂刷四五遍。多组分涂料混合搅拌均匀后应经过一定的熟化时间后才能使用。配置好的涂料不宜存放过久，使用时不得添加稀释剂。干漆膜的总厚度，室外为150μm，室内为125μm，其允许偏差为 -25μm；每遍涂层干漆膜厚度的允许偏差为 -5μm。

4）涂装作业时的环境温度应为5～38℃，相对湿度不应大于85%；雨天或构件表面有结露时，不宜作业。涂装后4h 内应免受雨淋。每道涂层涂刷后应按规定间隔时间干燥固化后再涂后一道涂层。

5）摩擦型高强度螺栓连接点的接触面处，施工图中注明的不涂装部位，均不得涂装。安装焊缝处应留出30～50mm 宽的范围暂时不涂装。

6）涂层施工完毕后，应在构件上按原编号进行标注。大质量大体积构件应标明质量、重心位置和定位标志。

（3）防火涂料施工过程的质量控制

1）钢结构表面应根据使用要求进行除锈、防锈处理，无防锈涂料的钢结构表面的除锈等级应不低于St2 级。

2）薄型防火涂料的每次喷涂厚度不应超过2.5mm，超薄型防火涂料的每次喷涂厚度不应超过0.5mm，厚涂型防火涂料的每次喷涂厚度宜在5～10mm。涂层总厚度应达到由防火时限选用的产品规定的厚度。

3）对易受振动和撞击的部位，室外钢结构幅面较大或涂层厚度较大（大于35mm）时，应采取加固措施。

（4）涂层工作条件检验

1）施工环境温度宜保持在5～38℃，相对湿度不大于90%；当构件表面有结露时不宜作业。应在前一道涂层干燥固化后方可进行后一道涂层施工。

2）水泥系防火涂料，在天气极度干燥和阳光照射环境下应采取必要的养护（或遮阳）措施。

3）防火涂料宜在安装结束后进行施工，防火涂料必须涂满全部钢结构的外露表面。

4）在一个工程中，每使用100t薄型防火涂料，应抽验一次黏结强度；每使用500t厚型防火涂料，应抽验一次黏结强度和抗压强度，其结果应符合有关标准的规定。

引导问题9：钢结构工程质量创优实体检查的要点有哪些？

1. 钢结构焊接工程外观抽查

1）焊缝外形均匀，成形观感好，焊道与焊道、焊道与母材之间过渡平缓，焊渣与飞溅物基本清除干净。

2）焊缝表面无裂纹、焊瘤、熔合不良、气孔及咬边等缺陷。

3）焊缝两端设置焊接引弧板、引出板，去除时应修磨至焊缝端部平整且不损伤母材，严禁使用锤击去除引弧板、引出板。

4）焊缝外观质量及尺寸的允许偏差应符合《钢结构工程施工质量验收标准》（GB 50205—2020）的规定。

5）栓钉焊的根部焊脚应均匀，栓钉弯曲试验抽查应合格。

2. 紧固件连接工程外观抽查

1）高强度螺栓连接处的钢板表面应平整，无焊接飞溅物、无飞边、无油污，除设计要求外不应涂油漆。

2）高强度螺栓连接副终拧后，螺栓的螺扣外露应为2～3扣。螺栓穿入方向应一致，螺栓的漆封应完好。

3）高强度螺栓连接孔严禁气割扩孔，螺栓严禁强行穿入，不得用高强度螺栓兼作临时螺栓。

4）扭剪型高强度螺栓连接副的终拧后，未拧掉梅花头的扭剪型高强度螺栓连接副应按大六角头高强度螺栓连接副的施工紧固质量检查方法进行检查，并有施工质量检查记录。严禁气割梅花头。

5）每一根杆件在高强度螺栓的连接节点处及拼接接头的一端，其连接的高强度螺栓数量不应少于2个。

6）螺栓球节点连接中，高强度螺栓拧入螺栓球内的螺纹长度不应小于1.0倍的螺栓直径，连接处不应有间隙、松动等未拧紧现象。

3. 钢结构制作、安装工程外观抽查

（1）构件外观

1）构件切割面应光洁，无裂纹、夹渣、分层。

2）构件表面应无明显的凹面和损伤、划痕。

（2）构件主要尺寸

1）抽检构件的侧向弯曲、矢高及拱度。

2）吊车梁和吊车桁架不应下挠。

（3）构件安装

1）查验柱底定位轴线、基准点标高、垂直度偏差。

2）抽查钢柱、钢梁的接口错位偏差。

3）抽查构件翼缘与端板的连接焊缝质量，安装后两端板结合面的平整度和密贴程度应符合技术要求。

4）屋（托）架、桁架、主梁、次梁及受压杆件的垂直度和侧向弯曲矢高应符合《钢结构工程施工质量验收标准》(GB 50205—2020）的规定。

5）主体结构的整体垂直度和整体平面弯曲的允许偏差应符合《钢结构工程施工质量验收标准》(GB 50205—2020）的规定。

6）钢网架结构总拼完成后及屋面完成后应分别测量挠度值，所测的挠度值不应超过相应设计值的 1.15 倍。

4. 压型金属板工程外观检查

1）屋面、墙面压型金属板在支撑构件上应可靠搭接，搭接长度不应小于《钢结构工程施工质量验收标准》(GB 50205—2020）的规定。

2）组合楼板中，压型金属板与主体结构（梁）的锚固支撑长度应符合设计要求，且不应小于 50mm；端部锚固件连接应可靠，设置位置应符合设计要求。

5. 防腐涂料涂装工程外观抽查

1）防腐涂料涂装外观要求：涂层均匀，无明显的皱皮、流坠、针眼和气泡，表面无脱皮和返锈。

2）涂层干漆膜厚度应达到设计要求或符合《钢结构工程施工质量验收标准》（GB 50205—2020）的规定。

6. 防火涂料涂装工程外观抽查

1）防火涂料涂装不应有误涂、漏涂；涂层应闭合，无脱层、空鼓、明显凹陷、粉化松散、浮浆和乳突现象。

2）薄涂型防火涂料涂层的表面裂纹宽度不应大于 0.5mm；厚涂型防火涂料涂层的表面裂纹宽度不应大于1mm。

3）防火涂料涂装的涂层厚度应符合有关耐火极限的设计要求和规范规定。

二、教师审查每个小组的工作方案并提出整改建议

指导教师依据《中国建设工程鲁班奖（国家优质工程）评选办法》(2019 年）和“鲁班奖”获奖案例审查各小组的方案，提出整改建议。

整改建议记录：

三、各小组进一步优化方案并确定最终方案

最终方案记录：

实践成果

1）工作情境模拟操作。

2）××钢结构工程质量创优施工指导书。

典型任务2 钢结构工程施工方案编制工作

知识点：

1. 钢结构工程有关人力、机械设备的选择和配备。
2. 钢结构工程施工工艺。
3. 钢结构工程施工方案的编制。

能力（技能）点：

1. 能按照指定的施工任务编制钢结构工程施工技术交底记录表。
2. 能够填写钢结构工程施工记录。
3. 能根据给定的施工任务编制钢结构工程施工方案。

实践目的

1）以实际应用为主，培养学生职业素养，提高规范意识。

2）通过钢结构工程施工方案的编写，能对该分部的施工工艺流程进行优化，能进行技术交底和填写施工记录，能独立编制该分部工程的施工方案。

实践分解任务

1）根据施工实际情况进行人、材、机的选择。

2）根据实际情况选择先进的施工方法。

3）编制钢结构工程施工方案。

实践分组

以小组为单位（6～8人为一组），在规定时间内完成上述内容。

实践场地

实训室、机房。

实践实施过程

一、编制钢结构工程施工方案

引导问题1：钢结构工程需要做哪些技术准备？

运用知识：

1）图纸会审。钢结构在制作前必须做好图纸会审，建设单位、设计单位、监理单位和施工单位均应参加，施工企业技术部门要做好图纸会审记录并办理相关签证手续。图纸会审的一般程序是：建设单位或者监理单位主持人发言→设计单位图纸交底→施工单位、监理单位代表提问题→逐条研究→形成会审记录文件→签字盖章后生效。

2）工艺准备。应编制工艺流程表。钢结构制作工序多，因此应该合理安排，避免或减少工件倒流。

3）各种工艺评定试验及工艺性能试验已完成。

4）技术交底。钢结构制作单位在投入生产前，应做好各项工序的技术交底工作。技术交底按工程的实施阶段可分为两个层次：

① 开工前的技术交底会，参加的人员主要有设计单位、工程建设单位、工程监理单位及制作单位的有关人员。开工前技术交底的主要内容有：工程概况；工程结构件的类型和数量；图纸中关键部位的说明和要求；设计图纸的节点情况介绍；对钢材、辅料的要求和原材料对接的质量要求；工程验收的技术标准说明；交货期限、交货方式的说明；构件包装和运输要求；涂层质量要求；其他需要说明的技术要求。

② 钢结构在投料加工前进行的本工厂施工人员交底会，参加的人员主要有制作单位的技术、质量负责人，技术部门和质检部门的技术人员、质检人员，生产部门的负责人，施工员及相关工序的代表人员等。这个层次的技术交底主要内容除包含开工前的技术交底会的主要内容外，还应增加工艺方案、工艺规程、施工要点、主要工序的控制方法、检查方法等与实际施工相关的内容。

引导问题 2：钢结构工程劳动力和物资如何配置？

运用知识：

1）劳动力配置计划应包括下列内容：

① 确定各施工阶段的用工量。

② 根据施工进度计划确定各施工阶段的劳动力配置计划。

2）物资配置计划应包括下列内容：

① 主要工程材料和设备的配置计划应根据施工进度计划确定，包括各施工阶段所需主要工程材料、设备的种类和数量。

② 工程施工主要周转材料和施工机具的配置应根据施工部署和施工进度计划确定，包括各施工阶段所需主要周转材料、施工机具的种类和数量。

引导问题 3：钢结构工程常用施工机具有哪些？

运用知识：

钢结构工程常用的施工机具有：

1. 加工设备

1）切割机具：剪板机、数控切割机、型钢切割机、型钢带锯机等。

2）制孔机具：冲孔机、钻床等。

3）边缘加工机具：刨床、钻铣床、端面铣床、风铲等。

4）弯曲成型机具：水平直弯机、立式压力机、卧式压力机等。

2. 焊接设备

直流焊机、交流焊机、二氧化碳焊机、埋弧焊机、焊条烘干箱等。

3. 涂装设备

电动空气压缩机、喷砂机、回收装置、喷漆枪、电动钢丝刷、手动砂轮等。

4. 检测设备

磁粉探伤仪、超声波探伤仪、焊缝检验尺、漆膜测厚仪、温（湿）度仪等。

5. 吊装运输设备

桥式起重机、门式起重机、塔式起重机、汽车起重机、运输汽车、运输火车等。

引导问题4：钢结构工程主要施工工艺流程是什么?

运用知识：

1. 钢结构工程主要施工工艺流程

施工准备→原材料采购、验收、进厂→下料→制作→检验、校正→预拼装→除锈→刷防锈漆一道→成品检验、编号→构件运输→预埋件复验→钢柱吊装→钢梁吊装→檩条、支撑系统安装→主体初验→刷面漆→屋面板安装→墙面板安装→门窗安装→验收

2. 构件制作

1）钢材、钢铸件的品种、规格、性能等应符合标准和设计的要求。焊接材料的品种、规格、性能等应符合标准和设计的要求。

2）钢结构连接用高强度大六角头螺栓连接副、扭剪型高强度螺栓连接副、钢网架用高强度螺栓、普通螺栓、铆钉、自攻钉、拉铆钉、射钉、锚栓（机械型和化学试剂型）、地脚锚栓等紧固标准件，以及螺母、垫圈等标准配件，其品种、规格、性能等应符合标准和设计的要求。高强度大六角头螺栓连接副和扭剪型高强度螺栓连接副在出厂时，应分别随箱带有扭矩系数和紧固轴力（预拉力）的检验报告。

3）焊工必须经考试合格并取得合格证书。持证焊工必须在其考试合格项目及其认可范围内施焊。

4）设计要求全焊透的一级、二级焊缝应采用超声波探伤方法进行内部缺陷的检验（表5-3）；当采用超声波探伤方法不能对缺陷做出判断时，应采用射线探伤方法，其内部缺陷分级及探伤方法应符合《焊缝无损检测 超声检测 技术、检测等级和评定》（GB/T 11345—2013）或《焊缝无损检测 射线检测 第1部分：X和伽玛射线的胶片技术》（GB/T 3323.1—2019）的规定。

5）钢柱、钢梁腹板下料时应注意截面尺寸的变化，应在两端留有加工余量。

6）柱、梁的主要焊缝采用埋弧自动焊接，焊接顺序要按焊接工艺要求的顺序进行。

7）制孔时，所有连接板、节点板必须配对钻孔，制孔精度应符合规范的要求。

8）钢构件一般采用抛丸除锈，除锈效果应达到设计要求。涂刷防腐涂料时，构件表面不应误涂（特别是摩擦连接面）、漏涂，涂层不应有脱皮和返锈等现象；涂层应均匀，无明显桔皮、流坠、针孔和气泡等缺陷。

9）构件出厂前要进行检验和编号，编号时一般要标注轴线列号，超重超长构件有时还要标注质量和起吊重心的位置。

3. 运输和堆放

1）运输前要事先勘查道路，选择运输车辆型号，对运输不便的构件，可采用现场拼装的方式。装卸时对容易变形的构件，要采取一定的保护措施。装卸时要保护构件的涂装面。

2）堆放场地要坚实、平整、排水良好。

3）构件不能直接置于地上，要垫高200mm以上并平稳地放在支座上，支座之间的距离应不使构件产生残余变形。

4）构件的堆放位置应考虑现场安装的顺序。

4. 钢构件的安装

1）复核预埋螺栓的规格、定位尺寸、标高、露出长度等，复核并确认预埋件混凝土的龄期。对照图纸，查验并核对现场构件编号与设计的一致性，防止错装。

2）勘查作业现场，确定起重机的行走路线，制订吊装实施方案。安装高强度螺栓时，螺栓应能自由穿入孔内，不能随意扩孔，高强度螺栓不能替代临时螺栓使用。

3）选用轮式起重机作为吊装机械。

4）钢柱采用一点或两点起吊，就位后先临时固定，经校正后再最终固定。钢梁采用两点起吊，吊装前应事先确定吊点，并进行试吊，以保障其稳定性。钢梁吊装后先进行临时固定，安装水平支撑并经复核垂直度后再最终固定。

5）整体框架安装完毕后，应当对已经安装的框架再作一次检查，确认所有构件安装的正确性、连接件是否都已紧固、整体弯曲度是否在规范规定的偏差以内。

6）整体框架经核对无误后，应由土建施工单位配合及时浇筑柱底板混凝土，该混凝土应为膨胀混凝土，钢构件的面漆施工也可同时实施。

5. 屋面工程

1）对进场的C形檩条进行检查，对几何尺寸超偏或在运输中已经严重变形的檩条应退场调换。

2）檩条安装时必须垂直于屋脊拉线，确保屋檩在同一平面内。首先安装屋脊檩条，并焊接屋脊撑杆；然后依次安装屋檩、屋面洞口处的加强檩。在安装下坡檩条时，必须安装拉条，并调平拉紧，以保证檩条不扭曲变形，有效防止屋檩受压一面发生失稳。

3）对进场的屋面板应复核几何尺寸、数量、颜色等，对运输中变形严重、涂层有划伤的应退场调换。

4）设置安装基准线时，基准线应设在山墙端屋脊线的垂直线上，并根据此基准线在檩条的横向标出每块或若干块压型钢板的截面有效覆盖宽度定位线；然后按排版图依次铺设，铺设、调整固定应同时进行。施工时，应首先安装屋脊托板。

5）铺设屋面压型钢板时，应在压型钢板上设置临时人行木板。施工人员在临时人行木板上施工时必须穿软底鞋，并不得聚集在一起。在压型钢板上行走频繁的部位，应设临时盖板。

6）屋脊板、泛水板与屋面压型钢板的连接采用搭接连接，其搭接长度不小于200mm，搭接部位应设置挡水板，并设置防水堵头及密封条。屋脊板之间搭接部位的搭接长度不小于60mm，其连接件间距不大于250mm。上述各搭接处应填密封胶。

7）天沟板的安装应注意纵向坡度。

6. 墙面板安装

1）墙檩（墙梁）安装必须从顶部向下拉垂线，以确保墙檩在同一个平面上；然后依次安装墙檩、洞口加强檩。

2）对墙面板的检验同屋面板。

3）设置安装基准线，并画出门窗洞口的准确位置，以便于墙面板的切边。墙面压型钢板的安装基准线设在离山墙阳角线200mm处的垂直线上，并根据此基准线在墙檩上标出角块墙面板的截面有效覆盖宽度线。墙面板的连接采用自攻螺钉与墙檩连接。在墙面压型板上开洞时，应按洞口尺寸画出边线后再切割，然后再安装。

引导问题5：钢结构工程高强度螺栓连接施工工艺流程是什么？

钢结构工程高强度螺栓连接施工工艺流程：

作业准备→选择螺栓并配套→接头组装→安装临时螺栓→安装高强度螺栓→高强度螺栓的紧固→检查验收

1. 安装临时螺栓

构件连接处采用临时螺栓固定时，螺栓数量为接头螺栓总数的1/3以上，并且每个接头不少于两个临时螺栓，冲钉穿入数量不宜多于临时螺栓数量的30%。组装时先用冲钉对准孔位，在适当位置插入临时螺栓，再用扳手拧紧。注意不准用高强度螺栓兼作临时螺栓，以防螺纹损伤。

2. 安装高强度螺栓

安装高强度螺栓时应自由穿入孔内，不得强行敲打。扭剪型高强度螺栓的垫圈应装在螺母一侧，垫圈孔有倒角的一侧应和螺母接触，不得装反（大六角头高强度螺栓的垫圈应安装在螺栓头一侧和螺母一侧，垫圈孔有倒角的一侧应和螺栓头接触，不得装反）。

螺栓不能自由穿入时，不得用气割扩孔，要用铰刀铰孔。修孔时需使板层紧贴，以防铁屑进入板缝。铰孔后要用砂轮机清除孔边的飞边，并清除铁屑。

螺栓的穿入方向宜一致，穿入的高强度螺栓用扳手紧固后，再卸下临时螺栓，以高强度螺栓替换。注意不得在雨天安装高强度螺栓，且摩擦面应处于干燥状态。

3. 高强度螺栓的紧固

高强度螺栓的紧固必须分两次进行，第一次为初拧，初拧紧固到螺栓标准轴力（即设计预拉力）的50%左右，初拧的扭矩值不得小于终拧扭矩值的30%；第二次为终拧，终拧时扭剪型高强度螺栓的梅花头应拧掉。为使螺栓群中所有螺栓均匀受力，初拧、终拧都应按一定顺序进行：

1）一般接头应从螺栓群中间按顺序向外侧紧固。

2）从接头刚度大的地方向不受约束的自由端紧固。

二、教师审查每个小组的钢结构施工方案并提出整改建议

整改建议记录：

三、各小组进一步优化方案并确定最终方案

最终方案记录：

实践成果

1）工作情境模拟操作。

2）××工程钢结构工程施工方案。

典型任务 3 钢结构分部工程项目验收工作

知识点：

1. 钢结构分部工程竣工验收的标准、规范。

2. 钢结构分部工程施工质量验收。

能力（技能）点：

1. 能够按照施工质量验收规范填写钢结构工程施工质量验收检查表。

2. 能应用施工质量验收规范对钢结构分部工程进行质量检查，达到质量验收规范的要求。

3. 能根据给定的施工任务组织相关责任单位进行钢结构分部工程项目验收工作。

实践目的

1）以实际应用为主，培养学生职业素养，提高规范意识。

2）通过现场验收，获得竣工验收及表格填写知识，理解并系统掌握钢结构分部工程的验收标准等主要内容。

实践分解任务

1）根据施工实际情况组织工程的竣工验收。

2）根据《钢结构工程施工质量验收标准》(GB 50205—2020）进行质量检查。

3）填写相应的质量验收记录。

实践分组

以小组为单位（6 ~ 8 人为一组），在规定时间内完成上述内容。

实践场地

实训室、机房。

实践实施过程

一、制订钢结构工程验收方案

引导问题 1：钢结构分部工程质量验收的合格标准是什么？

运用知识：

钢结构分部工程质量验收的合格标准如下：

1）所含分项工程的质量均应验收合格。

2）质量控制资料应完整。

3）有关安全、节能、环境保护和主要使用功能的抽样检验结果应符合相应规定。

4）观感质量应符合要求。

引导问题2：钢结构工程含有哪些分项工程？

运用知识：

根据《钢结构工程施工质量验收标准》(GB 50205—2020)，钢结构工程包括原材料及成品验收，焊接工程，紧固件连接工程，钢零件及钢部件加工，钢构件组装工程，钢构件预拼装工程，单层、多高层钢结构安装工程，空间结构安装工程，压型金属板工程，涂装工程共计13个分项工程。

引导问题3：钢结构分部工程验收时的质量控制资料包括什么？

根据《钢结构工程施工质量验收标准》(GB 50205—2020)，钢结构分部工程验收时应提供下列文件和记录：

1）钢结构工程竣工图纸及相关设计文件。

2）施工现场质量管理检查记录。

3）有关安全及功能的检验和见证检测项目检查记录。

4）有关观感质量检验项目检查记录。

5）分部工程所含各分项工程的质量验收记录。

6）分项工程所含各检验批的质量验收记录。

7）强制性条文检验项目的检查记录及证明文件。

8）隐蔽工程检验项目检查验收记录。

9）原材料、成品的质量合格证明文件，以及中文产品标志及性能检测报告。

10）不合格项的处理记录及验收记录。

11）重大质量、技术问题实施方案及验收记录。

12）其他有关文件和记录。

引导问题4：钢结构分部工程有关安全及功能检测的项目包括什么？

运用知识：

根据《钢结构工程施工质量验收标准》(GB 50205—2020)，钢结构分部工程有关安全及功能检测的项目包括见证取样送样检测项目、焊缝无损探伤检测项目和现场见证检测项目三类。

引导问题5：见证取样送样检测项目的具体要求是什么？

运用知识：

根据《钢结构工程施工质量验收标准》（GB 50205—2020），见证取样送样检测项目包括钢材复验、焊材复验、高强度螺栓连接副复验、摩擦面抗滑移系数试验、金属屋面系统抗风能力试验五部分，由监理工程师或者业主方代表见证取样送样，由满足相应要求的检测机构进行检测并出具检测报告，具体检验方法和要求如下：

1. 钢材复验

对属于下列情况之一的钢材，应进行抽样复验，其复验结果应符合国家现行标准的规定并满足设计要求：

1）结构安全等级为一级的重要建筑主体结构用钢材。

2）结构安全等级为二级的一般建筑，当其结构跨度大于60m或高度大于100m时或承受动力荷载需要验算疲劳的主体结构用钢材。

3）板厚不小于40mm，且设计有Z向性能要求的厚板。

4）强度等级大于或等于420MPa的高强度钢材。

5）进口钢材、混批钢材或质量证明文件不齐全的钢材。

6）设计文件或合同文件要求复验的钢材。

2. 焊材复验

对于下列情况之一的钢结构所采用的焊接材料，应按其产品标准的要求进行抽样复验，复验结果应符合国家现行标准的规定并满足设计要求：

1）结构安全等级为一级的一级、二级焊缝。

2）结构安全等级为二级的一级焊缝。

3）需要进行疲劳验算的构件的焊缝。

4）材料混批或质量证明文件不齐全的焊接材料。

5）设计文件或合同文件要求复检的焊接材料。

3. 高强度螺栓连接副复验

大六角头高强度螺栓和扭剪型高强度螺栓需要分别复验扭矩系数和紧固轴力。复验用的螺栓应在施工现场待安装的螺栓批中随机抽取，每批应抽取8套连接副进行复验。

4. 摩擦面抗滑移系数试验

高强度螺栓连接摩擦面的抗滑移系数试验应符合下列规定：检验批可按分部工程（子分部工程）所含高强度螺栓用量划分，每5万个高强度螺栓用量的钢结构为一批，不足5万个高强度螺栓用量的钢结构视为一批。选用两种及两种以上表面处理（含有涂层摩擦面）工艺时，每种处理工艺均需试验抗滑移系数，每批3组试件。

5. 金属屋面系统抗风能力试验

金属屋面系统抗风揭性能检测应符合下列规定：

1）金属屋面系统应包括金属屋面板、底板、支座、保温层、檩条、支架、紧固件等。

2）金属屋面系统抗风揭性能检测应采用实验室模拟静态、动态压力加载法。

3）对于强（台）风地区（基本风压≥$0.5kN/m^2$）的金属屋面和设计要求进行动态风载检测的建筑金属屋面，应采用动态风载检测。

4）金属屋面系统抗风揭性能检测应选取金属屋面中具有代表性的典型部位进行检测，被检测屋面系统中的材料、构件加工、安装施工质量等应与实际工程情况一致，并应满足设计要求和相应技术标准的规定。

5）金属屋面典型部位的风荷载标准值应由设计单位给出，检测单位应根据设计单位给出的风荷载标准值进行检测。

引导问题6：焊缝无损探伤检测项目的具体要求是什么？

运用知识：

焊缝无损探伤检测项目包括施工单位自检和第三方监检。

1）施工单位自检是由施工单位具有相应要求的检测人员或其委托的具有相应要求的检测机构进行检测。设计要求的一级、二级焊缝应进行内部缺陷的无损检测，一级、二级焊缝质量等级及无损检测要求应符合表5-3的规定。

2）第三方监检是由业主或其代表委托的具有相应要求的独立第三方检测机构进行检测并出具检测报告。一级焊缝按不少于被检测焊缝数量的 20% 抽检，二级焊缝按不少于被检测焊缝数量的 5% 抽检。

引导问题 7：现场见证检测的具体要求是什么？

运用知识：

根据《钢结构工程施工质量验收标准》(GB 50205—2020)，现场见证检测项目主要包括焊缝外观质量、焊缝尺寸、高强度螺栓终拧质量、基础和支座安装、钢材表面处理、涂料附着力、防腐涂层厚度、防火涂层厚度、主要构件安装精度、主体结构整体尺寸 10 部分内容，由监理工程师或者业主方代表指定抽样样本，并见证检测过程；由施工单位质检人员或其委托的检测机构进行检测。具体检验方法和要求如下：

1. 焊缝外观质量

根据《钢结构工程施工质量验收标准》(GB 50205—2020)，焊缝的外观质量要求见表 5-9、表 5-10。

表 5-9　无疲劳验算要求的钢结构焊缝外观质量要求

检验项目	焊缝质量等级		
	一级	二级	三级
裂纹	不允许	不允许	不允许
未焊满	不允许	≤0.2mm + 0.02t 且≤1mm，每 100mm 长度焊缝内未焊满累积长度≤25mm	≤0.2mm + 0.04t 且≤2mm，每 100mm 长度焊缝内未焊满累积长度≤25mm
根部收缩	不允许	≤0.2mm + 0.02t 且≤1mm，长度不限	≤0.2mm + 0.04t 且≤2mm，长度不限
咬边	不允许	≤0.05t 且≤0.5mm，连续长度≤100mm，且焊缝两侧咬边总长≤10% 焊缝全长	≤0.1t 且≤1mm，长度不限
电弧擦伤	不允许	不允许	允许存在个别的电弧擦伤
接头不良	不允许	缺口深度≤0.05t 且≤0.5mm，每 1000mm 长度焊缝内不得超过 1 处	缺口深度≤0.1t 且≤1mm，每 1000mm 长度焊缝内不得超过 1 处
表面气孔	不允许	不允许	每 50mm 长度焊缝内允许存在直径 < 0.4t 且≤3mm的气孔 2 个，孔距应≥6 倍孔径
表面夹渣	不允许	不允许	深≤0.2t，长≤0.5t 且≤20mm

注：t 为接头较薄件的母材厚度。

表 5-10　有疲劳验算要求的钢结构焊缝外观质量要求

检验项目	焊缝质量等级		
	一级	二级	三级
裂纹	不允许	不允许	不允许
未焊满	不允许	不允许	≤0.2mm + 0.02t 且≤1mm，每 100mm 长度焊缝内未焊满累积长度≤25mm
根部收缩	不允许	不允许	≤0.2mm + 0.02t 且≤1mm，长度不限

（续）

检验项目	焊缝质量等级		
	一级	二级	三级
咬边	不允许	≤0.05t且≤0.3mm，连续长度≤100mm，且焊缝两侧咬边总长≤10%焊缝全长	≤0.1t且≤0.5mm，长度不限
电弧擦伤	不允许	不允许	允许存在个别的电弧擦伤
接头不良	不允许	不允许	缺口深度≤0.05t且≤0.5mm，每1000mm长度焊缝内不得超过1处
表面气孔	不允许	不允许	直径小于1.0mm，每米不多于3个，间距不小于20mm
表面夹渣	不允许	不允许	深≤0.2t，长≤0.5t且≤20mm

注：t为接头较薄件的母材厚度。

2. 焊缝尺寸

根据《钢结构工程施工质量验收标准》（GB 50205—2020），焊缝外观尺寸要求见表5-11、表5-12。

表5-11　有疲劳验算要求的钢结构焊缝外观尺寸允许偏差

项目	焊缝种类	外观尺寸允许偏差
焊脚尺寸	对接与角接组合焊缝 h_k	0 +2.0mm
	角焊缝 h_f	-1.0mm +2.0mm
	焊条电弧焊角焊缝 h_f（全长的10%）	-1.0mm +3.0mm
焊缝高低差	角焊缝	≤2.0mm（任意25mm范围高低差）
余高	对接焊缝	≤2.0mm（焊缝宽 b≤20mm）
		≤3.0mm（b>20mm）
余高铲磨后表面	横向对接焊缝	表面不高于母材0.5mm
		表面不低于母材0.3mm
		粗糙度为50μm

表5-12　无疲劳验算要求的钢结构对接焊缝与角焊缝外观尺寸允许偏差

（单位：mm）

序号	项目	示意图	外观尺寸允许偏差	
			一级、二级	三级
1	对接焊缝余高 C	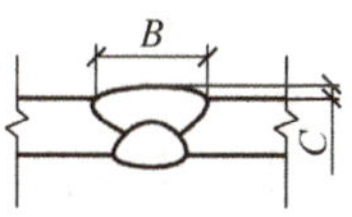	B<20时，C为0~3.0； B≥20时，C为0~4.0	B<20时，C为0~3.5； B≥20时，C为0~5.0

（续）

序号	项目	示意图	外观尺寸允许偏差	
			一级、二级	三级
2	对接焊缝错边Δ	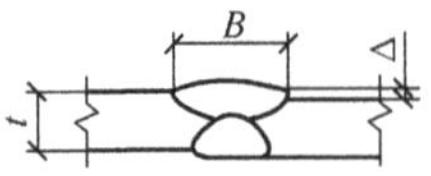	$\Delta<0.1t$，且≤2.0	$\Delta<0.15t$，且≤3.0
3	角焊缝余高 C	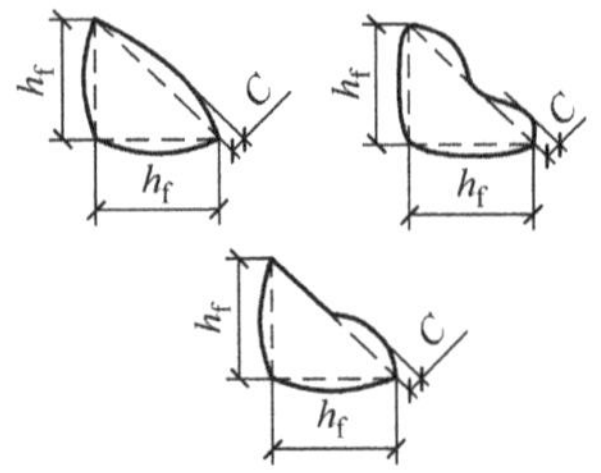	h_f≤6 时，C 为 0～1.5； h_f>6 时，C 为 0～3.0	
4	对接和角接组合焊缝余高 C	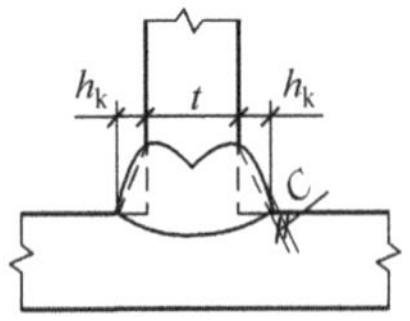	h_k≤6 时，C 为 0～1.5； h_k>6 时，C 为 0～3.0	

注：B 为焊缝宽度；t 为对接接头较薄件的母材厚度。

3. 高强度螺栓终拧质量

（1）大六角头高强度螺栓

大六角头高强度螺栓连接副应在终拧完成 1h 后、48h 内进行终拧质量检查，检查方法有扭矩法和转角法两种。

1）扭矩法。大六角头高强度螺栓采用扭矩法施工时，其终拧质量检查应符合下列规定：

① 用小锤（约 0.3kg）敲击螺母对高强度螺栓进行普查，看是否有漏拧。

② 终拧扭矩应按节点数抽查 10%，且不应少于 10 个节点。对于每个被抽查的节点应按螺栓数抽查 10%，且不少于 2 个螺栓。

③ 检查时先在螺杆端面和螺母上画一直线，然后将螺母拧松 60°后，再用扭矩扳手重新拧紧，使两线重合，测得此时的扭矩应在（0.9～1.1）T_{ch}范围内。其中 T_{ch}应按下式计算：

$$T_{ch}=KPd$$

式中　T_{ch}——高强度螺栓检查扭矩（N·m）；

K——扭矩系数；

d——螺栓直径（mm）；

P——高强度螺栓预拉力设计值（kN）。

④ 如果发现有不符合规定的（不合格的），应再扩大一倍数量进行检查；如仍有不合格的，则整个节点的高强度螺栓应重新施拧。

2）转角法。大六角头高强度螺栓采用转角法施工时，其终拧质量检查应符合下列规定：

① 普查初拧后，在螺母与相对位置所画的终拧起始线和终止线之间所夹的角度应达到规定值。

② 终拧转角应按节点数抽查10%，且不应少于10个节点，对于每个被抽查的节点应按螺栓数抽查10%，且不应少于2个螺栓。

③ 在螺杆端面（或垫圈）和螺母的相对位置处画线，然后全部卸松螺母，再按规定的初拧扭矩和终拧角度重新拧紧螺栓，测量终止线与原终止线画线之间的夹角，应符合《钢结构高强度螺栓连接技术规程》（JGJ 82—2011）的要求，误差在±30°以内的为合格。

④ 如果发现有不符合规定的，应再扩大一倍数量进行检查；如仍有不合格的，则整个节点的高强度螺栓应重新施拧。

（2）扭剪型高强度螺栓

对于扭剪型高强度螺栓连接副，除因构造原因无法使用专用扳手拧掉梅花头的外，螺栓尾部的梅花头拧断为终拧结束。未在终拧中拧掉梅花头的螺栓数不应大于该节点螺栓数的5%；对所有的梅花头未拧掉的扭剪型高强度螺栓连接副应采用扭矩法或转角法进行终拧并做标记，且按《钢结构工程施工质量验收标准》（GB 50205—2020）第6.3.3条的规定进行终拧质量检查。

4. 基础和支座安装（单层、多高层）

基础和支座安装（单层、多高层）要求见表5-13。

表5-13　建筑物定位轴线、基础上柱的定位轴线和标高的允许偏差　（单位：mm）

项目	允许偏差	图例
建筑物定位轴线	l/20000，且不应大于3.0	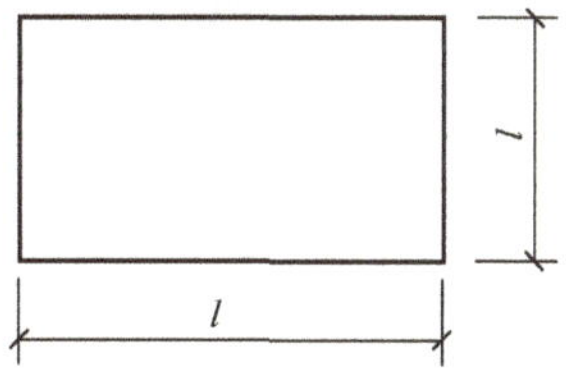
基础上柱的定位轴线	1.0	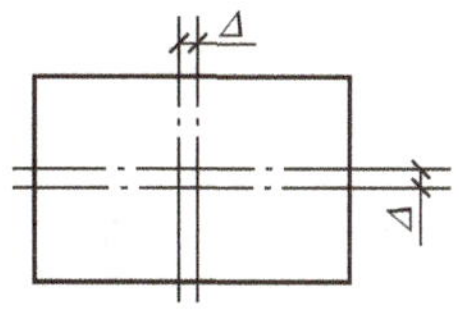
基础上柱底标高	±3.0	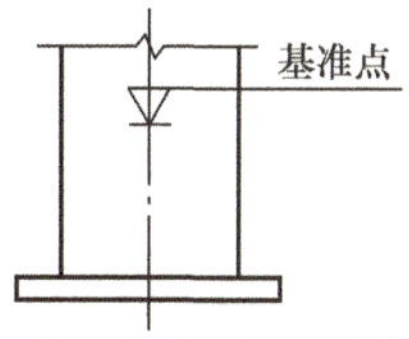

5. 钢材表面处理

涂装前，钢材表面的除锈等级应满足设计要求并符合国家现行标准的规定。处理后的钢材表面不应有焊渣、焊疤、灰尘、油污、水和飞边等。

6. 涂料附着力

当钢结构处于有腐蚀介质环境、外露或设计有要求时，应进行涂层附着力测试。在检测范围内，当涂层完整程度达到70%以上时，涂层附着力可认定为质量合格。

7. 防腐涂层厚度

防腐涂料、涂装遍数、涂装间隔、涂层厚度均应满足设计文件、涂料产品标准的要求。当设计对涂层厚度无要求时，涂层干漆膜总厚度：室外不应小于150μm，室内不应小于125μm。

8. 防火涂层厚度

膨胀型（超薄型、薄涂型）防火涂料、厚涂型防火涂料的涂层厚度及隔热性能应满足国家现行标准有关耐火极限的要求，且不应小于 −200μm。当采用厚涂型防火涂料涂装时，80%及以上的涂层面积应满足国家现行标准有关耐火极限的要求，且最薄处厚度不应低于设计要求的85%。

9. 主要构件安装精度

主要构件安装精度要求见表5-14、表5-15。

表5-14　钢柱安装的允许偏差　（单位：mm）

项目		允许偏差	图例	检验方法
柱脚底座中心线对定位轴线的偏移 Δ		5.0	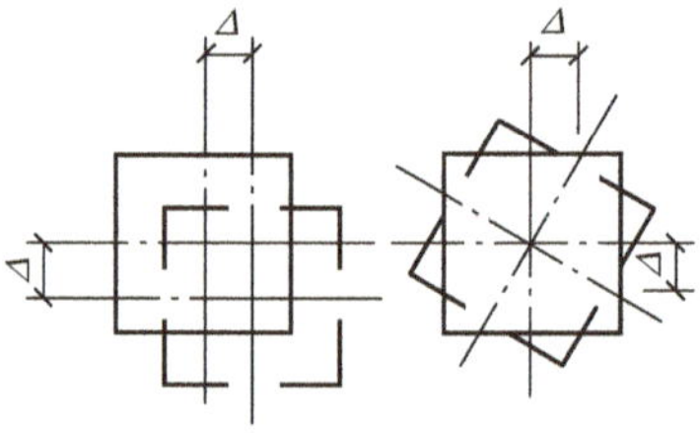	用吊线和钢尺等实测
柱子定位轴线 Δ		1.0	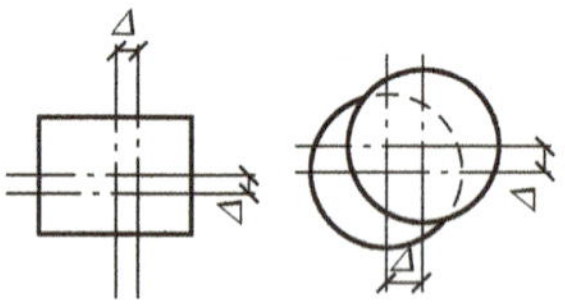	—
柱基准点标高	有吊车梁的柱	+3.0 −5.0	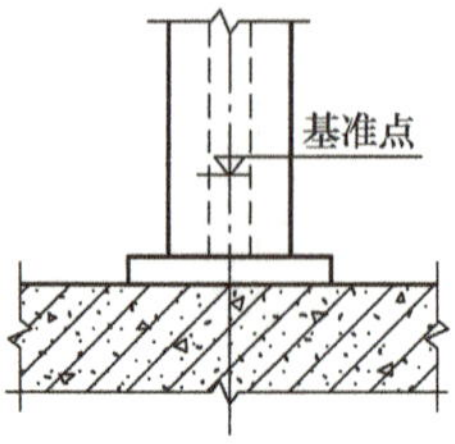	用水准仪等实测
	无吊车梁的柱	+5.0 −8.0		
弯曲矢高		H/1200，且不大于15.0	—	用经纬仪或拉线和钢尺等实测

（续）

项目			允许偏差	图例	检验方法
柱轴线垂直度	单层柱		$H/1000$，且不大于25.0	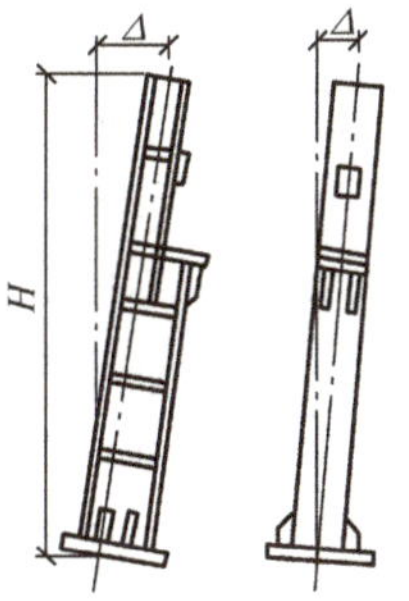	用经纬仪或吊线和钢尺等实测
	多层柱	单节柱	$H/1000$，且不大于10.0		
		柱全高	35.0		
钢柱安装偏差			3.0	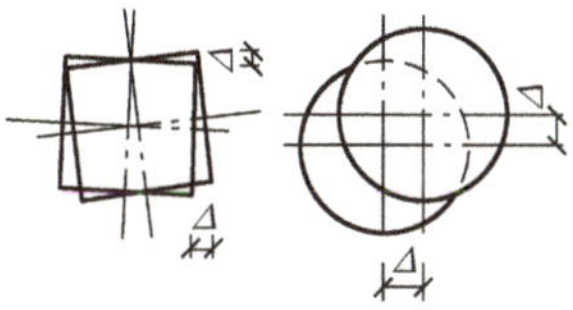	用钢尺等实测
同一层柱的各柱顶高度差Δ			5.0	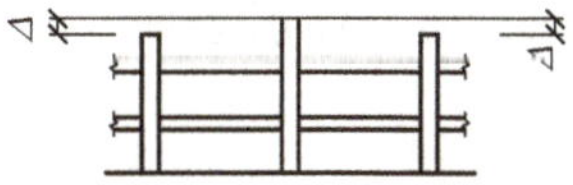	用全站仪、水准仪等实测

表5-15　钢屋（托）架、钢桁架、梁的垂直度和侧向弯曲矢高的允许偏差　（单位：mm）

项目	允许偏差		图例
跨中的垂直度	$h/250$，且不大于15.0		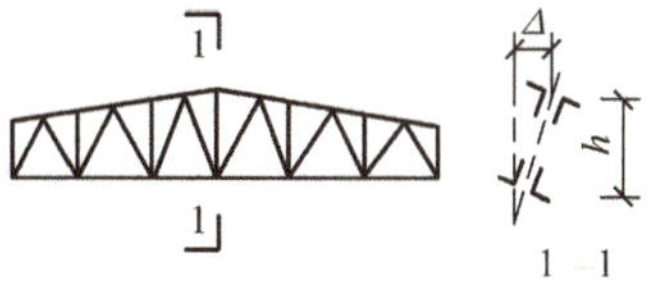
侧向弯曲矢高f	$l\leqslant30$m	$l/1000$，且不大于10.0	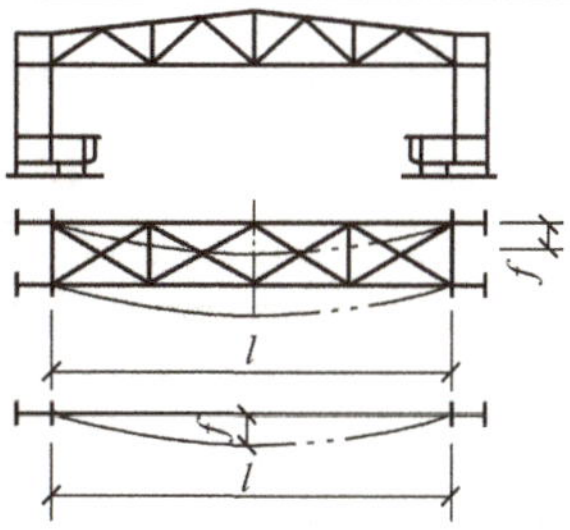
	30m$<l\leqslant$60m	$l/1000$，且不大于30.0	
	$l>$60m	$l/1000$，且不大于50.0	

10. 主体结构整体尺寸

主体结构整体尺寸精度见表5-16。

表 5-16　钢结构整体立面偏移和整体平面弯曲的允许偏差　　　（单位：mm）

项目	允许偏差		图例
主体结构的整体立面偏移	单层	$H/1000$，且不大于 25.0	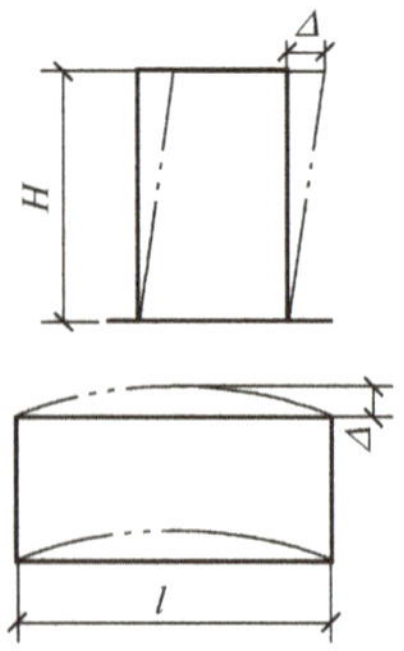
	高度 60m 以下的多高层	$(H/2500+10)$，且不大于 30.0	
	高度 60～100m 的高层	$(H/2500+10)$，且不大于 50.0	
	高度 100m 以上的高层	$(H/2500+10)$，且不大于 80.0	
主体结构的整体平面弯曲	$l/1500$，且不大于 50.0		

钢网架、网壳结构总拼完成后及屋面工程完成后，应分别测量其挠度值，且所测得的挠度值不应超过相应荷载条件下挠度计算值的 1.15 倍。

引导问题 8：钢结构分部工程观感质量检查项目包括什么？

运用知识：

根据《钢结构工程施工质量验收标准》(GB 50205—2020)，钢结构分部工程的观感质量检查项目包括防腐、防火涂层表面，防火涂层表面，压型金属板表面，钢平台、钢梯、钢栏杆。

1. 防腐、防火涂层表面

抽检数量：随机抽查三个轴线间的结构构件，检查要求和检查方法见表 5-17。

表 5-17　防腐、防火涂层表面检查要求和检查方法

检查要求	检查数量	检查方法
涂层应均匀，无明显皱皮、流坠、针眼和气泡等	全数检查	观察检查
金属热喷涂涂层的外观应均匀一致，涂层不得有气孔、裸露母材的斑点、附着不牢的金属熔融颗粒、裂纹或影响使用寿命的其他缺陷	全数检查	观察检查

2. 防火涂层表面

抽检数量：随机抽查三个轴线间的结构构件，检查要求和检查方法见表 5-18。

表 5-18　防火涂层表面检查要求和检查方法

检查要求	检查数量	检查方法
超薄型防火涂料涂层表面不应出现裂纹；薄涂型防火涂料涂层表面的裂纹宽度不应大于 0.5mm；厚涂型防火涂料涂层表面的裂纹宽度不应大于 1.0mm	按同类构件数抽查 10%，且均不应少于 3 件	观察和用尺量检查
防火涂料不应有误涂、漏涂，涂层应闭合，无脱层、空鼓、明显凹陷、粉化松散和浮浆、乳突等缺陷	全数检查	观察检查

3. 压型金属板表面

抽检数量：随机抽查三个轴线间的压型金属板表面，检查要求和检查方法见表5-19。

表5-19　压型金属板表面检查要求和检查方法

检查要求	检查数量	检查方法
压型金属板安装应平整、顺直，板面不应有施工残留物和污物。檐口和墙面下端应呈直线，不应有未经处理的孔洞	按面积抽查10%，且不应少于$10m^2$	观察检查

4. 钢平台、钢梯、钢栏杆

抽检数量：随机抽查10%；要求连接牢固，无明显外观缺陷。

引导问题9：钢结构分部工程检查不合格怎么处理？

运用知识：

《建筑工程施工质量验收统一标准》（GB 50300—2013）中明确提出，当建筑工程施工质量不符合要求时，应按下列规定进行处理：

1）经返工或返修的检验批，应重新进行验收。

2）经有资质的检测机构检测鉴定能够达到设计要求的检验批，应予以验收。

3）经有资质的检测机构检测鉴定达不到设计要求、但经原设计单位核算认可能够满足安全和使用功能的检验批，可予以验收。

4）经返修或加固处理的分项、分部工程，满足安全及使用功能要求时，可按技术处理方案和协商文件的要求予以验收。

引导问题10：钢结构分部工程验收的组织流程是什么？

运用知识：

1）分部工程应由总监理工程师组织施工单位项目负责人和项目技术负责人等进行验收。

2）勘察、设计单位的项目负责人和施工单位的技术、质量部门负责人应参加地基与基础分部工程的验收。

3）设计单位项目负责人和施工单位的技术、质量部门负责人应参加主体结构、节能分部工程的验收。

钢结构子分部工程验收记录见表5-20，钢结构分部工程观感质量检查项目见表5-21。

表5-20　钢结构子分部工程验收记录

工程名称		结构类型		层数	
施工单位		技术部门负责人		质量部门负责人	
分包单位		分包单位负责人		分包技术负责人	

（续）

<table>
<tr><th>序号</th><th>分项工程名称</th><th>检验批数</th><th>施工单位检查评定</th><th>验收意见</th></tr>
<tr><td>1</td><td>钢结构（钢构件焊接）分项工程</td><td></td><td></td><td rowspan="8"></td></tr>
<tr><td>2</td><td>钢结构（防腐涂料涂装）分项工程</td><td></td><td></td></tr>
<tr><td>3</td><td>钢结构（普通紧固件连接）分项工程</td><td></td><td></td></tr>
<tr><td>4</td><td>钢结构（高强度螺栓连接）分项工程</td><td></td><td></td></tr>
<tr><td>5</td><td>钢结构（零件及部件加工）分项工程</td><td></td><td></td></tr>
<tr><td>6</td><td>钢结构（构件组装）分项工程</td><td></td><td></td></tr>
<tr><td>7</td><td>钢结构（预拼装）分项工程</td><td></td><td></td></tr>
<tr><td>8</td><td>钢结构（单层结构安装）分项工程</td><td></td><td></td></tr>
<tr><td colspan="2">质量控制资料</td><td colspan="2"></td><td></td></tr>
<tr><td colspan="2">安全和功能检验（检测）报告</td><td colspan="2"></td><td></td></tr>
<tr><td colspan="2">观感质量验收</td><td colspan="3"></td></tr>
<tr><td colspan="2">综合验收结论</td><td colspan="3"></td></tr>
<tr><td rowspan="5">验收单位</td><td>分包单位</td><td colspan="3">项目经理 年 月 日</td></tr>
<tr><td>施工单位</td><td colspan="3">项目经理 年 月 日</td></tr>
<tr><td>勘察单位</td><td colspan="3">项目负责人 年 月 日</td></tr>
<tr><td>设计单位</td><td colspan="3">项目负责人 年 月 日</td></tr>
<tr><td>监理（建设）单位</td><td colspan="3">总监理工程师
（建设单位项目专业负责人） 年 月 日</td></tr>
</table>

表 5-21　钢结构分部工程观感质量检查项目

工程名称：×××××　　　　　　　　　　　　　　编号：

项次	项 目	抽检数量	合格质量标准	检查结果
1	普通涂层表面	随机抽查 3 个轴线间的结构构件	满足《钢结构工程施工质量验收标准》(GB 50205—2020)要求	
2	防火涂层表面	随机抽查 3 个轴线间的结构构件	满足《钢结构工程施工质量验收标准》(GB 50205—2020)要求	
3	压型金属板表面	随机抽查 3 个轴线间的压型金属板表面	满足《钢结构工程施工质量验收标准》(GB 50205—2020)要求	
4	钢平台、钢梯、钢栏杆	随机抽查 10%	连接牢固，无明显外观缺陷	

结论：

施工单位项目经理：　　　　　　　　　　监理工程师：

年　月　日　　　　　　　　　　　　　　年　月　日

二、指导教师审查每个小组的验收方案并提出整改建议

整改建议记录：

三、各小组进一步完善验收方案并填写最终的钢结构分部工程质量验收记录

最终方案记录：

实践成果

1）工作情境模拟操作。

2）××钢结构分部工程质量验收记录。

典型任务4 钢结构工程施工组织方案审核评定工作

知识点：

1. 钢结构工程施工组织方案的编制与审批。
2. 钢结构工程施工组织方案审核评定。
3. 钢结构工程施工组织方案修改、检查。

能力（技能）点：

1. 能够进行钢结构工程施工组织方案的修改、检查。
2. 能根据给定的施工任务对钢结构工程施工组织方案进行审核评定。

实践目的

1）培养学生对钢结构工程施工组织方案进行修改、检查的能力。

2）根据钢结构工程的施工任务，能够对钢结构工程施工组织方案进行审核评定。

实践分解任务

1）根据工程案例分析钢结构工程施工组织方案的编制和审批。

2）根据工程案例并结合规范，对钢结构工程施工组织方案进行修改、检查。

3）根据工程案例并结合规范，对钢结构工程施工组织方案进行审核评定。

实践分组

以小组为单位（6～8人为一组），在规定时间内完成上述内容。

实践场地

实训室、机房。

实践实施过程

一、钢结构工程施工组织方案的编制与审批

引导问题：钢结构工程施工组织方案编制和审批的规定有哪些？

运用知识：

1）钢结构工程施工组织方案应由项目负责人主持编制，可根据需要分阶段编制和审批；有总承包单位时，施工组织方案应由总承包单位技术负责人审批；单位工程施工组织方案应由施工单位技术负责人或技术负责人授权的技术人员审批；钢结构分部工程施工组织方案应由项目技术负责人审批；重点、难点分部（分项）工程和专项工程施工组织方案应由施工单位技术部门组织相关专家评审，施工单位技术负责人批准。

2）由专业承包单位施工的分部（分项）工程或专项工程的施工组织方案，应由专业承包单位技术负责人或技术负责人授权的技术人员审批；有总承包单位时，应由总承包单位项目技术负责人核准备案。

3）规模较大的分部（分项）工程和专项工程的施工组织方案应按单位工程施工组织方案进行编制和审批。

4）钢结构工程的施工组织方案应按单位工程施工组织方案进行编制和审批。

二、钢结构工程施工组织方案的修改、检查

引导问题1：钢结构工程施工组织方案进行动态管理的规定有哪些？

运用知识：

根据《建筑施工组织设计规范》（GB/T 50502—2009），钢结构工程施工组织方案应实行动态管理，并符合下列规定：

1）项目施工过程中发生以下情况之一时，施工组织方案应及时进行修改或补充：

① 工程设计有重大修改。

② 有关法律、法规、规范和标准的实施、修订和废止。

③ 主要施工方法有重大调整。

④ 主要施工资源配置有重大调整。

⑤ 施工环境有重大改变。

2）经修改或补充的施工组织方案应重新审批后实施。

3）项目施工前应进行施工组织方案的逐级交底；项目施工过程中，应对施工组织方案的执行情况进行检查、分析，并适时调整。

引导问题2：在哪些情况下需要修改或补充钢结构施工组织方案？

运用知识：

1）当工程设计图纸发生重大修改时，如地基基础或主体结构的形式发生变化、装修材料或做法发生重大变化、机电设备系统发生较大调整等，需要对施工组织方案进行修改；对工程设计图纸的一般性修改，根据变化情况对施工组织方案进行补充；对工程设计图纸的细微修改或更正，施工组织方案则不需调整。

2）当有关法律、法规、规范和标准开始实施或发生变更，并涉及工程的实施、检查或验收时，施工组织方案需要进行修改或补充。

3）由于主（客）观条件的变化，施工方法有重大变更，原来的施工组织方案已不能正确地指导施工，需对施工组织方案进行修改或补充。

4）当施工资源的配置有重大变更，并且影响到施工方法的变化或对施工进度、质量、安全、环境、造价等造成潜在的重大影响，需对施工组织方案进行修改或补充。

5）当施工环境发生重大改变，如施工延期造成季节性施工方法发生变化，施工场地变化造成现场布置和施工方式改变等，致使原来的施工组织方案已不能正确地指导施工，需对施工组织方案进行修改或补充。

6）经过修改或补充的施工组织方案，原则上需经原审批单位重新审批。

三、钢结构工程施工组织方案的审核评定

引导问题1：钢结构工程进度计划审查的要点有哪些？

运用知识：

工程进度计划是承包企业根据与业主签订的工期合同所作的作业进度安排。工程进度计划安排是否合理，与工程成本有密切关系，监理工程师应加强审核。

1）总工期符合承包的要求，如果合同条件允许分期分批竣工交付使用，应有明确分期交付的时间和分批交付的数量要求。

2）表明各项主要工程（钢结构制作、安装工程）的开始和结束时间。

3）体现主要工序相互衔接的合理安排。

4）有利于有效利用机械设备，减少机械设备的占用周期。

引导问题2：钢结构工程施工组织方案审查的要点有哪些?

运用知识：

1. 施工程序审查

施工程序体现了施工步骤的客观规律性，在符合规律的条件下利于保证质量、缩短工期、提高经济效益。

1）做好施工准备后再开工。施工准备包括技术规划准备、现场施工准备、施工队伍及有关组织准备。

2）遵循“先地下、后地上，先土建、后设备，先主体、后围护，先结构、后装修”的原则。

3）施工流向合理。施工空间中的平面和立面都要考虑施工的质量保证与安全保证，要考虑使用的先后，适当分区分段，要与材料、构件的运输方向不发生冲突。

2. 施工机械选择审查

施工机械的选择应遵循切实需要、实际可能、经济合理的原则。审核内容包括对技术条件、经济条件的审查。技术条件是指技术性能、工作效率、工作质量、能源耗费、劳动力的节约、使用安全性和灵活性、通用性和专用性、维修的难易程度、耐用程度等。经济条件是指施工机械的原始价值、使用寿命、使用费用、维修费用等。

3. 主要施工方法审查

1）方法可行、条件允许、符合施工工艺要求。

2）符合施工验收规范和质量检验评定标准的有关要求。

3）方法应力求科学、先进、节约。

4）施工方法与选择的施工机械、划分的流水段相适应。

四、教师审查每个小组的审核评定工作计划及方案，并提出修改建议

指导教师依据《建筑施工组织设计规范》（GB/T 50502—2009）、《建筑施工手册》（第五版）的规定，指导学生做好施工组织方案的审核评定，对学生的审核评定方案提出修改意见。

五、各小组进一步优化并调整方案，确定最终的审核评定方案报告

各小组进一步讨论、优化和修改，确定最终的施工组织方案审核评定方案报告。

实践成果

1）工作情境模拟操作。

2）××钢结构工程施工组织方案审核表。

学习情境六　屋面及防水工程

案例引入

1. 工程概况

1）工程名称：×××学生公寓。

2）工程地点：×××山海路以南、博文路以西。

3）建设单位：×××学院。

4）建筑性质：学生公寓。

5）结构形式：框架—剪力墙结构。

6）建筑等级：一类高层公共建筑，建筑物设计使用年限为 50 年。

7）建筑耐火等级：高层为一级；抗震设防烈度为 7 度。

8）建筑物层数及层高：地上 18 层、层高 3.6m，建筑高度 65.7m。

9）建筑面积：21320.7m^2。

2. 现场情况

本工程位于市内，交通方便，施工场地足够，有利于机械、现场材料的堆放布置。

3. 水文、地质条件、场地、气象情况

1）水文、地质情况。本工程场地地下水稳定水位埋深为 11.0～12.6m，为基岩裂隙潜水，有承压性，对混凝土无侵蚀性。

2）场地情况。场地基本设防烈度为 7 度，建筑场地类别属Ⅰ类。

3）气象资料。本地区最高气温 34.4℃，最低气温 -10.1℃，年平均气温 12.2℃，最冷月平均气温 -1.4℃，最热月平均气温 28.9℃，年降雨量 847mm，日最大降雨量 240mm，冬期最大冻结深度 0.93m，最大积雪厚度 0.37m，常年夏季主导风向为东南风，冬季为北风，四季分明。7、8 月份为雨期，冬期施工日期为本年 12 月 25 日至次年 2 月 25 日，属典型的温带季风性气候。

4. 建筑、结构概况

本工程主要结构为现浇钢筋混凝土框架—剪力墙结构，地下室混凝土强度等级：底板为 C40、P8 级抗渗混凝土，外墙及消防水池为 C45、P10 级抗渗混凝土，柱、梁、板、墙为 C40 级混凝土。地上部分除四层以下柱为 C45 混凝土外，其余均为 C40，梁板混凝土内掺水泥用量 10%～12% 的 PNF 膨胀剂，膨胀加强带内掺量为 14%。框架填充墙采用加气混凝土砌块；地下室外墙采用高分子 PVC 防水卷材，120mm 厚砖砌体围护。本工程按 7 度抗震设防，建筑场地类别为Ⅰ类，剪力墙抗震等级为三级，框架抗震等级为四级。

5. 屋面及防水工程

本工程主要结构为现浇钢筋混凝土框架—剪力墙结构，地下室混凝土强度等级：底板为 C40、S8 级抗渗混凝土，外墙及消防水池为 C45、S10 级抗渗混凝土，柱、梁、板、墙为 C40 级混凝土。

1）地下室采用4mm厚SBS防水卷材。

2）屋面采用Ⅲ+Ⅳ型SBS防水卷材。

3）厨房、卫生间采用聚氨酯涂膜防水。

典型任务1　屋面及防水工程质量创优施工指导工作

知识点：

1. 屋面防水要求。
2. 屋面及防水工程质量控制。
3. 屋面及防水工程质量创优施工指导。

能力（技能）点：

1. 能应用施工质量验收规范对屋面及防水工程进行质量检查。
2. 能根据给定的施工任务对屋面及防水工程进行质量创优施工指导。

实践目的

1）培养学生应用施工质量验收规范对屋面及防水工程进行质量检查的能力。

2）根据屋面及防水工程施工任务，指导屋面及防水工程质量创优施工。

实践分解任务

1）根据工程案例分析屋面防水的要求。

2）根据工程案例，结合施工质量验收规范，分析屋面及防水工程质量检查的内容。

3）根据工程案例，结合屋面及防水工程施工任务，指导屋面及防水工程质量创优施工。

实践分组

以小组为单位（6~8人为一组），在规定时间内完成上述内容。

实践场地

实训室、机房。

实践实施过程

成立创优小组（6~8人），依据《中国建设工程鲁班奖（国家优质工程）评选办法》（2019年），按照创优总体要求，有针对性地制定创优实施重点内容。每个学生提出自己的屋面及防水工程质量创优施工指导书，小组讨论。

一、屋面防水的要求

引导问题1：屋面防水的要求是什么？

运用知识：

根据《屋面工程技术规范》（GB 50345—2012），屋面防水的要求有：

1）屋面工程要具有良好的排水功能和阻止水侵入建筑物内的作用。

2）屋面防水工程应根据建筑物的类别、重要程度、使用功能要求确定防水等级，并应按相应等级进行防水设防（表6-1）；对防水有特殊要求的建筑屋面，应进行专项防水设计。

表6-1　屋面防水一般要求

防水等级	建筑类别	设防要求
Ⅰ级	重要建筑和高层建筑	两道防水设防
Ⅱ级	一般建筑	一道防水设防

3）屋面工程中所用的防水材料应符合有关环境保护的规定，不得使用国家明令禁止及淘汰的材料。

引导问题2：屋面防水的施工要求是什么？

运用知识：

1）屋面防水工程应由具备相应资质的专业队伍进行施工，作业人员应持证上岗。

2）屋面工程在施工前应通过图纸会审，施工单位应掌握施工图中的细部构造及有关技术要求；施工单位应编制屋面工程的专项施工方案或技术措施，并应进行现场技术安全交底。

3）屋面工程施工的每道工序完成后，应经监理单位或建设单位检查验收，验收合格后再进行下道工序的施工。当下道工序或相邻工程正在施工时，应对已完成的部分采取保护措施。

4）施工安全规定：

① 严禁在雨天、雪天和5级及以上大风天气施工。

② 屋面周边和预留孔洞部位，必须按临边、洞口防护的规定设置安全护栏和安全网。

③ 屋面坡度大于30%时，应采取防滑措施。

④ 施工人员应穿防滑鞋，特殊情况下无可靠安全措施时，操作人员必须系好安全带并扣好保险钩。

二、屋面及防水工程质量检查的内容

引导问题：屋面及防水工程质量检查的内容有哪些？

运用知识：

屋面及防水工程质量检查的内容见表6-2。

表6-2　屋面及防水工程质量检查的内容

序号	类别	部位
1	基层与保护工程	找坡层和找平层
		隔汽层
		隔离层
		保护层
2	保温与隔热工程	板状材料保温层
		纤维材料保温层
		喷涂硬泡聚氨酯保温层
		现浇泡沫混凝土保温层
		种植隔热层
		蓄水隔热层

（续）

序号	类别	部位
3	防水与密封工程	卷材防水层
		涂膜防水层
		复合防水层
		接缝密封防水
4	瓦面与板面工程	烧结瓦和混凝土瓦铺装
		沥青瓦铺装
		金属板铺装
		玻璃采光顶铺装
5	细部构造工程	檐口
		檐沟和天沟
		女儿墙和山墙
		雨水口
		变形缝
		伸出屋面管道
		屋面出入口
		反梁过水孔
		设施基座
		屋脊
		屋顶窗

三、编制质量创优施工指导书

成立创优小组（6~8人），依据《中国建设工程鲁班奖（国家优质工程）评选办法》（2019年），每个小组制定一份××工程质量创优施工指导书。

引导问题1：如何制定工程质量创优目标？

运用知识：

1）确定本工程是否符合《中国建设工程鲁班奖（国家优质工程）评选办法》（2019年）规定的评选范围。

2）确保市优质工程。

3）确保省（部）级优质工程。

4）确保“鲁班奖”。

引导问题2：如何成立工程质量创优组织？

运用知识：

1）创优组织机构一般由公司主管领导、项目主管领导和相关部门组成。

2）创优组织机构可分为攻关组、策划组、内业组、后勤组、联络组。

引导问题3：如何制定创优工作任务？

运用知识：

1）制定市优质工程各工作小组任务。

2）制定省（部）级优质工程各工作小组任务。

3）制定“鲁班奖”各工作小组任务。

引导问题4：如何制定创优组织管理和技术措施？

运用知识：

1）组织管理措施：

① 定期召开创优实施讲评会议，对照工程创优策划方案检查创优的落实情况和实施效果，落实整改措施。

② 不定期邀请历年“鲁班奖”检查组评委到项目上指导实际施工，加强过程沟通，为评奖创造有利条件。

③ 公司工程部利用季度检查，监督、检查创优实施情况，督促创优实施工作。

2）技术措施：

①“鲁班奖”复查要点。根据历年“鲁班奖”复查的要求和关注点进行梳理，以便有针对性地实施。

② 工程创优实施重点。工程创优总体要求：总体优良、突出亮点、重在细部、杜绝缺陷。根据历年“鲁班奖”复查的要求和关注点，按照创优总体要求，有针对性地制定创优实施重点方案。

四、教师审查每个小组的工作方案并提出整改建议

指导教师依据《中国建设工程鲁班奖（国家优质工程）评选办法》（2019 年）和“鲁班奖”获奖案例审查各小组的方案，提出整改建议

整改建议记录：

五、各小组进一步优化方案并确定最终方案

最终方案记录：

实践成果

1）工作情境模拟操作。

2）××屋面及防水工程质量创优施工指导书。

典型任务 2 屋面及防水工程施工方案编制工作

知识点：

1. 屋面及防水工程有关人力、机械设备的选择和配备。
2. 屋面及防水工程的施工工艺。
3. 屋面及防水工程施工方案的编制。

能力（技能）点：

1. 能按照指定的施工任务编制屋面及防水工程施工技术交底记录表。
2. 能够填写屋面及防水工程施工记录。
3. 能根据给定的施工任务编制屋面及防水工程施工方案。

实践目的

1）以实际应用为主，培养学生屋面及防水工程有关人力、机械设备的选择和配备能力。

2）通过屋面及防水工程施工方案的编制，能对该分部的施工工艺流程进行优化，能进行技术交底和施工记录的填写，能独立编制该分部工程的施工方案。

实践分解任务

1）根据工程实际情况，编制屋面及防水工程人力、机械设备的选择和配备表。

2）根据工程实际情况，优化屋面及防水工程施工工艺。

3）根据工程实际情况，编制屋面及防水工程施工技术交底记录表。

4）根据工程实际情况，能够填写屋面及防水工程施工记录。

5）根据工程实际情况，编制屋面及防水工程施工方案。

实践分组

以小组为单位（6 ~ 8 人为一组），在规定时间内完成上述内容。

实践场地

实训室、机房。

实践实施过程

一、编制屋面及防水工程施工方案

引导问题 1：如何选择和配备屋面及防水工程的人力、机械设备？

运用知识：

（一）人力安排及保证措施

根据工程的特点、施工区段的划分及施工进度计划，合理投入劳动力，及时组织劳动力进场，实行动态调配，劳动力投入遵循“分工合作、集中管理”的原则；同时，按照管理层由项目部承担、执行层由各专业队伍承担、“一级管理、两级运作”的模式，分别配备相应的专业施工队伍进行施工，以确保施工生产的需要。

1. 现场组织机构设置

施工现场按项目法施工的要求建立工程项目经理部，代表公司组织、管理、实施项目工程，全面履行施工合同；建立以项目经理为首，项目副经理、技术负责人为主要成员的施工决策层，具备对工程的工期、质量、安全、成本进行计划、组织、协调、控制的决策职能，实施动态管理；由项目领导层、管理层、劳务层组成项目部，优质保量地进行项目部的各项工作，严以律己，密切配合，坚持文明施工，争创优质工程。

2. 优化配置人力资源

1）根据工程总体控制计划及工程量、屋面施工的需要，合理投入劳动力；结合各阶段的施工需要，随时调整劳动力的投入，且始终处于动态控制中。项目经理部依据各施工进度情况，对各施工队、配合单位的施工任务的工程量及操作工人的技术等级进行比较分析，及时调配劳动力进场作业。

2）项目部进场后，按照各子分部工程的计划施工时间、工作量及时安排劳动力进场，做好前期的定位放线、临建搭设以及和有关单位、部门的配合工作，力求缩短准备周期，迅速打开工作面，使本工程的建设早日进入正常施工的运行轨道。

3）工程劳动力配备计划根据招标文件提供的设计图纸，以及有关的预算定额、劳动定额和总进度计划编制，确定工程所需各种技工、普工的人数。项目部据此控制劳动力的平衡、调配。

4）管理人员及特殊工种的工人均持证上岗，对进场施工人员的就业证、上岗证、身份证、健康证等证件进行复印，统一登记管理，便于掌握劳动力的流向。

3. 实施人力计划的保证措施

1）组织劳务招标，择优选择劳动队伍承担本屋面及防水工程施工。要求班组工人操作技能熟练、施工经验丰富，能吃苦耐劳、作风过硬。

2）进行集中培训。项目部组织工程的施工、技术、工期、安全、质量及文明施工等方面的交底工作，使现场的操作工人了解和适应本工程的施工要求。

3）加强对人力的常规管理，做好计划、决策、组织、指挥、监督和调度工作。

4）编制劳动力使用计划，优化劳动组织、劳动分工和协作关系。

（二）机械设备选用的依据

根据高标准、机械化作业、人性化施工的原则组织施工，主要施工机械设备应满足国家对施工安全、质量和环保的要求，要确保工程项目的施工能力、安全、质量、环保、进度等要求，要优先选用节能环保设备。

1）应根据屋面及防水工程各子分部的施工工艺、施工环境的特点，实际需要以及施工高峰期的时间要求，进行施工机械的配备，保证施工机械的数量满足施工要求且配备合理。要注意根据不同的要求配备不同类型、不同标准的机械设备；要以保证质量为原则，努力降低施工成本。在施工前要对施工机械进行全面的检测及调试，保证施工机械处于良好状态；进场的检测仪器要做好认证并建立记录档案，施工期间做好定期的检查。

2）在配备机械设备时，应综合考虑以下因素：

① 先进性：机械设备技术性能优越、生产效率高。

② 使用可靠性：机械设备在使用过程中能稳定地保持其应有的技术性能，能安全可靠地运行。

③ 便于维修性：机械设备要便于检查、维护和修理。

④ 运行安全性：机械设备在使用过程中具有施工安全保障措施。

⑤ 经济实惠性：机械设备在满足技术要求的基础上费用最低。

⑥ 适应性：机械设备能适应不同工作条件，并具有一定的多用性。

⑦ 其他方面：成套性、节能性、环保性、灵活性等。

3）屋面及防水工程主要施工机械计划表见表6-3。

表6-3 屋面及防水工程主要施工机械计划表

序号	名称	单位	数量	备注
1	塔式起重机			
2	施工电梯			
3	磨光机			
4	电动搅拌器			
5	高压吹风机			
6	自动热风焊接机			
7	铁抹子			
8	辊筒刷			
9	汽油喷灯			
	……			

引导问题2：如何优化屋面及防水工程子分部的施工工艺？

运用知识：

（一）基层与保护工程

1. 优化找坡层施工工艺

（1）工艺流程

测量弹线→基层清理→做灰饼、冲筋→找坡层施工→养护

（2）施工工艺

1）根据基层所做的控制点，按屋脊的分布情况拉线找坡、冲筋（图6-1）。沿屋面女儿墙弹出+500mm线，以便于坡度控制。

2）将基层表面的尘土、杂物等清理干净（图6-2），需要涂刷界面剂的基层应涂刷界面剂。基层表面应保持干燥，并要平整、牢固，阴阳角转角处应做成圆弧。

3）根据所冲的筋分片浇筑，按线进行找坡（图6-3）；摊平后用辊轮碾压密实。

4）洒水养护。找坡层施工完后第二天，要适当进行喷水养护，养护时间不小于7d，以保证其强度的增长。

（3）工艺标准

找坡层表面平整度偏差应不大于7mm，施工过程中应由远及近、分层压实。

图 6-1　冲筋、灰饼

图 6-2　基层清理

图 6-3　找坡层

2. 优化找平层施工工艺

（1）工艺流程

基层清理→测量弹线→做灰饼、冲筋→预留分隔缝→找平层施工→养护

（2）施工工艺

1）根据基层所做的控制点，按分隔缝的布置位置套方找规矩；然后弹出分隔缝布置线，同时沿屋面女儿墙弹出 +500mm 线，以便于复核冲筋、灰饼的标高。

2）检查屋面板等基层是否安装牢固，不得有松动现象。铺砂浆前，基层表面应清扫干净并洒水湿润（有保温层时不得洒水）。

3）支好分格缝模板，按设计屋面坡度标出混凝土浇捣厚度。施工中，可在每个操作分格块的四角、中间等位置做出标准灰饼或冲筋，间隔一般为 1 ~ 2m，作为找平层铺设的控制标志。留在屋架或承重墙上的分格缝，应与板缝对齐；板端方向的分格缝也应与板端对齐，可用小木条或聚苯泡沫条嵌缝留设，或在砂浆硬化后用切割机锯缝。分格缝的缝高同找平层厚度，缝宽为 5 ~ 20mm。分隔缝设置示意如图 6-4 所示。

4）屋面找平层的摊铺按“由远到近、由高到低”的顺序进行，每个分格内宜连续铺设、一气呵成，不得留施工缝。施工时，用 2m 左右的刮杠按标准灰饼拍紧刮平，同时找出

图 6-4　分隔缝设置示意

坡度；再用木抹子搓平，铁抹子压光。

5）待砂浆稍收水后，用铁抹子抹平、压实、压光；砂浆终凝前，轻轻取出嵌缝木条，完工后的表面不得踩踏。砂浆表面不允许撒干水泥或水泥浆进行压光。当为混凝土找平层时，混凝土收水初凝后（表面浮水沉失，人踩上去有脚印但不下陷）应及时取出分格缝隔板，用铁抹子第二次压实、抹光，并及时修补分格缝的缺损部分，做到平直、整齐；混凝土终凝前进行第三次压实、抹光，要求做到表面平光、不起砂、不起皮、无抹板压痕。找平层收面如图 6-5 所示。

图 6-5　找平层收面

6）注意气候变化，如气温在 0℃以下或终凝前可能下雨时，不宜施工。如必须施工时，应有技术措施保证找平层质量。

7）铺设找平层 12h 后，需洒水养护或喷冷底子油养护。

8）找平层硬化后，应用密封材料嵌填分格缝。

3. 优化隔汽层施工工艺

（1）隔汽层存在条件

在空气湿度较大的地区，如北纬 40°以北的地区且室内空气湿度大于 75%，或其他纬度地区的室内空气湿度常年大于 75% 时，屋面防水施工若采用吸湿性保温材料作为保温层，应选用气密性、水密性好的防水卷材或防水涂料作隔汽层。

（2）施工工艺

1）隔汽层应铺设在结构层与保温层之间。

2）铺设隔汽层前，基层应平整、干净、干燥。

3）隔汽层应沿墙面向上连续铺设，并与屋面防水层相连接；隔汽层高出保温层上表面不得小于 150mm。

4）隔汽层采用卷材时宜空铺，卷材搭接缝应满粘，其搭接宽度不得小于 70mm（图 6-6）。采用涂膜时，涂层应均匀，无起皱、流淌和露底现象。

5）穿过隔汽层的管线应封严，转角处无折损；隔汽层凡有缺陷或破损的部位，均应返修。

4. 优化隔离层施工工艺

防水层与上层混凝土之间、保温层与上层混凝土之间等处，应设置允许上下层之间有适当错动的隔离层，一般采用黏结力不强、便于滑动的材料，施工时应确保层间的完全分离。

图 6-6　隔汽层施工

(1) 隔离层的材料

隔离层的材料通常有聚氯乙烯塑料薄膜、沥青油毡、土工膜、无纺聚酯纤维布等。

(2) 隔离层的施工

隔离层铺设前，应将基层表面的砂粒、硬块等杂物清扫干净，防止铺贴时损伤隔离层。隔离层施工一般是干铺隔离材料一层，搭接宽度为 100mm，要做到连片平整（图 6-7）。防水层带高密度聚乙烯膜的，可不另设隔离层。

图 6-7　屋面隔离层施工

5. 优化保护层施工工艺

(1) 水泥砂浆保护层

水泥砂浆保护层与防水层之间应设置隔离层，隔离层可采用石灰水等薄质低黏结力涂料。水泥砂浆保护层的水泥砂浆配合比一般为水泥∶砂 = 1∶(2.5 ~ 3)（体积比）。

保护层施工前，应根据结构情况每隔 4 ~ 6m 用木板条或泡沫条设置纵、横向分格缝。铺设水泥砂浆时，应随铺随拍实，并用刮尺找平，随即用直径为 8 ~ 10mm 的钢筋或麻绳压出表面分格缝，间距不大于 1m。终凝前，用铁抹子压光保护层。

保护层表面应平整，不能出现抹子抹压的痕迹和凹凸不平的现象，排水坡度应符合设计要求。

为了保证立面水泥砂浆保护层黏结牢固，在立面防水层施工时可预先在防水层表面黏上砂粒或细石；若防水层为防水涂料，应在最后一道涂料涂刷时边涂边撒布细砂，同时用软质胶辊轻轻辊压，使砂粒牢固地黏结在涂层上；若防水层为沥青或改性沥青防水卷材，可用喷灯将防水层表面烤热发软后将细砂或细石黏在防水层表面，再用压辊轻轻辊压，使其黏结牢固；对于高分子卷材防水层，可在其表面涂刷一层胶粘剂后再黏上细砂，并轻轻压实。防水层养护完毕后，即可进行立面保护层的施工。

(2) 细石混凝土保护层

1) 细石混凝土整体保护层施工前，应在防水层上铺贴一层隔离层，并按照设计要求支设好分格缝木板条或泡沫条；设计无要求时，分格缝纵、横向间距不应大于 6m，分格缝宽度为 10 ~ 20mm。一个分格内的混凝土应尽可能连续浇筑，不留施工缝。振捣宜采用铁辊辊压或人工拍实，不宜采用机械振捣，以免破坏防水层。辊压或拍实后随即用刮尺按排水坡度刮平，并在初凝前用木抹子提浆抹平；初凝后要及时取出分格缝木模（如用泡沫条，则不用取出）；终凝前用铁抹子压光。抹平压光时，不宜在表面掺加水泥砂浆或干灰，否则表层砂浆易产生裂缝与剥落。

2）若采用配筋细石混凝土保护层时，钢筋网片的位置设在保护层的中间偏上部位，在铺设钢筋网片时用砂浆垫块支垫。

3）细石混凝土保护层浇筑完后，应及时进行养护，养护时间不应少于7d。养护完后，将分格缝清理干净（如用泡沫条，则割去上部10mm即可），嵌填密封材料。

6. 注意事项

1）隔离层材料强度低，在隔离层上继续施工时，要注意对隔离层加强保护。混凝土运输不能直接在隔离层表面进行，应采取垫板等措施。绑扎钢筋时不得扎破隔离层表面，浇捣混凝土时不能振酥隔离层。

2）施工过程中应严格控制坡度，便于排水。

3）施工前应对基层清理干净，节点部位防水应安排专人检查，施工质量符合要求后方可进入后续施工。

4）分隔缝设置应合理，设置前应进行套方找规矩，其间距不得大于设计要求。

5）隔离层与隔汽层采用卷材或聚乙烯薄膜时，应严格控制搭接长度。

6）基层与保护层表面均应平整、密实，以防损坏后续防水卷材及保温层。

（二）保温与隔热工程

1. 工艺流程

基层清理→弹线找坡→管根堵洞、固定→隔汽层施工→保温层铺设→拍平→填补板缝和成品保护→检查验收→抹找平层

2. 施工工艺

（1）基层清理

预制或混凝土结构层表面应将杂物、灰尘清理干净。

（2）弹线找坡

按设计的坡度及流水方向找出屋面坡度的走向，并确定保温层的厚度范围。

（3）管根堵洞、固定

保温层施工前，穿结构的管根用细石混凝土填塞堵实。

（4）隔汽层施工

有隔汽层设计的屋面应按设计施工，要涂刷均匀，无漏刷。

（5）保温层铺设

保温层铺设应注意以下几点（以块状保温层铺设为例）：

1）干铺板状保温层。施工前应对施工完的防水层进行雨后观察、淋水或蓄水试验，并应在合格后再进行保温层施工。

干铺板状保温层，应找平拉线铺设。铺设前先将基层清扫干净，基层应平整、干燥、干净，板块应紧密铺设、铺平、垫稳。分层铺设时，上下层接缝应错开，表面两块相邻的板边厚度应一致。一般在块状保温层上用松散料进行湿作业找坡。

2）黏贴板状保温层。施工时将铺设的板状保温材料用黏接材料平粘在屋面基层上。黏接材料一般用水泥、石灰混合砂浆，聚苯板材料应用沥青胶结料黏贴。黏贴的板状保温材料

应贴严、黏牢。

（6）填补板缝和成品保护

保温板缺棱掉角的，可用同类材料的碎块嵌补，并用同类材料的粉屑加适量水泥填嵌缝隙。在已铺完的板状保温层上行走或用胶轮车运输材料时，应在其上铺脚手板。

（三）防水与密封工程

1. 工艺流程（热熔法施工）

清理基层→涂刷基层处理剂→附加层施工→铺贴卷材→热熔封边→蓄水试验→保护层施工

2. 施工工艺

（1）清理基层

施工前应将验收合格的基层表面清理干净。

（2）涂刷基层处理剂

高聚物改性沥青防水卷材施工，应按产品说明书配套使用基层处理剂。施工时，将氯丁橡胶沥青胶粘剂加入工业汽油进行稀释，搅拌均匀后，用长把辊刷均匀涂刷于基层表面上，常温经过4h后即可，开始铺贴卷材。

（3）附加层施工

热熔法施工一般使用改性沥青防水卷材作为防水层，施工时在女儿墙、雨水口、管根、檐口、阴（阳）角等细部先做附加层。附加的范围和技术要求应符合设计或者相关图集的规定，一般为先附加一层铺设第一层卷材然后，再附加一层铺设第二层卷材。

（4）铺贴卷材

1）卷材的层数、厚度应符合设计要求，多层铺贴时接缝应错开。施工时，将改性沥青防水卷材剪成相应尺寸，用原卷芯卷好备用；铺贴时随放卷随用火焰喷枪加热基层和卷材的交接处，喷枪距加热面300mm左右，经往返均匀加热，趁卷材的材面刚刚熔化时将卷材向前滚铺、粘贴。

2）卷材应平行屋脊从檐口处往上铺贴，双向流水坡度卷材的搭接应顺流水方向，满粘法施工的长边及端头的搭接宽度，均为80mm，且端头接槎要错开50mm。

3）卷材应从流水坡度的下坡开始施工，先按卷材规格弹出基准线后再铺贴，要使卷材的长向与流水坡向垂直。注意，卷材铺贴应减少阴（阳）角处的接头。

4）铺贴平面与立面相连接的卷材，应由下向上施工，使卷材紧贴。阴（阳）角铺展时，卷材不可拉得太紧，且不得有起皱、空鼓等现象。

（5）热熔封边

将卷材搭接处用喷枪加热，趁热使两者黏结牢固，以边缘挤出沥青为准。末端收头用密封膏嵌填严密。

（6）蓄水试验

卷材防水层完工并确认做法符合设计要求后将所有雨水口堵住，然后灌水进行蓄水试验，水面应高出屋面最高点2cm；24h后观察，要特别注意管道、风道的根部，不洇不渗为合格，否则应进行返工，直到不洇不渗为止。

（7）保护层施工

1）上人屋面可按设计要求做各种刚性防水层屋面保护层，施工时先选用M5混合砂浆制作隔离层，然后选用40mm厚C30钢筋混凝土制作刚性保护层，同时按照6m×6m规格制作分格缝，分格缝的宽度为 5 ~ 10mm。

2）不上人屋面保护层有两种形式：

① 防水层表面先做 10mm 厚的 M5 水泥砂浆隔离层，上面铺设 20mm 厚的 M10 混合砂浆，再涂刷 20mm 厚的水泥砂浆保护层。

② 防水层表面先做低强度等级水泥砂浆隔离层，然后做 30cm 厚的 C25 细石混凝土保护层。

3. 注意事项

1）施工时应找好线、放好坡，找平层施工应拉线检查，要做到坡度符合要求、平整无积水。

2）铺贴卷材时应掌握基层含水率，不符合要求时不能铺贴卷材，铺贴时应平整、严实，压边应紧密，黏结应牢固。

3）铺贴附加层时应使附加层紧贴到位，要封严、压实，不得有翘边等现象。

4）卷材入雨水口应大于 10mm。

5）已铺好的卷材防水层应采取措施进行保护，严禁在防水层上进行施工和运输作业，并应及时做防水层的保护层。

6）穿过屋面、墙面防水层处的管位，施工中与完工后不得损坏变位。

7）变形缝、雨水口等处防水层在施工前，应进行临时封堵；防水层完工后应清除封堵物，保证管、缝通畅，满足使用功能。

8）屋面施工时不得污染墙面、檐口及其他已施工完的成品。

（四）瓦面与板面工程

1. 工艺流程（以坡屋面挂瓦施工为例）

基层清理→水泥砂浆找平层→挂钢筋网片与锚筋焊牢→水泥砂浆卧瓦层→挂瓦→细部处理→检查验收→淋水试验

2. 操作要点

1）坡屋面挂瓦施工结构层内应根据设计要求预埋锚筋，锚筋长度应符合构造要求，锚筋应做防腐处理。

2）防水保护层及水泥砂浆挂瓦层的钢筋网应骑跨屋脊并绷直，钢筋网应与预埋锚筋连接牢固。

3）屋面防水保护层应设置分格缝。

4）安装挂瓦时，先根据屋面实际尺寸算出挂瓦条间距，弹出挂瓦条位置线；然后在找平层砂浆凝固前，根据弹出的挂瓦条位置线预埋冷拔钢丝，冷拔钢丝应与保温板钢丝网牢固连接，同时在每块瓦的位置预埋铜丝，铜丝与找平层内的钢丝网及冷拔钢丝要固定牢固；随后拉通线，用 1∶2 水泥砂浆抹挂瓦条，挂瓦条沿坡屋面的高度应一致，纵向应顺直，挂瓦条上要预留泄水口。抹挂瓦条时，应注意将铜丝定位在挂瓦条的中间位置，铜丝需伸出挂瓦条面 15mm。

（五）细部构造工程

1）檐沟、檐口、天沟、女儿墙和山墙、雨水口、变形缝、伸出屋面管道、屋面出入口、反梁过水孔、设施基座、屋脊、屋顶窗等屋面的细部构造节点做法应符合设计、《屋面工程质量验收规范》（GB 50207—2012）和《屋面工程技术规范》（GB 50345—2012）的规定，封固应严密、不开裂。

2）天沟、檐沟的排水坡度，必须符合设计要求。

3）天沟、檐沟、檐口、雨水口、泛水、变形缝和伸出屋面管道的防水构造，必须符合设计要求。

引导问题3：如何编制屋面及防水工程各子分部分项工程施工技术交底记录表？

运用知识：

1. 屋面及防水工程所包含的子分部工程

屋面及防水工程含有5个子分部工程：基层与保护、保温与隔热、防水与密封、瓦面与板面、细部构造，见表6-4。

表6-4　屋面及防水工程所包含的子分部工程

分部工程	子分部工程	分项工程
屋面	基层与保护	找坡层、找平层、隔汽层、隔离层、保护层
	保温与隔热	板状材料保温层、纤维材料保温层、喷涂硬泡聚氨酯保温层、现浇泡沫混凝土保温层、种植隔热层、架空隔热层、蓄水隔热层
	防水与密封	卷材防水层、涂膜防水层、复合防水层、接缝密封防水
	瓦面与板面	烧结瓦和混凝土瓦铺装、沥青瓦铺装、金属板铺装、玻璃采光顶铺装
	细部构造	檐口、檐沟和天沟、女儿墙和山墙、雨水口、变形缝、伸出屋面管道、屋面出入口、反梁过水孔、设施基座、屋脊、屋顶窗

2. 屋面及防水工程各子分部分项工程施工技术交底记录表的组成内容

1）明确技术交底的依据：施工图纸，执行的规范、标准、图集，创优工程要求（如有）等。

2）安全操作注意事项。

3）明确各子分部分项工程采取的施工工艺及技术要点。

4）做好成品保护的措施。

5）其他注意事项。

引导问题4：如何填写屋面及防水工程各子分部分项施工记录？

运用知识：

1. 屋面及防水工程各子分部分项施工记录资料的内容

1）放线定位、楼层放线、楼层测量、沉降观测、混凝土施工等的施工记录资料。

2）混凝土试配、有防水要求房间的楼地面闭水试验、屋面闭水试验等的施工试验资料。

3）所有的隐蔽验收资料，所有的检验批、分项、子分部、分部、单位工程的质量验收记录资料。

4）所有的钢材、防水材料、砂、石、水泥、砌块料、装饰材料、成品材料的试验资料，各楼层各施工段的砂浆配合比记录、试件试验资料，各楼层各施工段的混凝土配合比记录、试件试验资料等。

2. 屋面及防水工程各子分部分项施工记录资料

屋面及防水工程各子分部分项施工记录资料见表6-5。

表 6-5　屋面及防水工程各子分部分项施工记录资料

资料项目	资料名称
屋面技术交底记录	屋面找平层技术交底 屋面保温层技术交底 屋面防水层技术交底 屋面细部构造技术交底 平瓦屋面技术交底 ……
隐蔽工程验收记录	屋面找平层隐蔽工程验收记录 屋面保温层隐蔽工程验收记录 屋面防水层隐蔽工程验收记录 ……
施工试验记录	屋面蓄水试验记录 屋面淋水试验记录 屋面坡度检查记录 ……
见证取样试验资料	隔热用聚苯乙烯泡沫塑料检测报告 SBS 改性沥青防水卷材检验报告 ……
工序交接单	（屋面防水层→屋面找平层）工序交接单 （屋面找平层→瓦屋面）工序交接单 ……
自检互检记录	卷材防水屋面检验批自检互检记录 卷材防水层检验批自检互检记录 找平层检验批自检互检记录 细部构造检验批自检互检记录 ……
子分部工程、分项工程验收资料	卷材防水屋面子分部工程质量验收记录 卷材防水屋面分项工程质量验收记录 卷材防水屋面找平层检验批工程质量验收记录 卷材防水屋面防水层检验批工程质量验收记录 ……

3. 填写屋面及防水工程各子分部分项施工记录

1）分部工程质量验收记录编号：编号按“建筑工程的分部工程、分项工程划分”[《建筑工程施工质量验收统一标准》（GB 50300—2013）附录 B] 规定的分部工程代码编写，写在分部分项施工记录表的右上角。对于一个工程而言，一个分部只有一个分部工程质量验收记录，所以不编写顺序号，其编号为两位。

2）单位（子单位）工程名称填写全称，如为群体工程，则按群体工程名称－单位工程名称的形式填写，子单位工程标出该部分的位置。另外，子分部工程数量是指本分部工程包含的实际发生的所有子分部工程的数量；分项工程数量是指本分部工程包含的实际发生的所有分项工程的总数量。

3）“子分部工程名称、分项工程名称、检验批数量、施工单位检查结果、监理单位验收结论”栏的填写：

① 填写本分部工程汇总的所有子分部、分项工程，并依次排序，要填写对应的名称、检验批数量，注意要填写齐全。

②“施工单位检查结果”栏，由填表人依据分项工程验收记录填写，填写“符合要求”或“合格”。

③“监理单位验收结论”栏，由填表人依据分项工程验收记录填写，填写“合格”或“符合要求”。

引导问题5：屋面及防水工程施工方案的组成内容有哪些？

运用知识：

屋面及防水工程施工方案主要包括编制依据、工程概况、组织机构、施工进度计划、施工准备、施工工艺及质量要求、成品保护、安全文明施工、经济比较、应急措施等内容。具体要求如下：

1）编制依据。

2）分项工程概况和施工条件，说明分项工程的具体情况、选择本方案的优点及因素，以及在方案实施前应具备的作业条件。

3）施工总体安排，包括施工准备、劳动力计划、人员安排、施工进度、现场布置及流水阶段的划分等。

4）采用的施工工艺及施工方法，对采取的新工艺、新做法的详细介绍。可以用图表直观说明，可进行必要的计算。

5）明确质量标准，阐明一般项目、主控项目的具体要求，以及允许偏差项目及要求，注明检查工具和检验方法。

6）列出质量管理点及控制措施，分析屋面及防水工程的重难点，制定针对性的施工方法及控制措施，做好成品保护。

7）安全文明施工及环保施工措施。

8）应急管理措施，建立安全应急机构。

9）其他注意事项。

二、指导教师审查每个小组的工作方案并提出整改建议

整改建议记录：

三、各小组进一步优化方案并确定最终方案

最终方案记录：

实践成果

1）工作情境模拟操作。

2）××工程屋面及防水工程施工方案。

扫描文前二维码下载“屋面及防水工程施工方案”案例。

典型任务3　屋面及防水分部工程项目验收工作

知识点：

1. 屋面及防水分部工程竣工验收标准、规范。
2. 屋面及防水分部工程施工质量验收。

能力（技能）点：

1. 能够按照施工质量验收规范填写屋面及防水分部工程质量验收记录。
2. 能应用施工质量验收规范，对屋面及防水分部工程进行质量检查，达到质量验收规范要求。
3. 能根据给定的施工任务组织相关责任单位进行屋面及防水分部工程项目验收工作。

实践目的

1）增强学生建筑工程质量控制意识，掌握事后质量控制的主要措施。

2）提高屋面及防水工程质量验收能力。

实践分解任务

1）屋面子分部、分项、检验批的划分。

2）屋面检验批质量验收。

3）屋面分项工程质量验收。

4）屋面分部工程验收。

实践分组

以小组为单位（6～8人为一组），在规定时间内完成上述内容。

实践场地

实训室、机房。

实践实施过程

一、制订屋面及防水分部工程验收方案

成立屋面及防水分部工程验收小组（6～8人），依据《建筑工程施工质量验收统一标准》（GB 50300—2013）、《屋面工程质量验收规范》（GB 50207—2012），每个小组编制××屋面及防水分部工程验收方案，小组内部讨论。

引导问题1：屋面及防水分部工程验收的基本规定是什么？

运用知识：

依据《建筑工程施工质量验收统一标准》（GB 50300—2013），屋面及防水分部工程验收应由总监理工程师组织勘察单位项目负责人，设计单位项目负责人，施工单位项目负责人，施工单位的技术、质量负责人等参加。

屋面及防水分部工程验收的基本规定如下：

1）屋面防水等级和设防要求应符合《屋面工程技术规范》（GB 50345—2012）的有关规定。

2）施工单位应取得建筑防水和保温工程相应等级的资质证书，作业人员应持证上岗。

3）施工单位应建立、健全施工质量的检验制度，严格按工序管理，做好隐蔽工程的质量检查和记录。

4）屋面工程在施工前应通过图纸会审，施工单位应掌握施工图中的细部构造及有关技术要求；施工单位应编制屋面工程专项施工方案，并经监理单位或建设单位审查确认后执行。

5）屋面工程采用的新技术，应按有关规定经过科技成果鉴定、评估或新产品、新技术鉴定。施工单位应对新的或首次采用的新技术进行工艺评价，并应制定相应的技术质量标准。

6）屋面工程所用的防水、保温材料应有产品合格证书和性能检测报告，材料的品种、规格、性能等必须符合国家现行标准和设计要求。产品质量应由具有相应资质等级的质量检测单位进行检测。

7）防水、保温材料进场验收应符合下列规定：

① 应根据设计要求对材料的质量证明文件进行检查，并应经监理工程师或建设单位代表确认，纳入工程技术档案。

② 应对材料的品种、规格、包装、外观和尺寸等进行检查验收，并应经监理工程师或建设单位代表确认，形成相应的验收记录。

③ 防水、保温材料进场检验项目及材料标准应符合《屋面工程质量验收规范》（GB 50207—2012）的规定。材料进场检验应执行见证取样送检制度，并应提出进场检验报告。

④ 进场检验报告的全部项目指标均达到技术标准规定的应为合格，不合格材料不得在工程中使用。

8）屋面工程使用的材料应符合国家现行有关标准对材料有害物质限量的规定，不得对周围环境造成污染。

9）屋面工程各构造层的组成材料，应分别与相邻层次的材料相容。

10）屋面工程施工时，应建立各道工序的自检、交接检和专职人员检查的“三检”制度，并应有完整的检查记录。每道工序施工完成后，应经监理单位或建设单位检查验收，并应在合格后再进行下道工序的施工。

11）当进行下道工序或相邻工程施工时，应对屋面已完成的部分采取保护措施。伸出屋面的管道、设备或预埋件等，应在保温层和防水层施工前安设完毕。屋面保温层和防水层完工后，不得进行凿孔、打洞或重物冲击等有损屋面的作业。

12）屋面防水工程完工后，应进行观感质量检查和雨后观察或淋水、蓄水试验，不得有渗漏和积水现象。

13）施工前，应由施工单位制订分部、分项工程和检验批的划分方案，并由监理单位审核。屋面工程各子分部工程和分项工程的划分应符合规范要求，见表6-4。

14）屋面工程的各分项工程宜按屋面面积每500 ~ 1000m^2划分为一个检验批，不足500m^2应按一个检验批处理。

15）基层与保护工程的各分项工程，每个检验批的抽检数量应按屋面面积每100m^2抽查一处，每处应为10m^2，且不得少于3处。

16）保温与隔热工程的各分项工程，每个检验批的抽检数量应按屋面面积每100m^2抽查一处，每处应为10m^2，且不得少于3处。

引导问题2：基层与保护工程质量验收的规定有哪些？

运用知识：

1. 找坡层和找平层

（1）主控项目

1）找坡层和找平层所用材料的质量及配合比，应符合设计要求。

检验方法：检查出厂合格证、质量检验报告和计量措施。

2）找坡层和找平层的排水坡度，应符合设计要求。

检验方法：坡度尺检查。

（2）一般项目

1）找平层应抹平、压光，不得有酥松、起砂、起皮现象。

检验方法：观察检查。

2）卷材防水层的基层与突出屋面结构的交接处，以及基层的转角处，找平层应做成圆弧形，且应整齐平顺。

检验方法：观察检查。

3）找平层分格缝的宽度和间距，均应符合设计要求。

检验方法：观察和尺量检查。

4）找坡层表面平整度的允许偏差为7mm，找平层表面平整度的允许偏差为5mm。

检验方法：2m靠尺和塞尺检查。

2. 隔汽层

（1）主控项目

1）隔汽层所用材料的质量，应符合设计要求。

检验方法：检查出厂合格证、质量检验报告和进场检验报告。

2）隔汽层不得有破损现象。

检验方法：观察检查。

（2）一般项目

1）卷材隔汽层应铺设平整，卷材搭接缝应黏结牢固，密封应严密，不得有扭曲、起皱和起泡等缺陷。

检验方法：观察检查。

2）涂膜隔汽层应黏结牢固、表面平整、涂布均匀，不得有堆积、起泡和露底等缺陷。

检验方法：观察检查。

3. 隔离层

（1）主控项目

1）隔离层所用材料的质量及配合比，应符合设计要求。

检验方法：检查出厂合格证和计量措施。

2）隔离层不得有破损和漏铺现象。

检验方法：观察检查。

（2）一般项目

1）塑料膜、土工布、卷材应铺设平整，其搭接宽度不应小于50mm，不得有起皱。

检验方法：观察和尺量检查。

2）低强度等级砂浆表面应压实、平整，不得有起壳、起砂现象。

检验方法：观察检查。

4. 保护层

（1）主控项目

1）保护层所用材料的质量及配合比，应符合设计要求。

检验方法：检查出厂合格证、质量检验报告和计量措施。

2）块体材料、水泥砂浆或细石混凝土保护层的强度等级，应符合设计要求。

检验方法：检查块体材料、水泥砂浆或混凝土的抗压强度试验报告。

3）保护层的排水坡度，应符合设计要求。

检验方法：坡度尺检查。

（2）一般项目

1）块体材料保护层表面应干净，接缝应平整，周边应顺直，镶嵌应正确，应无空鼓现象。

检验方法：小锤轻击和观察检查。

2）水泥砂浆、细石混凝土保护层不得有裂纹、脱皮、麻面和起砂等现象。

检验方法：观察检查。

3）浅色涂料应与防水层黏结牢固，厚度应均匀，不得漏涂。

检验方法：观察检查。

4）保护层的允许偏差和检验方法应符合表6-6的规定。

表6-6 保护层的允许偏差和检验方法

项目	允许偏差/mm			检验方法
	板块材料	水泥砂浆	细石混凝土	
表面平整度	4.0	4.0	5.0	2m靠尺和塞尺检查
缝格平直	3.0	3.0	3.0	拉线和尺量检查
接缝高低差	1.5	—	—	直尺和塞尺检查
板块间隙宽度	2.0	—	—	尺量检查
保护层厚度	设计厚度的10%，且不得大于5			钢针插入和尺量检查

引导问题3：保温与隔热工程质量验收的规定有哪些？

运用知识：

1. 板状材料保温层

（1）主控项目

1）板状保温材料的质量应符合设计要求。

检验方法：检查出厂合格证、质量检验报告和进场检验报告。

2）板状材料保温层的厚度应符合设计要求，其正偏差应不限，负偏差应为5%，且不得大于4mm。

检验方法：钢针插入和尺量检查。

3）屋面热桥部位处理应符合设计要求。

检验方法：观察检查。

（2）一般项目

1）板状保温材料铺设应紧贴基层，应铺平垫稳，拼缝应严密，粘贴应牢固。

检验方法：观察检查。

2）固定件的规格、数量和位置均应符合设计要求，垫片应与保温层表面齐平。

检验方法：观察检查。

3）板状材料保温层表面平整度的允许偏差为5mm。

检验方法：2m 靠尺和塞尺检查。

4）板状材料保温层接缝高低差的允许偏差为2mm。

检验方法：直尺和塞尺检查。

2. 纤维材料保温层

（1）主控项目

1）纤维保温材料的质量应符合设计要求。

检验方法：检查出厂合格证、质量检验报告和进场检验报告。

2）纤维材料保温层的厚度应符合设计要求，其正偏差应不限，毡不得有负偏差，板的负偏差应为4%，且不得大于3mm。

检验方法：钢针插入和尺量检查。

3）屋面热桥部位处理应符合设计要求。

检验方法：观察检查。

（2）一般项目

1）纤维保温材料的铺设应紧贴基层，拼缝应严密，表面应平整。

检验方法：观察检查。

2）固定件的规格、数量和位置应符合设计要求，垫片应与保温层表面齐平。

检验方法：观察检查。

3）装配式骨架和水泥纤维板应铺钉牢固，表面应平整；龙骨间距和板材厚度应符合设计要求。

检验方法：观察和尺量检查。

4）具有抗水蒸气渗透外覆面的玻璃棉制品，其外覆面应朝向室内，拼缝应用防水密封胶带封严。

检验方法：观察检查。

3. 喷涂硬泡聚氨酯保温层

（1）主控项目

1）喷涂硬泡聚氨酯所用原材料的质量及配合比应符合设计要求。

检验方法：检查原材料出厂合格证、质量检验报告和计量措施。

2）喷涂硬泡聚氨酯保温层的厚度应符合设计要求，其正偏差应不限，不得有负偏差。

检验方法：钢针插入和尺量检查。

3）屋面热桥部位处理应符合设计要求。

检验方法：观察检查。

（2）一般项目

1）喷涂硬泡聚氨酯应分遍喷涂，黏结应牢固，表面应平整，找坡应正确。

检验方法：观察检查。

2）喷涂硬泡聚氨酯保温层表面平整度的允许偏差为5mm。

检验方法：2m靠尺和塞尺检查。

4. 现浇泡沫混凝土保温层

（1）主控项目

1）现浇泡沫混凝土所用原材料的质量及配合比应符合设计要求。

检验方法：检查原材料出厂合格证、质量检验报告和计量措施。

2）现浇泡沫混凝土保温层的厚度应符合设计要求，其正负偏差应为5%，且不得大于5mm。

检验方法：钢针插入和尺量检查。

3）屋面热桥部位处理应符合设计要求。

检验方法：观察检查。

（2）一般项目

1）现浇泡沫混凝土应分层施工，黏结应牢固，表面应平整，找坡应正确。

检验方法：观察检查。

2）现浇泡沫混凝土不得有贯通性裂缝，以及疏松、起砂、起皮现象。

检验方法：观察检查。

3）现浇泡沫混凝土保温层表面平整度的允许偏差为5mm。

检验方法：2m靠尺和塞尺检查。

5. 种植隔热层

（1）主控项目

1）种植隔热层所用材料的质量应符合设计要求。

检验方法：检查出厂合格证和质量检验报告。

2）排水层应与排水系统连通。

检验方法：观察检查。

3）挡墙或挡板泄水孔的留设应符合设计要求，并不得堵塞。

检验方法：观察和尺量检查。

（2）一般项目

1）陶粒应铺设平整、均匀，厚度应符合设计要求。

检验方法：观察和尺量检查。

2）排水板应铺设平整，接缝方法应符合国家现行有关标准的规定。

检验方法：观察和尺量检查。

3）过滤层土工布应铺设平整、接缝严密，其搭接宽度的允许偏差为-10mm。

检验方法：观察和尺量检查。

4）种植土应铺设平整、均匀，其厚度的允许偏差为 ±5%，且不得大于 30mm。

检验方法：尺量检查。

6. 架空隔热层

（1）主控项目

1）架空隔热制品的质量应符合设计要求。

检验方法：检查材料或构件的合格证和质量检验报告。

2）架空隔热制品的铺设应平整、稳固，缝隙勾填应密实。

检验方法：观察检查。

（2）一般项目

1）架空隔热制品距山墙或女儿墙不得小于 250mm。

检验方法：观察和尺量检查。

2）架空隔热层的高度及通风屋脊、变形缝做法，应符合设计要求。

检验方法：观察和尺量检查。

3）架空隔热制品接缝高低差的允许偏差为 3mm。

检验方法：直尺和塞尺检查。

7. 蓄水隔热层

（1）主控项目

1）防水混凝土所用材料的质量及配合比应符合设计要求。

检验方法：检查出厂合格证、质量检验报告、进场检验报告和计量措施。

2）防水混凝土的抗压强度和抗渗性能应符合设计要求。

检验方法：检查混凝土抗压和抗渗试验报告。

3）蓄水池不得有渗漏现象。

检验方法：蓄水至规定高度后观察检查。

（2）一般项目

1）防水混凝土表面应密实、平整，不得有蜂窝、麻面、露筋等缺陷。

检验方法：观察检查。

2）防水混凝土表面的裂缝宽度不应大于 0.2mm，并不得贯通。

检验方法：刻度放大镜检查。

3）蓄水池上所留设的溢水口、过水孔、排水管、溢水管等，其位置、标高和尺寸均应符合设计要求。

检验方法：观察和尺量检查。

4）蓄水池结构的允许偏差和检验方法应符合表 6-7 的规定。

表 6-7　蓄水池结构的允许偏差和检验方法

项目	允许偏差/mm	检验方法
长度、宽度	−10，+15	尺量检查
厚度	±5	
表面平整度	5	2m 靠尺和塞尺检查
排水坡度	符合设计要求	坡度尺检查

引导问题4：防水与密封工程质量验收的规定有哪些？

运用知识：

1. 卷材防水层

（1）主控项目

1）防水卷材及其配套材料的质量应符合设计要求。

检验方法：检查出厂合格证、质量检验报告和进场检验报告。

2）卷材防水层不得有渗漏和积水现象。

检验方法：雨后观察或淋水、蓄水试验。

3）卷材防水层在檐口、檐沟、天沟、雨水口、泛水、变形缝和伸出屋面管道处的防水构造，应符合设计要求。

检验方法：观察检查。

（2）一般项目

1）卷材的搭接缝应黏结或焊接牢固，密封应严密，不得扭曲、起皱和翘边。

检验方法：观察检查。

2）卷材防水层的收头应与基层黏结，钉压应牢固，密封应严密。

检验方法：观察检查。

3）卷材防水层的铺贴方向应正确，卷材搭接宽度的允许偏差为 -10mm。

检验方法：观察和尺量检查。

2. 涂膜防水层

（1）主控项目

1）防水涂料和胎体增强材料的质量应符合设计要求。

检验方法：检查出厂合格证、质量检验报告和进场检验报告。

2）涂膜防水层不得有渗漏和积水现象。

检验方法：雨后观察或淋水、蓄水试验。

3）涂膜防水层在檐口、檐沟、天沟、雨水口、泛水、变形缝和伸出屋面管道处的防水构造，应符合设计要求。

检验方法：观察检查。

4）涂膜防水层的平均厚度应符合设计要求，且最小厚度不得小于设计厚度的80%。

检验方法：针测法或取样量测。

（2）一般项目

1）涂膜防水层与基层应黏结牢固，表面应平整，涂布应均匀，不得有流淌、起皱、起泡和露胎体等缺陷。

检验方法：观察检查。

2）涂膜防水层的收头应用防水涂料多遍涂刷。

检验方法：观察检查。

3）铺贴胎体增强材料应平整顺直，搭接尺寸应准确，应排除气泡，并应与涂料黏结牢固；胎体增强材料搭接宽度的允许偏差为 -10mm。

检验方法：观察和尺量检查。

3. 复合防水层

（1）主控项目

1）复合防水层所用防水材料及其配套材料的质量应符合设计要求。

检验方法：检查出厂合格证、质量检验报告和进场检验报告。

2）复合防水层不得有渗漏和积水现象。

检验方法：雨后观察或淋水、蓄水试验。

3）复合防水层在天沟、檐沟、檐口、雨水口、泛水、变形缝和伸出屋面管道处的防水构造，应符合设计要求。

检验方法：观察检查。

（2）一般项目

1）卷材与涂膜应粘贴牢固，不得有空鼓和分层现象。

检验方法：观察检查。

2）复合防水层的总厚度应符合设计要求。

检验方法：针测法或取样量测。

4. 接缝密封防水

（1）主控项目

1）密封材料及其配套材料的质量应符合设计要求。

检验方法：检查出厂合格证、质量检验报告和进场检验报告。

2）密封材料嵌填应密实、连续、饱满，黏结应牢固，不得有气泡、开裂、脱落等缺陷。

检验方法：观察检查。

（2）一般项目

1）密封防水部位的基层应符合《屋面工程质量验收规范》（GB 50207—2012）第 6.5.1 条的规定。

检验方法：观察检查。

2）接缝宽度和密封材料的嵌填深度应符合设计要求，接缝宽度的允许偏差为 ±10%。

检验方法：尺量检查。

3）嵌填的密封材料表面应平滑，缝边应顺直，应无明显的不平整和周边污染现象。

检验方法：观察检查。

引导问题 5：瓦面与板面工程质量验收的规定有哪些？

运用知识：

1. 烧结瓦和混凝土瓦铺装

（1）主控项目

1）瓦材及防水垫层的质量应符合设计要求。

检验方法：检查出厂合格证、质量检验报告和进场检验报告。

2）烧结瓦、混凝土瓦屋面不得有渗漏现象。

检验方法：雨后观察或淋水试验。

3）瓦片必须铺置牢固。在大风及地震设防地区或屋面坡度大于 100% 时，应按设计要求采取固定加强措施。

检验方法：观察或手扳检查。

(2) 一般项目

1) 挂瓦条应分档均匀，铺钉应平整、牢固；瓦面应平整，行列应整齐，搭接应紧密，檐口应平直。

检验方法：观察检查。

2) 脊瓦应搭盖正确，间距应均匀，封固应严密；正脊和斜脊应顺直，无起伏现象。

检验方法：观察检查。

3) 泛水做法应符合设计要求，并应顺直整齐、结合严密。

检验方法：观察检查。

4) 烧结瓦和混凝土瓦铺装的有关尺寸应符合设计要求。

检验方法：尺量检查。

2. 沥青瓦铺装

(1) 主控项目

1) 沥青瓦及防水垫层的质量应符合设计要求。

检验方法：检查出厂合格证、质量检验报告和进场检验报告。

2) 沥青瓦屋面不得有渗漏现象。

检验方法：雨后观察或淋水试验。

3) 沥青瓦铺设应搭接正确，瓦片外露部分不得超过切口长度。

检验方法：观察检查。

(2) 一般项目

1) 沥青瓦所用固定钉应垂直钉入持钉层，钉帽不得外露。

检验方法：观察检查。

2) 沥青瓦应与基层黏钉牢固，瓦面应平整，檐口应平直。

检验方法：观察检查。

3) 泛水做法应符合设计要求，并应顺直整齐、结合紧密。

检验方法：观察检查。

4) 沥青瓦铺装的有关尺寸应符合设计要求。

检验方法：尺量检查。

引导问题 6：细部构造工程质量验收的规定有哪些？

运用知识：

1. 檐口

(1) 主控项目

1) 檐口的防水构造应符合设计要求。

检验方法：观察检查。

2) 檐口的排水坡度应符合设计要求，檐口部位不得有渗漏和积水现象。

检验方法：坡度尺检查和雨后观察或淋水试验。

(2) 一般项目

1) 檐口 800mm 范围内的卷材应满粘。

检验方法：观察检查。

2) 卷材收头应在找平层的凹槽内用金属压条钉压固定，并应用密封材料封严。

检验方法：观察检查。

3）涂膜收头应用防水涂料多遍涂刷。

检验方法：观察检查。

4）檐口端部应抹聚合物水泥砂浆，其下端应做成鹰嘴和滴水槽。

检验方法：观察检查。

2. 檐沟和天沟

（1）主控项目

1）檐沟、天沟的防水构造应符合设计要求。

检验方法：观察检查。

2）檐沟、天沟的排水坡度应符合设计要求，沟内不得有渗漏和积水现象。

检验方法：坡度尺检查和雨后观察或淋水、蓄水试验。

（2）一般项目

1）檐沟、天沟附加层铺设应符合设计要求。

检验方法：观察和尺量检查。

2）檐沟防水层应由沟底翻上至外侧顶部，卷材收头应用金属压条钉压固定，并应用密封材料封严；涂膜收头应用防水涂料多遍涂刷。

检验方法：观察检查。

3）檐沟外侧顶部及侧面均应抹聚合物水泥砂浆，其下端应做成鹰嘴或滴水槽。

检验方法：观察检查。

3. 女儿墙和山墙

（1）主控项目

1）女儿墙和山墙的防水构造应符合设计要求。

检验方法：观察检查。

2）女儿墙和山墙压顶的向内排水坡度不应小于5%，压顶内侧下端应做成鹰嘴或滴水槽。

检验方法：观察和坡度尺检查。

3）女儿墙和山墙的根部不得有渗漏和积水现象。

检验方法：雨后观察或淋水试验。

（2）一般项目

1）女儿墙和山墙的泛水高度及附加层铺设应符合设计要求。

检验方法：观察和尺量检查。

2）女儿墙和山墙的卷材应满粘，卷材收头应用金属压条钉压固定，并应用密封材料封严。

检验方法：观察检查。

3）女儿墙和山墙的涂膜应直接涂刷至压顶下，涂膜收头应用防水涂料多遍涂刷。

检验方法：观察检查。

4. 雨水口

（1）主控项目

1）雨水口的防水构造应符合设计要求。

检验方法：观察检查。

2）雨水口杯的上口应设在沟底的最低处，雨水口处不得有渗漏和积水现象。

检验方法：雨后观察或淋水、蓄水试验。

（2）一般项目

1）雨水口的数量和位置应符合设计要求，雨水口杯应安装牢固。

检验方法：观察和手扳检查。

2）雨水口周围直径500mm范围内的坡度不应小于5%，雨水口周围的附加层铺设应符合设计要求。

检验方法：观察和尺量检查。

3）防水层及附加层伸入雨水口杯内不应少于50mm，并应黏结牢固。

检验方法：观察和尺量检查。

5. 变形缝

（1）主控项目

1）变形缝的防水构造应符合设计要求。

检验方法：观察检查。

2）变形缝处不得有渗漏和积水现象。

检验方法：雨后观察或淋水试验。

（2）一般项目

1）变形缝的泛水高度及附加层铺设应符合设计要求。

检验方法：观察和尺量检查。

2）防水层应铺贴或涂刷至泛水墙的顶部。

检验方法：观察检查。

3）等高变形缝的顶部宜加扣混凝土或金属盖板。混凝土盖板的接缝应用密封材料封严；金属盖板应铺钉牢固，搭接缝应顺流水方向，并应做好防锈处理。

检验方法：观察检查。

4）高低跨变形缝在高跨墙面上的防水卷材封盖和金属盖板，应用金属压条钉压固定，并应用密封材料封严。

检验方法：观察检查。

6. 伸出屋面管道

（1）主控项目

1）伸出屋面管道的防水构造应符合设计要求。

检验方法：观察检查。

2）伸出屋面管道的根部不得有渗漏和积水现象。

检验方法：雨后观察或淋水试验。

（2）一般项目

1）伸出屋面管道的泛水高度及附加层铺设应符合设计要求。

检验方法：观察和尺量检查。

2）伸出屋面管道周围的找平层应抹出高度不小于30mm的排水坡。

检验方法：观察和尺量检查。

3）卷材防水层收头应用金属箍固定，并应用密封材料封严；涂膜防水层收头应用防水涂料多遍涂刷。

检验方法：观察检查。

7. 屋面出入口

（1）主控项目

1）屋面出入口处的防水构造应符合设计要求。

检验方法：观察检查。

2）屋面出入口处不得有渗漏和积水现象。

检验方法：雨后观察或淋水试验。

（2）一般项目

1）屋面垂直出入口处的防水层收头应压在压顶圈下，附加层铺设应符合设计要求。

检验方法：观察检查。

2）屋面水平出入口处的防水层收头应压在混凝土踏步下，附加层铺设和护墙应符合设计要求。

检验方法：观察检查。

3）屋面出入口处的泛水高度不应小于250mm。

检验方法：观察和尺量检查。

8. 反梁过水孔

（1）主控项目

1）反梁过水孔的防水构造应符合设计要求。

检验方法：观察检查。

2）反梁过水孔处不得有渗漏和积水现象。

检验方法：雨后观察或淋水试验。

（2）一般项目

1）反梁过水孔的孔底标高、孔洞尺寸或预埋管管径均应符合设计要求。

检验方法：尺量检查。

2）反梁过水孔的孔洞四周应涂刷防水涂料；预埋管道两端周围与混凝土接触处应留凹槽，并应用密封材料封严。

检验方法：观察检查。

9. 设施基座

（1）主控项目

1）设施基座的防水构造应符合设计要求。

检验方法：观察检查。

2）设施基座处不得有渗漏和积水现象。

检验方法：雨后观察或淋水试验。

（2）一般项目

1）设施基座与结构层相连时，防水层应包裹设施基座的上部，并应在地脚螺栓周围做密封处理。

检验方法：观察检查。

2）设施基座直接放置在防水层上时，设施基座下部应增设附加层，必要时应在其上浇筑细石混凝土，厚度不应小于50mm。

检验方法：观察检查。

3）需经常维护的设施基座周围和屋面出入口至设施之间的人行道，应铺设块体材料或细石混凝土保护层。

检验方法：观察检查。

10. 屋脊

（1）主控项目

1）屋脊的防水构造应符合设计要求。

检验方法：观察检查。

2）屋脊处不得有渗漏现象。

检验方法：雨后观察或淋水试验。

（2）一般项目

1）平脊和斜脊铺设应顺直，应无起伏现象。

检验方法：观察检查。

2）脊瓦应搭盖正确，间距应均匀，封固应严密。

检验方法：观察和手扳检查。

11. 屋顶窗

（1）主控项目

1）屋顶窗的防水构造应符合设计要求。

检验方法：观察检查。

2）屋顶窗及其周围不得有渗漏现象。

检验方法：雨后观察或淋水试验。

（2）一般项目

1）屋顶窗用的金属排水板、窗框固定铁脚应与屋面连接牢固。

检验方法：观察检查。

2）屋顶窗用的窗口防水卷材应铺贴平整，黏结应牢固。

检验方法：观察检查。

引导问题7：屋面及防水工程质量验收的规定有哪些？

运用知识：

1. 屋面及防水工程质量验收的程序和组织

1）检验批应由专业监理工程师组织施工单位项目专业质量检查员、专业工长等进行验收。

2）分项工程应由专业监理工程师组织施工单位项目专业技术负责人等进行验收。

3）分部工程应由总监理工程师组织施工单位项目负责人和项目技术负责人等进行验收。

2. 检验批质量验收合格的规定

1）防水与密封工程各分项工程每个检验批的抽检数量，防水层应按屋面面积每100m^2抽查一处，每处应为10m^2，且不得少于3处；接缝密封防水应按每50m抽查一处，每处应为 5m，且不得少于 3 处。

2）瓦面与板面工程各分项工程每个检验批的抽检数量，应按屋面面积每 $100m^2$ 抽查一处，每处应为 $10m^2$，且不得少于 3 处。

3）细部构造工程各分项工程每个检验批应全数进行检验。

4）检验批质量验收合格要符合以下规定：

① 主控项目的质量应经抽查检验合格。

② 一般项目的质量应经抽查检验合格；有允许偏差值的项目，其抽查点应有 80% 及以上在允许偏差范围内，且最大偏差值不得超过允许偏差值的 1.5 倍。

③ 应具有完整的施工操作依据和质量检查记录。

3. 分项工程质量验收合格的规定

1）分项工程所含检验批的质量均应验收合格。

2）分项工程所含检验批的质量验收记录应完整。

4. 分部（子分部）工程质量验收合格应符合的规定

1）分部（子分部）所含分项工程的质量均应验收合格。

2）质量控制资料应完整。

3）安全与功能抽样检验应符合《建筑工程施工质量验收统一标准》（GB 50300—2013）的有关规定。

4）屋面及防水工程观感质量检查应符合下列要求：

① 卷材铺贴方向应正确，搭接缝应黏结或焊接牢固，搭接宽度应符合设计要求，表面应平整，不得有扭曲、起皱和翘边等缺陷。

② 涂膜防水层黏结应牢固，表面应平整，涂刷应均匀，不得有流淌、起泡和露胎体等缺陷。

③ 嵌填的密封材料应与接缝两侧黏结牢固，表面应平滑，缝边应顺直，不得有气泡、开裂和剥离等缺陷。

④ 檐口、檐沟、天沟、女儿墙、山墙、雨水口、变形缝和伸出屋面管道等处的防水构造，应符合设计要求。

⑤ 烧结瓦、混凝土瓦铺装应平整、牢固，行列应整齐，搭接应紧密，檐口应顺直；脊瓦应搭盖正确，间距应均匀，封固应严密；正脊和斜脊应顺直，应无起伏现象；泛水应顺直整齐，结合应严密。

⑥ 沥青瓦铺装应搭接正确，瓦片外露部分不得超过切口长度，钉帽不得外露；沥青瓦应与基层黏钉牢固，瓦面应平整，檐口应顺直；泛水应顺直整齐，结合应严密。

⑦ 金属板铺装应平整、顺滑；连接应正确，接缝应严密；屋脊、檐口、泛水的直线段应顺直，曲线段应顺畅。

⑧ 玻璃采光顶铺装应平整、顺直，外露金属框或压条应横平竖直，压条应安装牢固；玻璃密封胶缝应横平竖直、深浅一致，宽度应均匀，表面应光滑顺直。

⑨ 上人屋面或其他使用功能屋面，其保护及铺面应符合设计要求。

5. 屋面及防水工程验收资料和记录

屋面及防水工程验收资料和记录见表 6-8。

表 6-8 屋面及防水工程验收资料和记录

资料项目	验收资料
防水设计	设计图纸及会审记录、设计变更通知单和材料代用核定单
施工方案	施工方法、技术措施、质量保证措施
技术交底记录	施工操作要求及注意事项
材料质量证明文件	出厂合格证、型式检验报告、出厂检验报告、进场验收记录和进场检验报告
施工日志	逐日施工情况
工程检验记录	工序交接检验记录、检验批质量验收记录、隐蔽工程验收记录、淋水或蓄水试验记录、观感质量检查记录、安全与功能抽样检验（检测）记录
其他技术资料	事故处理报告、技术总结

6. 屋面及防水工程应进行的隐蔽工程验收

1）卷材、涂膜防水层的基层。

2）保温层的隔汽和排汽措施。

3）保温层的铺设方式、厚度，板材缝隙的填充质量，以及热桥部位的保温措施。

4）接缝的密封处理。

5）瓦材与基层的固定措施。

6）檐沟、天沟、泛水、雨水口和变形缝等细部做法。

7）在屋面易开裂和渗水部位的附加层。

8）保护层与卷材防水层、涂膜防水层之间的隔离层。

9）金属板材与基层的固定以及板缝间的密封处理。

10）坡度较大时，防止卷材和保温层下滑的措施。

7. 其他

检查屋面有无渗漏、积水，检查排水系统是否通畅。检查应在雨后或持续淋水 2h 后进行，并应填写淋水试验记录。具备蓄水条件的檐沟、天沟应进行蓄水试验，蓄水时间不得少于 24h，并应填写蓄水试验记录。

对安全与功能有特殊要求的建筑屋面，工程质量验收除应符合规范的规定外，还应按合同约定和设计要求进行专项检验（检测）和专项验收。

屋面及防水工程验收后，应填写分部工程质量验收记录，并应提交建设单位和施工单位存档。

二、编制检验批、分项工程质量验收记录

每个小组根据工程案例资料划分的屋面及防水工程的子分部、分项、检验批，编制屋面及防水分部工程验收方案。

三、指导教师审查每个小组的验收方案并提出整改建议

整改建议记录：

四、各小组进一步完善验收方案并填写最终的屋面及防水分部工程质量验收记录

最终方案记录：

实践成果

1）工作情境模拟操作。

2）××屋面及防水分部工程质量验收记录。

典型任务4 屋面及防水工程施工组织方案审核评定工作

知识点：

1. 屋面及防水工程施工组织方案的编制与审批。
2. 屋面及防水工程施工组织方案审核评定。
3. 屋面及防水工程施工组织方案修改、检查。

能力（技能）点：

1. 能够进行屋面及防水工程施工组织方案的修改、检查。
2. 能根据给定的施工任务对屋面及防水工程施工组织方案进行审核评定。

实践目的

1）培养学生对屋面及防水工程施工组织方案进行修改、检查的能力。

2）根据屋面及防水工程的施工任务，能够对屋面及防水工程施工组织方案进行审核评定。

实践分解任务

1）根据工程案例分析屋面及防水工程施工组织方案的编制和审批。

2）根据工程案例并结合规范，对屋面及防水工程施工组织方案进行修改、检查。

3）根据工程案例并结合规范，对屋面及防水工程施工组织方案进行审核评定。

实践分组

以小组为单位（6~8人为一组），在规定时间内完成上述内容。

实践场地

实训室、机房。

实践实施过程

一、屋面及防水工程施工组织方案的编制与审批

引导问题：屋面及防水工程施工组织方案编制和审批的规定有哪些？

运用知识：

根据《建筑施工组织设计规范》（GB/T 50502—2009），屋面及防水工程施工组织方案的编制和审批应该符合下列规定：

1）屋面及防水工程施工组织方案应由项目负责人主持编制，可根据需要分阶段编制和审批。

2）屋面及防水工程施工组织方案应由项目技术负责人审批。

3）屋面及防水工程专项工程施工组织方案应由施工单位技术部门组织相关专家评审，施工单位技术负责人批准。

4）由专业承包单位施工的屋面及防水工程施工组织方案，应由专业承包单位技术负责人或技术负责人授权的技术人员审批；有总承包单位时，应由总承包单位项目技术负责人核准备案。

5）屋面及防水工程施工组织方案应按单位工程施工组织方案进行编制和审批。

二、屋面及防水工程施工组织方案的修改、检查

引导问题1：屋面及防水工程施工组织方案进行动态管理的规定有哪些？

运用知识：

根据《建筑施工组织设计规范》（GB/T 50502—2009），屋面及防水工程施工组织方案应实行动态管理，并符合下列规定：

1）项目施工过程中发生一些特殊情况时，施工组织方案应及时进行修改或补充。

2）经修改或补充的施工组织方案应重新审批后实施。

3）项目施工前应进行施工组织方案的逐级交底；项目施工过程中，应对施工组织方案的执行情况进行检查、分析并适时调整。

引导问题2：在哪些情况下需要修改或补充屋面及防水工程施工组织方案？

运用知识：

1）工程设计有重大修改。当工程设计图纸发生重大修改时，如屋面及防水工程做法发生重大变化等，需要对施工组织方案进行修改；对工程设计图纸的一般性修改，根据变化情况对施工组织方案进行补充；对工程设计图纸的细微修改或更正，施工组织方案则不需调整。

2）有关法律、法规、规范和标准的实施、修订和废止。当有关法律、法规、规范和标准开始实施或发生变更，并涉及工程的实施、检查或验收时，施工组织方案需要进行修改或补充。

3）主要施工方法有重大调整。由于主（客）观条件的变化，施工方法有重大变更，原来的施工组织方案已不能正确地指导施工，需要对施工组织方案进行修改或补充。

4）主要施工资源配置有重大调整。当施工资源的配置有重大变更，并且影响到施工方法的变化或对施工进度、质量、安全、环境、造价等造成潜在的重大影响，需对施工组织方案进行修改或补充。

5）施工环境有重大改变。当施工环境发生重大改变，如施工延期造成季节性施工方法发生变化，施工场地变化造成现场布置和施工方式改变等，致使原来的施工组织方案已不能正确地指导施工，需对施工组织方案进行修改或补充。

三、屋面及防水工程施工组织方案的审核评定

引导问题1：屋面及防水工程进度计划审查的要点有哪些？

运用知识：

工程进度计划是承包企业根据与业主签订的工期合同所作的作业进度安排。工程进度计划安排是否合理，与工程成本有密切关系，监理工程师应加强审核。

1）总工期符合承包的要求，如果合同条件允许分期分批竣工交付使用，应有明确分期

交付的时间和分批交付的数量要求。

2）表明各项主要工程的开始和结束时间。

3）体现主要工序相互衔接的合理安排。

4）有利于有效利用机械设备，减少机械设备的占用周期。

引导问题2：屋面及防水工程施工组织方案审查的要点有哪些？

运用知识：

1. 施工程序审查

施工程序体现了施工步骤的客观规律性，在符合规律的条件下利于保证质量、缩短工期、提高经济效益。

1）做好施工准备后再开工。施工准备包括技术规划准备、现场施工准备、施工队伍及有关组织准备。

2）遵循“先地下、后地上，先土建、后设备，先主体、后围护，先结构、后装修”的原则。

3）施工流向合理。施工空间中的平面和立面都要考虑施工的质量保证与安全保证，要考虑使用的先后，适当分区分段，要与材料、构件的运输方向不发生冲突。

2. 施工机械选择审查

施工机械的选择应遵循切实需要、实际可能、经济合理的原则。审核内容包括对技术条件、经济条件的审查。技术条件是指技术性能、工作效率、工作质量、能源耗费、劳动力的节约、使用安全性和灵活性、通用性和专用性、维修的难易程度、耐用程度等。经济条件是指施工机械的原始价值、使用寿命、使用费用、维修费用等。

3. 主要施工方法审查

1）方法可行、条件允许、符合施工工艺要求。

2）符合施工验收规范和质量检验评定标准的有关要求。

3）方法应力求科学、先进、节约。

4）施工方法与选择的施工机械、划分的流水段相适应。

四、教师审查每个小组的审核评定工作计划及方案，并提出修改建议

指导教师依据《建筑施工组织设计规范》（GB/T 50502—2009）《建筑施工手册》（第五版）的规定，指导学生做好施工组织方案的审核评定，对学生的审核评定方案提出修改意见。

五、各小组进一步优化并调整方案，确定最终的审核评定方案报告

各小组进一步讨论、优化和修改，确定最终的施工组织方案审核评定方案报告。

实践成果

1）工作情境模拟操作。

2）××屋面及防水工程施工组织方案审核表。

学习情境七　装饰装修工程

案例引入

1. 工程概况

1）工程名称：×××学生公寓。

2）工程地点：×××山海路以南、博文路以西。

3）建设单位：×××学院。

4）建筑性质：学生公寓。

5）结构形式：框架—剪力墙结构。

6）建筑等级：一类高层公共建筑，建筑物设计使用年限为 50 年。

7）建筑耐火等级：高层为一级；抗震设防烈度为 7 度。

8）建筑物层数及层高：地上十八层、层高 3.6m，建筑高度 65.7m。

9）建筑面积：21320.7m^2。

2. 现场情况

本工程位于市内，交通方便，施工场地足够，有利于机械、现场材料的堆放布置。

3. 水文、地质条件、场地、气象情况

1）水文、地质情况。本工程场地地下水稳定水位埋深为 11.0～12.6m，为基岩裂隙潜水，有承压性，对混凝土无侵蚀性。地表以下 0.7～4.0m 为粉质黏土，3.0～6.9m 为杂填土，7.4～11.9m 为强风化板岩，以下为中风化板岩。本工程持力层为强风化板岩，地基承载力设计值 $F=650kPa$。

2）场地情况。场地基本设防烈度为 7 度，建筑场地类别属 I 类。

3）气象资料。本地区最高气温 34.4℃，最低气温 -10.1℃，年平均气温 12.2℃，最冷月平均气温 -1.4℃，最热月平均气温 28.9℃，年降雨量 847mm，日最大降雨量 240mm，冬期最大冻结深度 0.93m，最大积雪厚度 0.37m，常年夏季主导风向为东南风，冬季为北风，四季分明。7、8 月份为雨期，冬期施工日期为本年 12 月 25 日至次年 2 月 25 日，属典型的温带季风性气候。

4. 建筑、结构概况

本工程主要结构为现浇钢筋混凝土框架—剪力墙结构，地下室混凝土强度等级：底板为 C40、P8 级抗渗混凝土，外墙及消防水池为 C45、P10 级抗渗混凝土，柱、梁、板、墙为 C40 级混凝土。地上部分除四层以下柱为 C45 混凝土外，其余均为 C40，梁板混凝土内掺水泥用量 10%～12% 的 PNF 膨胀剂，膨胀加强带内掺量为 14%。框架填充墙采用加气混凝土砌块；地下室外墙采用高分子 PVC 防水卷材，120mm 厚砖砌体围护。本工程按七度抗震设防，建筑场地类别为 I 类，剪力墙抗震等级为三级，框架抗震等级为四级。

5. 装饰装修工程

外装修：采用外墙涂料和外墙面砖。

内装修：建筑工程控制室内环境污染类别为Ⅰ类；本工程所选用的建筑材料和装修材料必须符合《民用建筑工程室内环境污染控制标准》（GB 50325—2020）的规定；室内空气污染物限值应符合规范要求。

地下室地面均为水泥砂浆面层，墙面、顶棚抹面为水泥砂浆面层刮抹白色乳胶漆。各层电梯厅、楼梯踏步及休息平台、走廊均为大理石面层；卫生间、洗漱间及开水间为防滑地面砖；各层办公室及管理用房均为地砖楼面。

内门：铝合金弹簧门及木门、防火门；外门：南北主入口处为不锈钢旋转门，其他为不锈钢弹簧门。

内窗：铝合金窗及防火窗；外窗：隐框玻璃幕（铝合金）镶低反射膜玻璃。

典型任务1 装饰装修工程质量创优施工指导工作

知识点：

1. 装饰装修工程施工注意事项。
2. 装饰装修工程质量控制。
3. 装饰装修工程质量创优施工指导。

能力（技能）点：

1. 能应用施工质量验收规范，对装饰装修工程进行质量检查。
2. 能根据给定的施工任务对装饰装修工程进行质量创优施工指导。

实践目的

1. 以管理应用为主，培养学生“三高”（高的质量目标，高的质量意识，高的质量标准）和“三严”（严格的质量管理、严格的质量控制、严格的质量检验）意识。

2. 通过编制××装饰装修工程质量创优施工指导书，使学生获得质量控制和检查方面的知识并具备相应的能力，进而系统掌握装饰装修工程创优的主要内容并具备指导创优的能力。

实践分解任务

1. 根据工程实际情况，编制装饰装修工程施工注意事项。
2. 根据工程实际情况，确定装饰装修工程质量控制要求。
3. 根据工程实际情况，确定创优评价标准，明确施工重点和难点任务，进行有针对性的创优施工。
4. 根据工程实际情况，编制装饰装修工程质量创优施工指导书。

实践分组

以小组为单位（6～8人为一组），在规定时间内完成上述内容。

实践场地

实训室、机房。

实践实施过程

成立创优小组（6~8 人），依据《中国建设工程鲁班奖（国家优质工程）评选办法》（2019 年），按照创优总体要求，有针对性地制定创优实施重点内容。每个学生提出自己的装饰装修工程质量创优施工指导书，小组讨论。

一、编制装饰装修工程质量创优施工指导书

引导问题 1：装饰装修工程施工注意事项有哪些？

运用知识：

装饰装修工程施工注意事项如下：

1）有完整的施工图纸，设计深度符合施工要求，严格根据图纸施工，并满足以下要求：

① 建筑装饰装修工程施工必须进行设计，并出具完整的施工图设计文件。当墙体或吊顶内的管线可能产生冰冻或结露时，应进行防冻或防结露设计。

② 建筑装饰装修工程施工中，不得违反设计文件要求而擅自改动建筑主体、承重结构或主要使用功能；未经设计确认和有关部门批准，不得擅自拆改主体结构和水、暖、电、燃气、通信等配套设施。

2）注重建筑材料的质量管理，并满足以下要求：

① 建筑装饰装修工程所用材料的品种、规格和质量应符合设计要求及国家现行标准的规定，不得使用国家明令淘汰的材料。

② 建筑装饰装修工程所用材料的燃烧性能应符合《建筑内部装修设计防火规范》（GB 50222—2017）和《建筑设计防火规范》（GB 50016—2014）的规定。

③ 建筑装饰装修工程所用材料应符合国家有关建筑装饰装修材料有害物质限量标准的规定。

④ 当国家规定或合同约定应对材料进行见证检验时，或对材料质量发生争议时，应进行见证检验。

⑤ 建筑装饰装修工程所使用的材料应按设计要求进行防火、防腐和防虫处理。

⑥ 建筑装饰装修工程所使用的材料在运输、储存和施工过程中，应采取有效措施防止损坏、变质和污染环境。

3）优化装饰装修施工组织设计或施工方案，编制环保与安全措施，并满足以下要求：

① 承担建筑装饰装修工程施工的单位应具备相应的资质，并应建立质量管理体系。施工单位应编制施工组织方案并经过审查批准。施工单位应按有关的施工工艺标准或经审定的施工技术方案施工，并应对施工全过程实行质量控制。

② 施工单位应采取有效措施控制施工现场的各种粉尘、废气、废弃物、噪声、振动等对周围环境造成的污染和危害。

③ 施工单位应建立有关施工安全、劳动保护、防火和防毒等管理制度，并应配备必要

的设备、器具和标志物。

④ 管道、设备安装及调试应在建筑装饰装修工程施工前完成；当必须同步进行时，应在饰面层施工前完成。装饰装修工程不得影响管道、设备等的使用和维修。涉及燃气管道和电气工程的建筑装饰装修工程施工应符合有关安全管理的规定。

⑤ 建筑装饰装修工程的电气安装应符合设计要求，不得直接埋设电线。

⑥ 建筑装饰装修工程施工过程中应做好半成品、成品的保护，防止被污染和损坏。

⑦ 建筑装饰装修工程验收前应将施工现场清理干净。

引导问题 2：装饰装修工程质量控制的主要控制点有哪些？

运用知识：

1）建筑装饰装修工程的质量验收程序和组织应符合《建筑工程施工质量验收统一标准》（GB 50300—2013）的规定。严禁违反工程建设强制性标准，应积极采取措施杜绝工程质量通病的发生。

2）建筑物的外墙、屋面、厨房、卫生间及其他有水房间，严禁出现渗漏现象。

3）做好检查、验收装饰装修材料的工作，严把材料质量关，并满足以下要求：

① 建筑装饰装修工程所用材料的品种、规格和质量应符合设计要求和国家现行标准的规定，不得使用国家明令淘汰的材料。

② 材料进场前应先检查质量保证书及出厂批号，符合要求后方可进场。进场后应对材料的品种、规格、外观和尺寸等进行检查验收，并应仔细检查产品的说明书和相关性能检测报告，进口产品应按规定进行商品检验。

③ 建筑装饰装修工程所用材料的燃烧性能应符合《建筑内部装修设计防火规范》（GB 50222—2017）和《建筑设计防火规范》（GB 50016—2014）的规定。

④ 民用建筑室内环境污染控制应符合《民用建筑工程室内环境污染控制标准》（GB 50325—2020）等有关标准的规定。

⑤ 进场后需要进行复验的材料种类及项目应符合规范的规定，同一厂家生产的同一品种、同一类型的进场材料应至少抽取一组样品进行复验，当合同另有更高要求时应按合同执行。

⑥ 建筑装饰装修工程所使用的材料应按设计要求进行防火、防腐和防虫处理。

⑦ 建筑装饰装修工程施工前应有主要材料的样板或做样板间（件），并应经有关各方确认。

4）做好装饰装修工序活动条件和效果两个方面的质量控制，并满足以下要求：

① 建筑装饰装修工程的施工质量，应符合设计要求和规范的规定。做好自检、互检、交接检、巡检等检查工作。

② 建筑装饰装修工程应在基体或基层的质量验收合格后施工。对既有建筑进行装饰装修前，应对基层进行处理。

③ 应设置装饰质量控制点。对技术要求高、施工难度大的某个工序或环节，应设置技术重点。

④ 室内外装饰装修工程施工的环境条件，应满足施工工艺的要求。在夏季高温、雨季和冬季低温的环境下施工时，应采取保证工程质量的有效措施。

引导问题 3：装饰装修工程质量创优检查的内容有哪些？

运用知识：

装饰装修工程质量创优检查的内容见表7-1。

表7-1　装饰装修工程质量创优检查的内容

项次	子分部工程	分项工程
1	抹灰工程	一般抹灰，保温层薄抹灰，装饰抹灰，清水砌体勾缝
2	外墙防水工程	外墙砂浆防水，涂膜防水，透气膜防水
3	门窗工程	木门窗安装，金属门窗安装，塑料门窗安装，特种门安装，门窗玻璃安装
4	吊顶工程	整体面层吊顶，板块面层吊顶，格栅吊顶
5	轻质隔墙工程	板材隔墙，骨架隔墙，活动隔墙，玻璃隔墙
6	饰面板工程	石板安装，陶瓷板安装，木板安装，金属板安装，塑料板安装
7	饰面砖工程	外墙饰面砖粘贴，内墙饰面砖粘贴
8	幕墙工程	玻璃幕墙安装，金属幕墙安装，石材幕墙安装，人造板材幕墙安装
9	涂饰工程	水性涂料涂饰，溶剂型涂料涂饰，美术涂饰
10	裱糊与软包工程	裱糊，软包
11	细部工程	橱柜制作与安装，窗帘盒和窗台板制作与安装，门窗套制作与安装，护栏和扶手制作与安装，花饰制作与安装
12	建筑地面工程	基层铺设，整体面层铺设，板块面层铺设，木、竹面层铺设

引导问题4：确定装饰装修工程质量创优的重点和难点任务有哪些？

运用知识：

1）开展全面质量管理，坚持样板先行制度，开展技术比武和质量竞赛等一系列质量管理措施，以确保过程创优目标的实现。

2）实时监测施工环节，在建筑装饰装修工程过程中，应从具体的环境情况出发，做好施工方案的规划工作，尤其要监测好气候环境。由于环境温度和湿度的变化极容易影响装饰装修工程施工，因此应加强环境监测设备的引进，为实现全面监测创造有利条件。如果天气或环境问题较为严重，应开展防范和控制工作，防止引发质量和安全问题。

3）开展人员培训工作。在整体建筑质量的影响因素中，管理人员的管理能力和工作人员的素质不容忽视，所以必须积极开展培训活动，从工程实际情况出发不断提高培训方案的灵活性，注重工程管理人员管理水平的提升。比如开展专题培训活动，明确管理细则，在培训活动中讲述成功案例和经验，并实时纠正管理工作中存在的问题，旨在不断提高人员的综合能力和素质。

4）推广应用新技术、新工艺，并积极实施技术创新。

5）针对工程的特点、环境及一些特定条件，制定质量、进度、安全、文明施工等控制措施，使各工序处于有效的控制当中。

二、教师审查每个小组的工作方案并提出整改建议

指导教师依据《中国建设工程鲁班奖（国家优质工程）评选办法》（2019年）和“鲁班奖”获奖案例审查各小组的方案，提出整改建议。

整改建议记录：

三、各小组进一步优化方案并确定最终方案

最终方案记录：

实践成果

1. 工作情境模拟操作。
2. ××装饰装修工程质量创优施工指导书。

典型任务2　装饰装修工程施工方案编制工作

知识点：

1. 装饰装修工程人力、机械设备的选择和配备。
2. 装饰装修工程施工工艺。
3. 装饰装修工程施工方案的编制。

能力（技能）点：

1. 能按照指定的施工任务编制装饰装修工程施工技术交底记录表。
2. 能够填写装饰装修工程施工记录。
3. 能根据给定的施工任务编制装饰装修工程施工方案。

实践目的

1. 以实际应用为主，培养学生有关装饰装修工程人力、机械设备的选择和配备能力。

2. 通过装饰装修工程施工方案的编制，学生能进行技术交底并填写施工记录，能独立编制装饰装修工程施工方案。

实践分解任务

1. 根据工程实际情况，编制装饰装修工程人力、机械设备的选择和配备表。
2. 根据工程实际情况，优化装饰装修工程施工工艺。
3. 根据工程实际情况，编制装饰装修工程施工技术交底记录表。
4. 根据工程实际情况，能够填写装饰装修工程施工记录。
5. 根据工程实际情况，编制装饰装修工程施工方案。

实践分组

以小组为单位（6～8人为一组），在规定时间内完成上述内容。

实践场地

实训室、机房。

实践实施过程

一、编制装饰装修工程施工方案

成立施工方案编制小组（6～8人），依据施工图纸、施工组织总设计、《建筑工程施工质量验收统一标准》（GB 50300—2013）、《建筑装饰装修工程质量验收标准》（GB 50210—2018）、《住宅装饰装修工程施工规范》（GB 50327—2001）、《建筑内部装修防火施工及验收规范》（GB 50354—2005）等规范，每个小组制定××装饰装修工程施工方案。

引导问题 1：如何选择和配备装饰装修工程的人力、机械设备？

运用知识：

1. 人力安排及保证措施

（1）人力选用的流程

装饰装修工程人力选用的流程如图 7-1 所示。

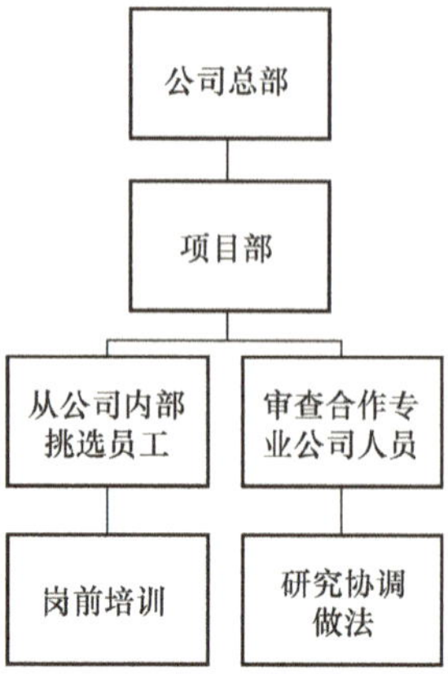

图 7-1　装饰装修工程人力选用的流程

（2）优化配置人力资源

1）根据工程总体控制计划及工程量、装修的需要合理投入劳动力，结合各阶段的施工需要，随时调整劳动力的投入，且始终处于动态控制中。项目经理部依据各施工进度情况，对各施工队、配合单位的施工任务的工程量及操作工人的技术等级进行比较分析，及时调配劳动力进场作业。

2）项目部进场后，按照各子分部工程的计划施工时间、工作量及时安排劳动力进场，做好前期定位放线、临时建筑搭设工作，以及和有关单位的配合工作，以缩短准备周期，迅速打开工作面，使工程建设早日进入正常施工的运行轨道。

3）工程劳动力配备计划应根据招标文件提供的设计图纸以及有关的预算定额、劳动定额和总进度计划编制，并确定工程所需各种技工、普工人数，项目部据此控制劳动力的平衡、调配。

4）管理人员及特殊工种的工人均应持证上岗，对进场施工人员的上岗证、身份证、健康证等证件进行复印，统一登记管理，便于掌握劳动力的流向。

5）装饰装修工程各阶段劳动力计划见表 7-2。

表 7-2　装饰装修工程各阶段劳动力计划　　（单位：人）

工种	第 1 个月	第 2 个月	第 3 个月	第 4 个月	第 5 个月	第 6 个月	……
木工							
砌筑工							
油漆工							
电工							
电焊工							
……							

（3）实施劳动力计划的保证措施

1）组织劳务招标，择优选择劳动队伍承担本装饰装修工程施工。班组工人应操作技能熟练、施工经验丰富，且吃苦耐劳、作风过硬。

2）项目部组织工程的施工、技术、工期、安全、质量及文明施工等方面的交底工作，使现场的操作工人了解和适应本工程的施工要求。

3）加强对人力的常规管理，做好计划、决策、组织、指挥、监督和调度工作。

4）编制劳动力使用计划，优化劳动组织、劳动分工和协作关系。

2. 机械设备选用的依据是什么？

1）施工机械设备应根据装饰装修工程各子分部的施工工艺、施工环境的特点按实际需要配备，要保证施工机械的数量满足施工要求且配备合理，并注意按不同的要求配备不同类型、不同标准的机械设备，以保证质量为原则，努力降低施工成本。在施工前要对施工机械进行全面的检测、调试，保证施工机械处于良好状态；进场的检测仪器要做好认证并建立记录档案，施工期间要做好定期的检查。

2）在配备机械设备时，应综合考虑以下因素：

① 先进性：机械设备应技术性能优越、生产效率高。

② 使用可靠性：机械设备在使用过程中能稳定地保持其应有的技术性能，运行安全可靠。

③ 便于维修性：机械设备要便于检查、维护和修理。

④ 运行安全性：机械设备在使用过程中应有利于保障施工安全。

⑤ 经济实惠性：机械设备应在满足技术要求的基础上台班费用最低。

⑥ 适应性：机械设备应能适应不同工作条件，并具有一定的多用性能。

⑦ 其他：机械设备应具有成套性、节能性、环保性、灵活性等。

引导问题2：如何优化装饰装修工程子分部（主要）的施工工艺？

运用知识：

（一）优化抹灰工程施工工艺

根据工程应达到的质量要求、基层的平整度等条件，主要考虑是否需要找规矩、做灰饼、冲筋、抹灰的层数等问题，以此优化抹灰工程施工工艺。

1. 内墙抹灰

（1）施工工艺流程

交验→基层处理→吊垂直、套方、找规矩→抹灰饼→墙面冲筋→分层抹灰→成品保护

（2）施工工艺要点

1）吊垂直、套方、找规矩。先用托线板检查基层的平整度和垂直度，然后将房间找方或找正；再根据实际检查的墙面平整度和垂直度情况，以及抹灰总厚度的规定，与找方结果相比较，确定抹灰层厚度（最薄处一般不小于7mm），并在地面上弹出墙角线；随后在距墙阴角100mm处吊垂线并弹出铅垂线，接着再从弹出的墙角线往墙上上翻引出阴角两面墙上的抹灰厚度控制线，作为做灰饼、冲筋的依据。

2）做灰饼（标志块）。先做两个上灰饼。上灰饼距顶棚约200mm，距阴角边100～200mm，一般为边长50mm的四方形标志块，用水泥砂浆或混合砂浆制作。灰饼的厚度等于抹灰层底层加中层的厚度。然后再做两个下灰饼。下灰饼的位置一般在踢脚板上方200mm处。最后以上、下四个灰饼为依据，在两个灰饼之间拉通线，每隔1.2～1.5m做一个灰饼，如图7-2所示。

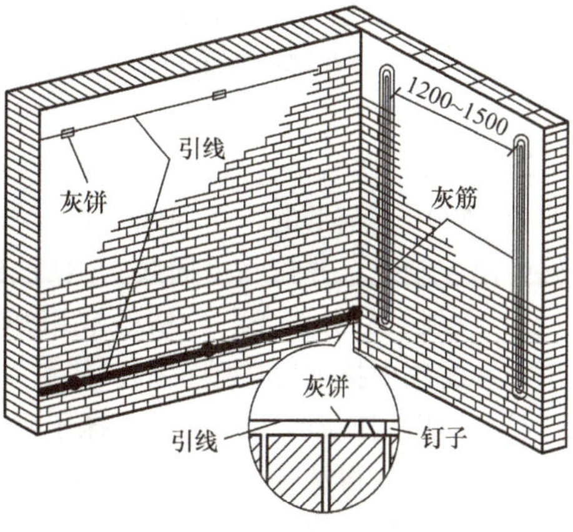

图7-2 做灰饼

3）冲筋。当灰饼砂浆达到七八成干时，用与底层抹灰砂浆成分相同的砂浆在两个灰饼之间抹出一条梯形灰梗（灰筋）。灰筋底部宽度一般为50mm（与灰饼宽度相同），顶部宽度为10mm

左右。一般分两遍抹成第二遍要比灰饼高出 5 ~ 10mm，然后用木杠紧贴灰饼左右上下搓动，直至把灰筋搓得与灰饼一样平齐，最后用刮尺将灰筋两边修成斜面。灰筋冲好后要检查其垂直度与平整度，误差大于 0.5mm 的必须修整。一般当墙面高度小于 3.5m 时宜做立筋（垂直灰筋），大于 3.5m 时宜做横筋（水平灰筋）。

同一墙面上各个高度的水平灰筋应在同一垂直面内。灰筋通过墙面阴角时，可用带垂球的阴角尺靠在阴角处上下搓动，直至上下两条灰筋形成标高相同且角顶在同一垂直线上的阴角。同样，阳角可用长阳角尺合在上下两条灰筋的阳角处上下搓动，形成角顶在同一垂直线上的灰筋阳角。水平灰筋可使墙体在阴（阳）角处的交线顺直，并垂直于地面，避免出现阴（阳）角交线扭曲不直的缺陷。同时，做水平灰筋时，因有灰筋控制，可使门窗框处的墙面与框面接合平整。

4）分层抹灰。分层抹灰要求如下：

① 抹底层灰。当灰筋稍干后将底层砂浆涂抹于两条灰筋之间，要由上往下抹，底层灰的厚度要低于灰筋。

② 抹中层灰。用水泥砂浆和水泥混合砂浆抹灰时，应待前一层凝结后方可抹后一层；用石灰砂浆抹灰时，应待前一层七八成干（发白）后方可抹后一层。根据灰筋厚度填满砂浆，使砂浆面略高于灰筋，然后用木杠刮平。凹陷处补抹砂浆，然后再刮，直到与灰筋平齐。紧接着用木抹子搓磨一遍，使抹灰表面平整密实。

③ 面层抹灰。应在中层灰稍干后进行面层抹灰。不抹面层而直接刮大白腻子时，应在中层砂浆干透、表面坚硬呈灰白色，用铲刀刻划显白印时进行。常用的大白腻子的配合比是大白粉∶滑石粉∶聚醋酸乙烯乳液∶羟甲基纤维素溶液 = 60∶40∶（2 ~ 4）∶75（质量比）。面层刮大白腻子时一般不少于两遍，总厚度 1mm 左右。施工时用钢片或橡胶刮板每遍按同一方向往返刮。在基层修补过的部位进行局部找平，干燥后打磨，再刮头遍腻子；头遍腻子干透后，用砂纸打磨平整，扫净浮灰后再刮第二遍腻子。

2. 外墙抹灰

（1）施工工艺流程

交验→基层处理→找规矩→挂线、做灰饼、冲筋→弹线、粘分格条→抹底层灰→抹中层灰→抹面层灰→勾缝→养护和成品保护

（2）施工工艺要点

1）找规矩。外墙抹灰的找规矩施工同内墙抹灰，但在两个相邻抹灰面的相交处要挂垂线。

2）挂线、做灰饼、冲筋。外墙抹灰必须从上往下一步架一步架地退着抹。找规矩时要在四角挂好由上至下的垂直通线。垂直吊好后，根据确定的抹灰层厚度，每步架的大角两侧最好弹出控制线，并拉水平通线，然后根据控制线和水平通线做灰饼、冲筋。

3）弹线、粘分格条。分格条常用塑料条，规格有 20mm、25mm、30mm 等几种，粘贴时可在水泥浆中掺加一些胶粘剂以便黏结更牢固。

4）抹灰。抹灰时用木杠、木抹子刮平、压实、扫毛，并浇水养护，应待底层砂浆凝固具有一定强度后再抹中层。抹面层时先用 1∶2.5 的水泥砂浆薄刮一遍，第二遍要与分格条抹平，然后按分格条厚度刮平、搓实、压光，或用木抹子搓成毛面。最后用刷子蘸水按同一方向轻刷一遍，以达到颜色均匀一致，注意要清刷分格条上的砂浆。另外，在窗台、雨篷、阳

台、檐口等有排水要求的部位应做滴水线或滴水槽。滴水线（槽）应整齐顺直，滴水线应内高外低，滴水槽的深度和宽度均不小于 10mm。

5）养护和成品保护。水泥砂浆和水泥混合砂浆抹完 12h 后要进行洒水养护，宜保持表面湿润 7d 以上。养护期间要避免受到撞击等不利外部作用。

（二）优化饰面砖工程的施工工艺

1. 内墙面砖镶贴

（1）施工工艺流程

基层处理→抹底灰→弹线排砖→浸砖→贴标准点→镶贴→擦缝

（2）施工工艺要点

1）基层处理。应清除浮砂、油渍，补平凹凸处，处理后表层应平整粗糙。

2）抹底灰。用 1∶3 水泥砂浆或 1∶1∶4 混合砂浆打底，每层 5 ~ 7mm，表面应平整，隔日浇水养护。

3）弹线排砖。待底灰六七成干时，先弹水平线，后弹垂直线；半砖应收在次要位置，同墙面不得有一行以上的非整砖。

4）浸砖。浸砖时的浸水时间≥2h，然后阴干 3 ~ 5h。

5）贴标准点。贴标准点时应先贴一个样件，以控制整个表面的厚度和平整度。

6）镶贴。按照大面、阳角的顺序自下向上贴，镶贴砂浆应饱满，厚度为 6 ~ 7mm。应每镶贴 6 ~ 8 块砖就用靠尺检查平整度，上口应成一直线。镶贴砂浆一般为 1∶2 水泥砂浆，可掺石膏灰或聚合物。

7）擦缝。可先用白水泥浆刷缝，再用棉丝擦干净表面。

2. 外墙面砖镶贴

（1）施工工艺流程

基层处理→抹底灰→排砖、弹线分格→选砖、浸砖→做灰饼→镶贴面砖→分格条处理→细部处理→勾缝→擦洗

（2）施工工艺要点

1）外墙面砖镶贴的基层处理及抹底灰同内墙面砖镶贴。

2）排砖、弹线分格。根据设计图纸进行排砖、弹线分格，并绘制大样图。水平缝应与窗台等齐平，竖向要求阳角及窗口处都是整砖，分格按整块分均，并根据已确定的砖缝的大小做分格条并划出皮数杆。窗间墙、墙垛等处要事先测好中心线、水平分格线、阴（阳）角垂直线。根据砖的排列方法和砖缝大小，常见的几种排砖方法如图 7-3 所示。排砖时，阳角处的面砖应是整砖（图 7-4），且正立面整砖应盖住侧立面整砖。突出墙面的部位，如窗台、腰线及滴水线处的排砖方法，可按图 7-5 处理。施工时，正面面砖要往下突出 3mm 左右，底面面砖要留有流水坡度。

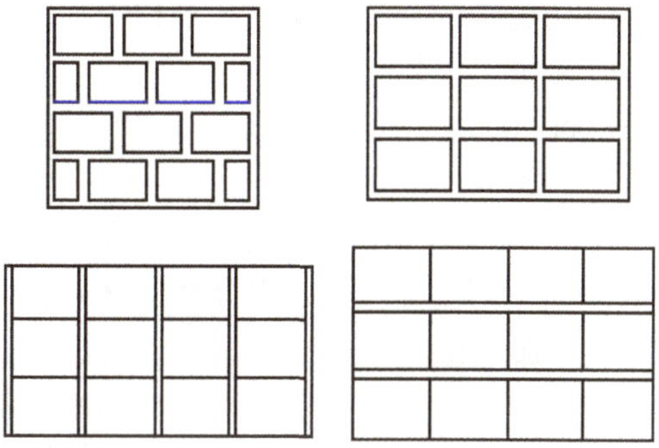

图 7-3　外墙面砖镶贴常见排砖方法

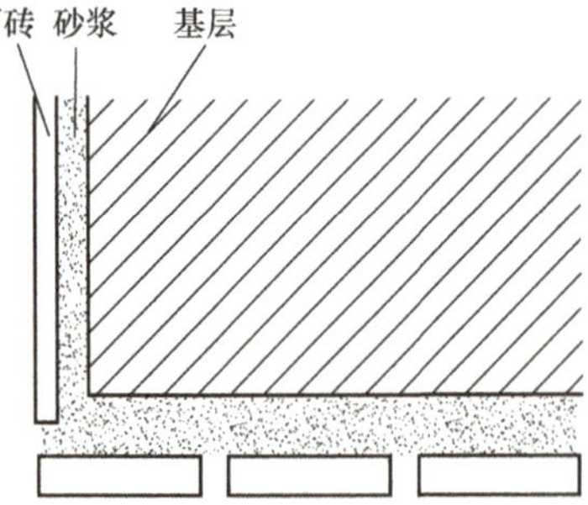

图 7-4　阳角处面砖做法

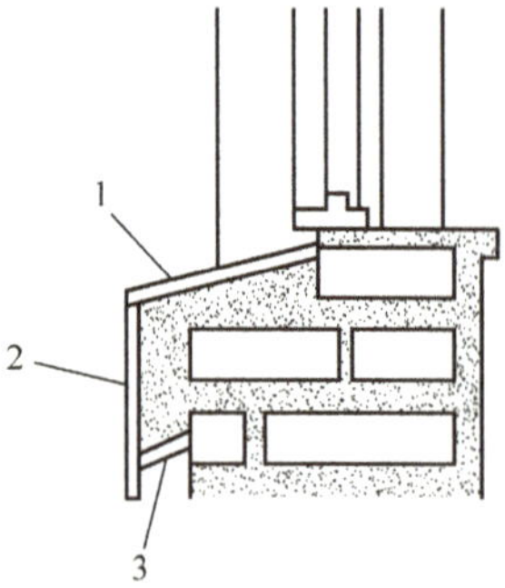

图 7-5　窗台、腰线及滴水线处的排砖方法

1—压盖面砖　2—正面面砖　3—底面面砖

3）选砖、浸砖。镶贴前先挑选出颜色、规格一致的砖，然后浸泡 2h 以上，取出阴干备用。

4）做灰饼。一般用面砖做灰饼，并找出墙面、柱面、门窗套等的横、竖标准，阳角处要双面排直。灰饼间距不大于 1.5m。

5）镶贴面砖。镶贴时，在砖的背面满铺黏结砂浆。镶贴后，用小铲柄轻轻敲击，使砖与基层黏牢，随时用靠尺找平、找方。贴完一皮后须将砖上口的灰刮平。

6）分格条处理。木质分格条在使用前应用水充分浸泡，以防胀缩变形。在镶贴面砖次日（或当日）取出分格条，取出分格条时应避免碰动面砖。在完成一个流水段后，用 1∶1 水泥细砂浆勾缝，凹进深度为 3mm。

7）细部处理。与抹灰交接处的门窗套、窗间墙、柱子等处应先抹好底灰，然后镶贴面砖。罩面灰可在面砖镶贴后施工。面砖与抹灰的交接处做法可按设计要求处理。

8）勾缝。墙面釉面砖用水泥砂浆擦缝，然后用布将缝内的素浆擦匀。

9）擦洗。勾缝后用抹布将砖面擦净。如砖面污染较重，可用稀盐酸酸洗后再用清水冲洗干净。整个工程完工后，应注意成品养护。

（三）优化门窗工程的施工工艺

1. 优化铝合金门安装的施工工艺

（1）施工工艺流程

选料→断料→钻孔→组装→保护或包装

（2）施工工艺要点

1）门扇的制作。在进行门扇的制作时，应当注意以下几个问题：

① 选料时要充分考虑铝合金型材的表面色彩、壁的厚度等因素，以保证符合设计要求的刚度、强度和装饰性。

② 每种铝合金型材都有其特点和使用部位，如推拉门、开启门、自动门等所用的型材的规格是不相同的。在确认材料规格及其使用部位后，要按设计的尺寸进行下料。

③ 在一般建筑装饰工程中，铝合金门窗无详图设计，仅仅给出洞口尺寸和门扇划分尺寸。在门扇下料时，要注意在门洞口尺寸中减去安装缝、门框尺寸。要先计算，画简图，然后再按图下料。

④ 切割时，切割机应使用合金锯片，严格按下料尺寸切割。

2）门扇的组装。在组装门扇时，应当按照以下工序进行：

① 竖梃钻孔。在上竖梃拟安装横档部位用电钻进行钻孔，然后用钢筋螺栓连接钻孔，成孔的孔径应大于钢筋的直径。角铝的连接部位（靠上或靠下）应根据角铝的规格确定，角铝的规格一般为 22mm×22mm 钻孔直径应小于自攻螺栓的直径。两边框的钻孔部位应一致，否则会使横档不平整。

② 门扇节点固定。上、下横档（上冒头、下冒头）一般用套螺纹的钢筋固定，中横档（中冒头）用角铝自攻螺栓固定。先将角铝用自攻螺栓连接在两边梃上，上、下横档中穿入套螺纹钢筋；然后将套螺纹钢筋从钻孔中深入边梃，中横档套在角铝上。用半步扳手将上横档和下横档用螺母拧紧，中横档再用电钻上下钻孔，最后用自攻螺栓拧紧。

③ 锁孔和拉手安装。在拟安装的门锁部位用电钻钻孔，再伸入曲线锯切割成锁孔形状，在门边梃上的门锁两侧要对正。为了保证安装精度，一般在门窗安装后再装门锁。

3）门框的制作。一般根据门的大小选用 50mm×70mm、50mm×100mm 等尺寸的铝合金型材作为门框料，并按设计尺寸下料。具体做法与门扇的制作相同。

① 门框钻孔组装。在安装门的上框和中框部位的边框上，钻孔安装角铝，方法与安装门扇相同。然后将中框和上框套在角铝上，用自攻螺栓固定。

② 设置连接件。在门框的左右边框上设置扁铁连接件，扁铁连接件与门框用自攻螺栓拧紧，安装间距为 150~200mm。扁铁连接件应做成平的，一般为“︵”形，连接方法根据墙体内的预埋件情况确定。

4）铝合金门的安装。铝合金门的安装主要包括安装门框→填塞缝隙→安装门扇→安装玻璃→打胶清理→安装拉手等工序。

① 安装门框。将组装好的门框在抹灰前立于门口处，用线垂吊直，然后再调整方正（以两条对角线相等为标准）。在认定门框水平度、垂直度均符合要求后，用射钉枪将射钉打入柱、墙、梁中，将连接件与门框固定在墙、梁、柱上。门框的下部要埋入地下，埋入深度为 30~150mm。

② 填塞缝隙。门框固定好以后，应进一步复查其平整度和垂直度，确认无误后，清扫边框处的浮土，并洒水湿润基层，再用 1∶2 的水泥砂浆将门口与门框之间的缝隙分层填实。待水泥砂浆达到一定强度后，再去除固定用的木楔，抹平其表面。

③ 安装门扇。安装内外平开门时，在门的上框钻孔伸入门轴，门下地基埋设地脚并安装门轴。安装弹簧门时，上部做法同内外平开门，而在门下地基埋设地弹簧，要把地弹簧的转轴用扳手拧至门扇开启的位置，然后将门扇下横料内的地弹簧连杆套在转轴上，再将上横料内的转动定位销用调节螺钉调出一些，待定位销孔与锁匹配后，再将定位销完全调出并插入定位销孔中。

④ 安装玻璃。安装前先按照门扇的内口实际尺寸合理计划用料，以尽量减少玻璃的边角废料。裁割时应比实际尺寸少 2~3mm，这样有利于顺利安装。对于小面积玻璃，可以边裁割边安装。安装时先撕去门框上的保护胶纸，在型材上的安装玻璃部位塞入胶带，然后用玻璃吸手安入玻璃，注意玻璃前后应垫实，缝隙应一致，然后再塞入橡胶条进行密封，或用铝压条拧十字圆头螺钉固定。

⑤ 打胶清理。大片玻璃与框扇的接缝处，要用玻璃胶筒打入玻璃胶，整个门安装好后再以干净抹布擦洗表面，清理干净后交付使用。

⑥ 安装拉手。用双手螺杆将门拉手装在门扇边框两侧，安装拉手的关键是保持上、下两个转动部分在同一轴线上。

2. 优化铝合金玻璃窗的施工工艺

（1）施工工艺流程

选料→断料→钻孔→组装→保护或包装

（2）施工工艺要点（以带上窗的铝合金推拉窗为例）

1）按图下料。下料是铝合金窗制作的第一道工序，也是最关键的工序。尺寸必须准确，误差应控制在 2mm 范围内。

2）上窗连接组装。上窗部分的扁方管型材，通常采用铝角码和自攻螺钉进行连接。两条扁方管在用铝角码连接时，应先用一小截同规格的扁方管制作试模，长度为 20mm 左右；再在横向扁方管上要衔接的部位用试模定好位，将铝角码放在试模内并用手捏紧，用电钻将铝角码与横向扁方管一并钻孔，再用自攻螺钉或抽芯铝铆钉固定。

3）窗框连接。首先测量出位于上滑道上面的两条紧固槽孔距侧边的距离，以及高低位置尺寸，然后按这些尺寸在窗框边封的上部衔接处画线打孔，孔径在 5mm 左右。钻好孔后，将专用的碰口胶垫放在边封的槽口内，再将 M4 ×35mm 的自攻螺钉穿过边封上打出的孔和碰口胶垫上的孔，并旋进上滑道下面的紧固槽孔内。按同样的方法测量出位于下滑道下面的紧固槽孔距侧边的距离，以及距上边的高低位置尺寸，然后按这些尺寸在窗框边封的下部衔接处画线打孔，孔径在 5mm 左右。钻好孔后，将专用的碰口胶垫放在边封的槽口内，再将 M4 ×35mm 的自攻螺钉穿过边封上打出的孔和碰口胶垫上的孔，并旋进下滑道下面的紧固槽孔内。

4）窗扇的连接分为以下 5 个步骤：

① 连接窗扇前，先在窗框的边框和带钩边框的上、下两端处进行切口处理，以便将上、下横档插入切口内固定。上端开切口长度为 51mm，下端开切口长度为 76. 5mm。

② 在下横档的底槽中安装滑轮，每条下横档的两端各装一只滑轮。

③ 在窗扇边框和带钩边框与下横档的衔接端画线打孔。

④ 安装上横档角码和窗扇钩锁。其基本方法是截取两个铝角码，将铝角码放入横档的两头，使一个面与上横档端头面平齐，并钻两个孔（角码与上横档一并钻通），然后用 M4 自攻螺钉将铝角码固定在上横档内。再在铝角码另一面的中间打一个孔，根据此孔的尺寸位置，在扇的边框与带钩锁框上打孔并画线，以便用螺钉将边框与上横档固定。

⑤ 安装密封毛条及窗扇玻璃。窗扇上的密封毛条有两种：长毛条装于上横档顶边的槽内和下横档底边的槽内，而短毛条装于带钩边框的钩部槽内。在安装窗扇玻璃时，要先检查并复核玻璃的尺寸。通常，玻璃长宽方向尺寸均比窗扇的内侧长宽尺寸要大 25mm。然后从窗扇一侧将玻璃装入窗扇内侧的槽内，并紧固、连接好边框。最后，在玻璃与窗扇槽之间用塔形橡胶条或玻璃胶进行密封。

5）上窗与窗框的组装。先切两小块 12mm 厚的夹板，将其放在窗框上滑道的顶面，再将口字形上窗框放在上滑道的顶面，并将夹板与口字形上窗框的边对正。然后从上滑道向下打孔，把夹板与口字形上窗框一并钻通，用自攻螺钉将上滑道与上窗框的扁方管连接起来。

6）推拉窗的安装分为以下 4 个步骤：

① 窗框安装。在铝合金窗框上安装角码或木块，每条边上各安装两个，角码需要用水泥钉钉固在窗洞墙内。

② 窗扇的安装。安装前，先检查窗扇上的密封条是否有漏装或脱落现象。然后用螺钉旋具拧旋边框侧的滑轮调节螺钉，使滑轮向下横档内回缩。滑轮调节螺钉的顶部插入窗框的上滑道凹槽中，同时使滑轮卡在下滑道的滑轮轨道上，再拧旋滑轮调节螺钉，使滑轮从下横档内外伸。

③ 上窗玻璃安装。上窗玻璃尺寸必须比上窗内框尺寸小 5mm 左右，不能与内框相接触。因为在阳光的照射下，窗框会受热产生体积膨胀，如果安装的玻璃与窗框接触，窗框受热膨胀后往往造成玻璃开裂。

④ 窗钩锁挂钩的安装。窗钩锁的挂钩安装于窗框的边封凹槽内，挂钩的安装位置、尺寸要与窗扇上挂钩锁洞的位置相对应。挂钩的钩平面一般可位于锁洞孔的中心线处。根据这个对应位置，在窗框边封的凹槽内画线打孔。

（四）优化楼地面砖工程的施工工艺

（1）施工工艺流程

基层处理→铺找平层→弹线→瓷砖浸水湿润→安装标准块→铺贴地面砖→勾缝→清洁→养护

（2）施工工艺要点

1）基层处理。处理基层时，基层应凿毛 5 ~ 10mm。

2）铺找平层。利用 500mm 标高线在房间四周弹出地面标高；然后做灰饼、冲筋，并摊铺 1:（2 ~ 3）（体积比）的干硬性水泥砂浆，有防水要求的，则在找平砂浆中掺防水剂。

3）弹线。弹纵、横定位线，注意门口留整砖。

4）铺贴地砖。铺贴前先浸水湿润，用尺找好规矩，依标准块位置每行依次挂线，按线铺贴；然后将 1:2 水泥砂浆（或素水泥浆）摊抹在地砖背面，将地砖粘贴在地面上，并用橡胶锤敲实；最后用水平尺检查校正。

5）嵌缝养护。铺贴完地砖 2 ~ 3h 后用白水泥擦缝。

（五）优化吊顶工程的施工工艺

1. 优化轻钢龙骨纸面石膏板吊顶的施工工艺

（1）施工工艺流程

交验→找规矩→弹线→吊杆安装→安装主龙骨→安装次龙骨、横撑龙骨→安装纸面石膏板→纸面石膏板安装质量检查→嵌缝→细部处理

（2）施工工艺要点

1）交验。吊顶正式安装前应将上一步工序进行交接验收，其内容以有利于吊顶施工为准，如结构的强度，设备的位置，水、电、暖管线的敷设等。

2）找规矩。根据设计和工程的实际情况，在吊顶标高处找出一个标准平面与实际情况进行对比，核实存在的误差并对其进行调整，以确定平面弹线的基准。

3）弹线。弹线的顺序是先吊顶标高线后平面造型线、细部构造尺寸线，吊顶标高线弹于墙上，平面造型线和细部构造尺寸线弹于顶板上。一般主要弹出以下基准线：

① 弹吊顶标高线。先弹施工标高基准线，一般以 500mm 标高线作为基准线弹于四周墙壁。再以施工标高基准线为准，按设计确定的吊顶标高，用仪器及量具沿室内墙面将吊顶高度量出，并将此高度用墨线弹于墙面上，允许偏差不得大于 5mm。如吊顶有跌级造型，其标高应全部标出。

② 弹平面造型线。根据设计平面，以房间的中心为准，将设计平面造型以先高后低的顺序逐步弹在顶板上，并注意累计误差的调整。

③ 弹吊筋吊点的位置线。根据造型线和设计要求，确定吊筋吊点的位置。

④ 弹大中型灯位线。

4）吊杆安装。吊杆紧固件或吊杆与结构的连接固定有以下四种常见方式：

① 用 M8 或 M10 膨胀螺栓将∟25 ×3 或∟30 ×3 角钢固定在楼板底面上。注意钻孔深度应≥60mm，钻孔直径略大于螺栓直径 2 ~ 3mm。

② 用直径 5mm 以上的射钉将角钢或钢板等固定在楼板底面上。

③ 浇捣混凝土楼板时，在楼板底面（吊点位置）设置预埋件，采用 150mm × 150mm × 6mm 钢板焊接 4ϕ8 锚爪，锚爪的锚固长度不小于 200mm。

④ 采用短筋法在现浇板浇筑时或预制板灌缝时预埋 ϕ6、ϕ8 或 ϕ10 短钢筋，要求外露部分（露出板底）不小于 150mm。上述①、②两种方法不适宜用于上人吊顶。

5）安装主龙骨注意事项：

① 根据吊杆在主龙骨长度方向上的间距在主龙骨上安装吊挂件。

② 将主龙骨与吊杆通过垂直吊挂件连接。对于上人吊顶，用吊环将龙骨箍住，用钳夹紧；对于不上人吊顶，用专用的吊挂件卡在龙骨的槽中。轻钢大龙骨一般选用连接件接长，也可以焊接，但宜点焊。连接件可用铝合金、镀锌钢板，但应将表面冲成倒刺后与主龙骨方孔相连，连接件应错位安装。

③ 根据标高基准线将龙骨就位，待主龙骨与吊件及吊杆安装就位以后，以一个房间为单位进行调平。调平时按房间的十字线和对角拉线，以水平线调整主龙骨的平直。对于由 T 型龙骨装配的轻型吊顶，主龙骨基本就位后，可暂不调平，待安装横撑龙骨后再进行调平。较大面积的吊顶主龙骨调平时，应注意其中间部分应略有起拱，起拱高度一般不小于房间短向跨度的 1/300 ~ 1/200。

6）安装次龙骨、横撑龙骨应注意以下事项：

① 安装次龙骨。在覆面次龙骨与承载主龙骨的交叉布置点，使用配套的龙骨挂件（或称为吊挂件、挂搭）将二者上下连接固定，龙骨挂件的下端勾挂住覆面龙骨，上端搭在承载龙骨上，并将其“U”形或“W”形腿用钳子嵌入承载龙骨内。双层轻钢 U 型、T 型龙骨骨架的中龙骨间距为 500 ~ 1500mm，如果间距大于 800mm 时，在中龙骨之间增加小龙骨，小龙骨与中龙骨应平行，与大龙骨应垂直，并用小吊挂件固定。

② 安装横撑龙骨。横撑龙骨用中、小龙骨截取，其方向与中、小龙骨垂直，装在罩面板的拼接处，底面与中、小龙骨平齐；如装在罩面板内部或者作为边龙骨时，宜用小龙骨截取。横撑龙骨与中、小龙骨的连接可采用配套挂插件（或称为龙骨支托），或者将横撑龙骨的端部凸头插入覆面次龙骨上的插孔。

③ 边龙骨固定。边龙骨宜沿墙面或柱面标高线钉牢。固定时，一般常用高强度水泥钉，钉的间距不宜大于 500mm。如果基层材料强度较低，紧固力不好，可改用膨胀螺栓或加大钉的长度。边龙骨一般不承重，只起封口作用。

7）安装纸面石膏板注意事项：

① 选择纸面石膏板。纸面石膏板在安装之前，应根据设计的规格、尺寸、花色、品种进行选板，凡有裂纹、破损、掉角、受潮以及护面纸损坏的应一律不用。

② 安装纸面石膏板。安装时应使纸面石膏板的边长（包封边）与主龙骨平行，从吊顶的一端向另一端开始逐块排列，错缝安装，余量放在最后安装。板与板之间、板与墙面之间的接缝缝隙，其宽度一般为 6～8mm。安装纸面石膏板用自攻螺钉固定，固定间距为 150～170mm，应均匀布置，并与板面垂直，钉头嵌入纸面石膏板深度以 0.5m 为宜。纸面石膏板的板材应在自由状态下就位固定，以防止出现弯棱、凸鼓等现象。纸面石膏板的长边（包封边）应沿纵向次龙骨铺设。板材与龙骨固定时，应从一块板的中间向板的四边循序固定，不得采用在多点上同时作业的做法。自攻螺钉的钉头应做防锈处理，并用石膏腻子抹平。

8）纸面石膏板安装质量检查。纸面石膏板安装完毕以后，应对其质量进行检查。

9）嵌缝。纸面石膏板安装质量经检查或修理合格后，根据纸面石膏板的边型及嵌缝规定进行嵌缝。需要注意的是无论用什么腻子，均应保证一定的膨胀性。

10）细部处理注意事项如下：

① 吊顶的边部节点构造。轻钢龙骨纸面石膏板吊顶与墙、柱立面的结合部位，处理方法一般归纳为三类：平接式；留槽式；间隙式。

② 吊顶与隔墙的连接。轻钢龙骨纸面石膏板吊顶与轻质隔墙相连接时，隔墙的横龙骨（沿顶龙骨）与吊顶的承载龙骨用 M6 螺栓紧固；吊顶的覆面龙骨依靠龙骨挂件与承载龙骨连接；覆面龙骨的纵、横连接则依靠龙骨支托。吊顶与隔墙面层的纸面石膏板相交的阴角处，应固定金属护角。

③ 烟感器和喷淋头安装。施工中注意水管预留须到位，既不可伸出吊顶面，也不能留太短。烟感器及喷淋头旁 800mm 范围内不得设置任何遮挡物。

2. 优化活动面板吊顶工程的施工工艺

（1）施工工艺流程

弹线→固定吊杆→在梁上设置吊挂杆件→安装边龙骨→安装主龙骨→安装次龙骨→罩面板安装

（2）施工工艺要点

1）弹线。用水准仪在房间内的每个墙（柱）角上抄出水平点（若墙体较长，中间也应适当多抄几个点），弹出水准线（水准线距地面一般为 500mm），再从水准线量至吊顶设计高度再加上 12mm（一层纸面石膏板的厚度），然后用粉线沿墙（柱）弹出水准线，作为吊顶次龙骨的下皮线。同时，按吊顶平面图，在混凝土顶板弹出主龙骨的位置。主龙骨应从吊顶中心向两边分列，最大间距为 1000mm，并标出吊杆的固定点，吊杆的固定点间距为 900～1000mm。如遇到梁和管道固定点大于设计和规程要求的，应增加吊杆的固定点数量。

2）固定吊杆。吊杆可以采用冷拔钢筋或调直盘圆钢筋制作，吊杆的一端用∟30×30×3 角码焊接（角码的孔径应根据吊杆和膨胀螺栓的直径确定），制作好的吊杆应做防锈处理。吊杆用膨胀螺栓固定在楼板上，并用冲击电锤打孔，孔径应稍大于膨胀螺栓的直径。采用 $\phi8$ 的吊杆时，还应设置反向支撑。

3）在梁上设置吊杆。吊杆距主龙骨端部距离不得超过 300mm，否则应增加吊杆。吊顶灯具、风口及检修口等应设附加吊杆。

4）安装边龙骨。边龙骨的安装应按设计要求弹线，沿墙（柱）上的水平龙骨线把“L”形镀锌轻钢条用自攻螺钉固定在预埋木砖上；如为混凝土墙（柱），可用射钉固定，射钉间距应不大于吊顶次龙骨的间距。

5）安装主龙骨。主龙骨应吊挂在吊杆上，主龙骨间距为 900 ~ 1000mm。主龙骨分为轻钢龙骨和 T 型龙骨，轻钢龙骨可选用 UC50 中龙骨和 UC38 小龙骨。主龙骨应平行房间长度方向安装，同时应起拱，起拱高度为房间跨度的 1/300 ~ 1/200。主龙骨的悬臂段不应大于 300mm，否则应增加吊杆。主龙骨的接长应采取对接，相邻龙骨的对接接头要相互错开。主龙骨挂好后应基本调平。

6）安装次龙骨。次龙骨分为明龙骨和暗龙骨两种。暗龙骨吊顶是指安装罩面板时将次龙骨封闭在顶棚内，在顶棚表面看不见次龙骨。明龙骨吊顶是指安装罩面板时次龙骨明露在罩面板下，在顶棚表面能够看见次龙骨。次龙骨应紧贴主龙骨安装，次龙骨间距为 300 ~ 600mm。次龙骨分为 T 型烤漆龙骨、T 型铝合金龙骨，以及各种条形扣板厂配备的专用龙骨。用“T”形镀锌钢片连接件把次龙骨固定在主龙骨上时，次龙骨的两端应搭在“L”形边龙骨的水平翼缘上，条形扣板有专用的阴角线作为边龙骨。

7）罩面板安装。吊挂顶棚罩面板常用的板材有吸声矿棉板、硅钙板、塑料板、铝塑板、金属（条、方）扣板、格栅等。

（六）优化轻钢龙骨罩面板隔墙的施工工艺

1. 施工工艺流程

弹线→安装沿顶、沿地龙骨→安装竖向龙骨→安装贯通龙骨→机电管线安装→安装横撑龙骨→门窗等洞口制作→安装罩面板（一侧）→安装填充材料（岩棉）→安装罩面板（另一侧）

2. 施工工艺要点

（1）龙骨的铺设

常用的龙骨构造做法是将沿顶、沿地龙骨固定在顶板的预埋件上，或用膨胀螺栓将其与顶板连接牢固，固定点间距不应大于 1000mm。根据纸面石膏板的宽度设置竖向龙骨，龙骨之间的中距尺寸一般为 453mm、603mm，即在纸面石膏板的板边、板中各设置一根。当隔墙面的装饰层材料质量较大时，如镶贴瓷砖，竖向龙骨的间距应不大于 400mm。竖向龙骨插入沿顶、沿地龙骨内并用抽芯铆钉固定。

室内净空高度较大时应加设贯通式横向龙骨隔墙，净空高度高于 3m 时架设一道；高度在 3 ~ 5m 时架设两道；超过 5m 时应设三道。同时，在重要的承重部位如门、窗框等部位，竖向龙骨可双根并用、密排，或采用加强龙骨（断面呈不对称的“C”形，使用时双根扣合）。如沿顶龙骨悬吊高度位置与建筑楼板有一定距离，除需设置支撑杆外，还应在门框等主要竖向龙骨位置用斜角支撑杆与建筑楼板固定，夹角以 60°为宜（斜角支撑杆在吊顶棚中）。

对于曲面墙，应根据曲面要求将沿地、沿顶龙骨剪切成锯齿形固定在顶面和地面上。曲面墙的半径较大时（5 ~ 15m），竖向龙骨的间距可为 300mm；曲面墙的半径较小时（1 ~ 2m），竖向龙骨的间距可为 150mm。

（2）板的安装

纸面石膏板应竖向铺设，长边接缝应落在竖向龙骨上。隔墙两侧的纸面石膏板安装，排列接缝不应落在同一根龙骨上。如龙骨单侧安装双层纸面石膏板，内外两层纸面石膏板也应错缝排列。曲面墙所用纸面石膏板通常采用 9.5mm 厚的纸面石膏板，应横向铺设。当曲面墙体的曲率半径比较大时（5m 以上），可将纸面石膏板先从一端开始安装固定，然后逐渐完成曲面墙；当曲面墙的曲率半径较小时（1～2m），可将纸面石膏板的两面用清水刷湿，阴干2h后方可安装，当纸面石膏板完全干燥后仍保持原来的强度。纸面石膏板应采用自攻螺钉固定，周边螺钉的间距不应大于200mm，中间部分螺钉的间距不应大于300mm，螺钉与板边缘的距离应为10～15mm。隔墙端部的纸面石膏板与周围的墙或柱应留有3mm的槽口。施铺罩面板时先在槽口处加注嵌缝膏，然后铺板挤压嵌缝膏，使罩面板和邻近表层紧密接触。纸面石膏板之间的接缝一般应为3～6mm宽，且必须坡口与坡口相接。隔墙下端的纸面石膏板不应直接与地面接触，应留10mm左右的缝隙并用建筑胶嵌严。

（七）裱糊与软包工程施工工艺

1. 优化裱糊工程施工工艺

（1）施工工艺流程

基层处理→弹线→吊垂直、套方、找规矩→计算用料、裁纸→粘贴壁纸→壁纸修整

（2）施工工艺要点

1）基层处理。处理基层时，用腻子满刮找平（一般为1～2道），并用绵纸带补缝，然后刷防潮底漆和底胶。

2）弹线。底胶干燥后，按照图纸弹线，借助500mm水平线把实际尺寸弹到墙上。

3）吊垂直、套方、找规矩。房间四角通过吊垂直、套方、找规矩的方式先确定一个阴角，然后按照壁纸的尺寸进行分块弹线，一般从进门处的左边阴角开始贴第一张壁纸，有挂镜线的以挂镜线为准，没有挂镜线的则按设计弹线为准。

4）计算用料、裁纸。计算用料时按墙体高度放出余数（2～3cm），计算准确后，在工作台上一次成型裁下纸张。

5）粘贴壁纸。分别在墙上、壁纸上刷胶，然后从上而下用手铺平，用刮板刮实，阴角处用小辊子压实。采用同样方法贴第二张，注意与第一张搭楼1～2cm。

6）壁纸修整。对翘边、翘角、气泡、起皱、胶痕等缺陷应及时处理和修整。

2. 优化软包工程施工工艺

（1）施工工艺流程

基层处理→弹线→计算用料、套裁面料→粘贴面料→安装贴脸、装饰边线，刷镶边油漆→修整软包墙面

（2）施工工艺要点

1）基层处理。做软包墙面的基层一般结构层已经预埋了木砖，抹水泥砂浆找平，并用冷底子油防潮，再安装50mm×50mm的木墙筋（中距450mm），上铺五层胶合板。

2）弹线。按照图纸弹线，借助500mm水平线把实际尺寸（软包墙的厚度、宽度、高度）弹到墙上。

3）计算用料、套裁面料。同房间同一图案的面料必须出自同卷，相邻部位（含填充料）应套裁面料。

4）粘贴面料。墙面细木装修基本完成、边框油漆达到交活条件时，可直接粘贴面料。

5）安装贴脸、装饰边线，刷镶边油漆。装饰板试拼达到设计要求的效果后，可与基层固定，之后安装贴脸或装饰边线，最后刷镶边油漆成活。

6）修整软包墙面。对翘边、翘角、气泡、起皱、胶痕等缺陷应及时处理和修整。

引导问题3：如何编制装饰装修工程各子分部分项工程施工技术交底记录表？

运用知识：

1. 建筑装饰装修工程所包含的子分部工程

建筑装饰装修工程含有12个子分部工程：抹灰工程、外墙防水工程、门窗工程 、吊顶工程、轻质隔墙工程、饰面板工程 、饰面砖工程、幕墙工程、涂饰工程、裱糊与软包工程、细部工程 、建筑地面工程，见表7-1。

2. 装饰装修工程各子分部分项工程施工技术交底记录表的组成内容如下：

1）明确技术交底的依据：施工图纸、规范、标准、图集、创优工程要求（如有）等。

2）安全操作注意事项。

3）明确各子分部工程采取的施工工艺及工艺要点。

4）做好成品保护的措施。

5）其他注意事项。

引导问题4：如何填写装饰装修工程各子分部分项工程施工记录?

运用知识：

1. 装饰装修工程各子分部分项工程施工记录包括的内容

装饰装修工程各子分部分项工程施工记录包括以下内容（一般把建筑结构工程与装饰装修工程称为土建，把给水排水工程、电气工程、采暖工程、通风与空调工程、电梯工程称为安装）：

1）土建施工记录有放线定位、楼层放线、楼层测量、沉降观测、混凝土施工等的施工记录。

2）施工试验记录有混凝土试配、有防水要求的房间楼地面闭水试验、屋面闭水试验等的施工记录。

3）施工验收记录有各种隐蔽工程、检验批、分项、子分部、分部、单位工程等的验收记录。

4）保证资料有各种钢材、防水材料、砂、石、水泥、砌块、装饰材料、成品材料试验记录，各楼层各施工段的砂浆配比单、试件试验记录，各楼层各施工段的混凝土配比单、试件试验记录等。

5）安装施工记录有各种隐蔽工程、检验批、分项、子分部、分部工程等的验收记录，以及通管、灌水、管道打压试验、系统测试、各种材料试验等的记录。

2. 装饰装修工程各子分部分项工程施工记录填写注意事项

1）分部工程质量验收记录编号。编号按“建筑工程的分部工程、分项工程划分”［《建筑工程施工质量验收统一标准》（GB 50300—2013）附录B］规定的分部工程代码编写，具编号为两位。对于一个工程而言，一个分部只有一个分部工程质量验收记录，所以不编写顺序号。

2）单位（子单位）工程名称填写全称，如为群体工程，则按“群体工程名称－单位工程名称”的形式填写，子单位工程标出该部分的位置。子分部工程数量是指本分部工程包含的实际发生的所有子分部工程的数量。分项工程数量是指本分部工程包含的实际发生的所有分项工程的总数量。

3）“子分部工程名称、分项工程名称、检验批数量、施工单位检查结果、监理单位验收结论”栏的填写要求：

① 填写本分部工程汇总的所有子分部、分项工程，应依次排序，并填写其名称、检验

批数量，注意要填写齐全。

②“施工单位检查结果”栏，由填表人依据分项工程验收记录填写，填写“符合要求”或“合格”。

③“监理单位验收结论”栏，由填表人依据分项工程验收记录填写，填写“合格”或“符合要求”。

引导问题5：装饰装修工程施工方案的组成内容有哪些？

运用知识：

装饰装修工程施工方案的组成内容包括依据、概况、组织机构、施工进度计划、施工准备、施工工艺及质量要求、成品保护、安全文明施工、经济比较、应急措施等。具体要求如下：

1）编制依据。

2）分项工程概况和施工条件，说明分项工程的具体情况、选择本方案的优点及因素，以及在方案实施前应具备的作业条件。

3）施工总体安排，包括施工准备、劳动力计划、人员安排、施工进度、现场布置及流水阶段的划分。

4）采用的施工工艺及施工方法。对采取的新工艺、新做法详细介绍。可以用图表直观说明，有必要时应进行设计计算。

5）明确质量标准，阐明一般项目、主控项目的具体要求，允许偏差项目及要求，注明检查工具和检验方法。

6）质量管理点及控制措施。分析装饰装修工程的重难点，制定针对性的施工方法及控制措施，做好成品保护。

7）安全文明施工及环保施工措施。

8）应急管理措施，建立安全应急机构。

9）其他注意事项。

二、指导教师审查每个小组的工作方案并提出整改建议

整改建议记录：

三、各小组进一步优化方案并确定最终方案

最终工作方案记录：

实践成果

1. 工作情境模拟操作。
2. ××装饰装修工程施工方案。

典型任务 3　装饰装修分部工程项目验收工作

知识点：

1. 装饰装修分部工程竣工验收标准、规范。
2. 装饰装修分部工程施工质量验收。

能力（技能）点：

1. 能够按照施工质量验收规范填写装饰装修分部工程项目验收检查表。
2. 能应用施工质量验收规范对装饰装修分部工程进行质量检查，达到质量验收规范要求。
3. 能根据给定的施工任务，组织相关责任单位进行装饰装修分部工程项目验收工作。

实践目的

1. 以装饰装修分部工程竣工验收实施为主，培养学生熟练应用验收标准、规范的能力；同时，提高学生的职业素养，具有法律、法规意识。

2. 通过完成装饰装修分部工程项目验收工作，学生获得竣工验收及相关表格填写的知识，能组织竣工验收，能进行质量检查，并能正确填写装饰装修分部工程项目验收检查表。

实践分解任务

1. 明确装饰装修分部工程项目验收的依据。
2. 编制装饰装修分部工程项目验收流程。
3. 进行装饰装修分部工程项目验收的内容或方法。
4. 填写装饰装修分部工程项目验收检查表。
5. 编制装饰装修分部工程项目验收方案。

实践分组

以小组为单位（6～8 人为一组），在规定时间内完成上述内容。

实践场地

实训室、机房。

实践实施过程

一、制订装饰装修分部工程验收方案

成立装饰装修分部工程质量验收小组（6～8 人），依据《建筑工程施工质量验收统一标准》（GB 50300—2013），每个小组编制××装饰装修分部工程验收方案，小组内部讨论。

引导问题1：装饰装修分部工程项目验收的依据有哪些？

运用知识：

装饰装修工程施工应遵守法律、法规的有关规定，并应遵循安全、美观的基本原则，在设计与施工中必须贯彻执行国家、行业和地方有关安全、防火、环保、电气、给水排水等相关规范的规定。装饰装修分部工程项目验收的主要依据如下：

1）《建筑工程施工质量验收统一标准》（GB 50300—2013）。

2）《建筑装饰装修工程质量验收标准》（GB 50210—2018）。

3）《住宅装饰装修工程施工规范》（GB 50327—2001）。

4）《建筑地面工程施工质量验收规范》（GB 50209—2010）。

5）《建筑内部装修防火施工及验收规范》（GB 50354—2005）。

6）《建筑内部装修设计防火规范》（GB 50222—2017）。

7）《建筑设计防火规范》（GB 50016—2014）。

8）《公共建筑吊顶工程技术规程》（JGJ 345—2014）。

9）《建设工程文件归档规范》（GB/T 50328—2014）。

10）设计图纸、设计变更文件或技术核定的设计文件。

11）施工过程中参照的其他施工规范、规程及强制性标准等。

引导问题2：装饰装修分部工程项目竣工验收的程序是什么？

运用知识：

装饰装修分部工程项目竣工验收的程序如下：

1. 施工单位竣工自检

1）施工单位首先自行组织预验收，主要工作有：

① 检查工程质量，发现问题及时补救。

② 检查竣工图及技术资料是否齐全，并汇总、整理、装订有关技术资料。

2）参加自检的人员，应由项目经理组织生产、技术、质量以及有关的施工员等人员参加。

3）自检的方式应是分层分段、分项地由上述人员按照自己主管的内容，根据施工图和工艺流程逐项进行检查，找出漏项和需修补的工作，及时进行处理和返修。

4）复验。在施工单位自检的基础上，对查出的问题全部修补完毕后，再通过复验解决全部的遗留问题，为建设单位组织的正式验收做好充分的准备。

2. 建设单位组织验收

1）施工单位应提前2d向建设单位送交《竣工验收通知书》，建设单位在收到通知书后3d内应组织验收。

2）施工单位向建设单位递交竣工资料。

3）建设单位组织施工单位和设计、监理单位对工程质量进行验收，并邀请装饰装修行业管理办公室一同在现场监督验收。

① 集中举行会议，各方介绍工程概况及装饰施工的有关情况。

② 分组分专业进行介绍。

③ 集中分组汇报检查。

④ 提出验收意见，明确具体的交接时间、交接人员。

4）签发《装饰工程竣工验收报告》并办理工程移交，建设单位、设计单位、装饰装修行业管理办公室、监理单位、施工单位在《装饰工程竣工验收报告》上签字盖章。

5）在交工工程中发现需要返修或补做的项目，可在装饰工程保修书上注明修补期限。

6）办理装饰工程档案资料移交。

7）建设单位应当提供装修工程室内环境污染物浓度检测报告。

8）验收合格之日起15d内，将竣工验收报告，以及公安、消防等部门出具的认可文件和竣工资料报装饰装修行业管理办公室备案。

3. 装饰装修行业管理办公室监督验收

1）装饰装修行业管理办公室收到申请人的装饰装修竣工验收监督的申请后，先确定验收时间，然后在规定时间内派出监督验收人员参与验收。

2）装饰装修行业管理办公室依据《建筑装饰装修工程质量验收标准》（GB 50210—2018）对装饰装修工程的完成情况进行检查，检查工程是否符合施工图纸和设计使用要求，工程质量是否符合国家规定的标准和要求，审阅竣工资料以及执行国家装饰工程强制性标准的情况。

引导问题3：建筑装饰装修分部工程项目验收需要哪些资料？

运用知识：

建筑装饰装修分部工程项目验收需要以下资料：合同书、企业营业执照、安全生产许可证、企业资质、工程竣工验收报审表、竣工报告、单位工程交工验收证明、分部（子分部）工程验收记录、质量控制记录、观感质量验收、施工组织设计报审表、隐蔽检查验收记录、材料/构（配）件/设备报验表、所购产品或材料的检测报告及合格证、工程检验批质量验收记录、开工报告（或开工/复工报审表）、增项的签证单（如有）、设计交底记录、图纸会审记录。

二、指导教师审查每个小组的验收方案并提出整改建议

整改建议记录：

三、各小组进一步完善验收方案并填写最终的装饰装修分部工程质量验收记录

最终方案记录：

实践成果

1. 工作情境模拟操作。

2. ××装饰装修分部工程项目验收检查表。

典型任务4 装饰装修工程施工组织方案审核评定工作

知识点：

1. 装饰装修工程施工组织方案的编制与审批。
2. 装饰装修工程施工组织方案审核评定。
3. 装饰装修工程施工组织方案修改、检查。

能力（技能）点：

1. 能够进行装饰装修工程施工组织方案的修改、检查。
2. 能根据给定的施工任务对装饰装修工程施工组织方案进行审核评定。

实践目的

1）培养学生对装饰装修工程施工组织方案进行修改、检查的能力。

2）根据装饰装修工程的施工任务，能够对装饰装修工程施工组织方案进行审核评定。

实践分解任务

1）根据工程案例分析装饰装修工程施工组织方案的编制和审批。

2）根据工程案例并结合规范，对装饰装修工程施工组织方案进行修改、检查。

3）根据工程案例并结合规范，对装饰装修工程施工组织方案进行审核评定。

实践分组

以小组为单位（6~8人为一组），在规定时间内完成上述内容。

实践场地

实训室、机房。

实践实施过程

一、装饰装修工程施工组织方案的编制与审批

引导问题：装饰装修工程施工组织方案编制和审批的规定有哪些？

运用知识：

根据《建筑施工组织设计外》（GB/T 50502—2009），装饰装修工程施工组织方案的编制和审批应该符合下列规定：

1）装饰装修工程施工组织方案应由项目负责人主持编制，可根据需要分编制和审批；有总承包单位时，施工组织方案应由总承包单位技术负责人审批；单位工程施工组织方案应由施工单位技术负责人或技术负责人授权的技术人员审批。

2）装饰装修分部工程施工组织方案应由项目技术负责人审批。

3）重点、难点分部（分项）工程和专项工程施工组织方案应由施工单位技术部门组织相关专家评审，施工单位技术负责人批准。

4）由专业承包单位施工的分部（分项）工程或专项工程的施工组织方案，应由专业承包单位技术负责人或技术负责人授权的技术人员审批；有总承包单位时，应由总承包单位项目技术负责人核准备案。

5）规模较大的分部（分项）工程和专项工程的施工组织方案应按单位工程施工组织方案进行编制和审批。

二、装饰装修工程施工组织方案的修改、检查

引导问题 1：装饰装修工程施工组织方案进行动态管理的规定有哪些？

运用知识：

根据《建筑施工组织设计规范》（GB/T 50502—2009），装饰装修工程施工组织方案应实行动态管理，并符合下列规定：

1）项目施工过程中发生以下情况之一时，施工组织方案应及时进行修改或补充：

① 工程设计有重大修改。

② 有关法律、法规、规范和标准的实施、修订和废止。

③ 主要施工方法有重大调整。

④ 主要施工资源配置有重大调整。

⑤ 施工环境有重大改变。

2）经修改或补充的施工组织方案应重新审批后实施。

3）项目施工前应进行施工组织方案的逐级交底；项目施工过程中，应对施工组织方案的执行情况进行检查、分析，并适时调整。

引导问题 2：在哪些情况下需要修改或补充装饰装修工程施工组织方案？

运用知识：

1）当工程设计图纸发生重大修改时，如地基若有贼主体结构的形式发生变化、装修材料或做法发生重大变化、机电设备系统发生较大调整等，需要对施工组织方案进行修改；对工程设计图纸的一般性修改，根据变化情况对施工组织方案进行补充；对工程设计图纸的细微修改或更正，施工组织方案则不需调整。

2）当有关法律、法规、规范和标准开始实施或发生变更，并涉及工程的实施、检查或验收时，施工组织方案需要进行修改或补充。

3）由于主（客）观条件的变化，施工方法有重大变更，原来的施工组织方案已不能正确地指导施工，需对施工组织方案进行修改或补充。

4）当施工资源的配置有重大变更，并且影响到施工方法的变化或对施工进度、质量、安全、环境、造价等造成潜在的重大影响，需对施工组织方案进行修改或补充。

5）当施工环境发生重大改变，如施工延期造成季节性施工方法发生变化，施工场地变化造成现场布置和施工方式改变等，致使原来的施工组织方案已不能正确地指导施工，需对施工组织方案进行修改或补充。

三、装饰装修工程施工组织方案的审核评定

引导问题 1：装饰装修工程进度计划审查的要点有哪些？

运用知识：

工程进度计划是承包企业根据与业主签订的工期合同所作的作业进度安排。工程进度计划安排是否合理，与工程成本有密切关系，监理工程师应加强审核。

1）总工期符合承包的要求，如果合同条件允许分期分批竣工交付使用，应有明确分期交付的时间和分批交付的数量要求。

2）表明各项主要工程的开始和结束时间。

3）体现主要工序相互衔接的合理安排。

4）有利于有效利用机械设备，减少机械设备的占用周期。

引导问题2：装饰装修工程施工组织方案审查的要点有哪些？

运用知识：

1. 施工程序审查

施工程序体现了施工步骤的客观规律性，在符合规律的条件下利于保证质量、缩短工期、提高经济效益。

1）做好施工准备后再开工。施工准备包括技术规划准备、现场施工准备、施工队伍及有关组织准备。

2）遵循“先地下、后地上，先土建、后设备，先主体、后围护，先结构、后装修”的原则。

3）施工流向合理。施工空间中的平面和立面都要考虑施工的质量保证与安全保证，要考虑使用的先后，适当分区分段，要与材料、构件的运输方向不发生冲突。

2. 施工机械选择审查

施工机械的选择应遵循切实需要、实际可能、经济合理的原则。审核内容包括对技术条件、经济条件的审查。技术条件是指技术性能、工作效率、工作质量、能源耗费、劳动力的节约、使用安全性和灵活性、通用性和专用性、维修的难易程度、耐用程度等。经济条件是指施工机械的原始价值、使用寿命、使用费用、维修费用等。

3. 主要施工方法审查

1）方法可行、条件允许、符合施工工艺要求。

2）符合施工验收规范和质量检验评定标准的有关要求。

3）方法应力求科学、先进、节约。

4）施工方法与选择的施工机械、划分的流水段相适应。

四、教师审查每个小组的审核评定工作计划及方案，提出修改建议

指导教师依据《建筑施工组织设计规范》（GB/T 50502—2009）、《建筑施工手册》（第五版）的规定，指导学生做好施工组织方案的审核评定，对学生的审核评定方案提出修改意见。

五、各小组进一步优化并调整方案，确定最终的审核评定方案报告

各小组进一步讨论、优化和修改，确定最终的施工组织方案审核评定方案报告。

实践成果

1）工作情境模拟操作。

2）××装饰装修工程施工组织方案审核表。